国内外经典教材辅导系列·理工类

《机械设计》
笔记和课后习题(含考研真题)详解
(适用濮良贵第11版教材)

主编:圣才考研网
www.100xuexi.com

中国石化出版社
·北京·

内 容 提 要

本书是"十二五"普通高等教育本科国家级规划教材《机械设计》(第11版，濮良贵等主编)的学习辅导书。本书遵循该教材的章目编排，共分为18章，每章由四(个别为三)部分组成：第一部分为复习笔记(含知识框架及通关提要)，剖析每章的重难点内容；第二部分为课后习题详解，对第11版的习题进行了详细的解答；第三部分为名校考研真题(不含答案)，按选择题、填空题、判断题、简答题、计算题等形式对考研真题进行了整理；第四部分为名校考研真题详解，对第三部分的考研真题进行了详细的解答。

圣才考研网(www.100xuexi.com)提供濮良贵《机械设计》电子书、题库。购书即可享受大礼包增值服务【本书AI电子书+配套模拟试题等】。手机扫码(本书封底二维码)领取本书大礼包。

图书在版编目(CIP)数据

《机械设计》笔记和课后习题(含考研真题)详解/圣才考研网主编.—北京:中国石化出版社,2025.5.
ISBN 978-7-5114-7929-7

Ⅰ.TH122-44

中国国家版本馆CIP数据核字第2025LW4856号

中国石化出版社出版发行

地址:北京市东城区安定门外大街58号
邮编:100011　电话:(010)57512500
发行部电话:(010)57512575
http://www.sinopec-press.com
E-mail:press@sinopec.com
武汉市新华印刷有限责任公司印刷
全国各地新华书店经销

*

787毫米×1092毫米 16开本 15.75印张 384千字
2025年5月第1版　2025年5月第1次印刷
定价:68.00元

序　言

我国各大院校一般都把国内外通用的权威教科书作为本科生和研究生学习专业课程的参考教材，这些教材甚至被很多考试(特别是硕士和博士研究生入学考试)和培训项目作为指定参考书。为了帮助读者更好地学习专业课，我们有针对性地编著了一套与国内外教材配套的复习资料，并提供配套的名师讲堂和题库。

濮良贵等主编的《机械设计》是我国高校采用较多的机械类权威教材之一。作为该教材的学习辅导书，本书具有以下几个方面的特点：

1. 框架图表体系，通俗易懂易记

本书每章的知识梳理框图，在全方位把握重要考点的同时，提纲挈领地以知识框架思维导图形式，呈现重要的考点、难点，脉络清晰，一目了然，更容易记忆。

2. 解析课后习题，提供详尽答案

本书参考大量机械设计相关辅导资料，对每章的课(章)后习题都进行了详细的分析和解答。

3. 精选考研真题，巩固重点知识

本书精选了部分名校近年的机械专业考研真题，并进行了详解。所选真题涵盖的知识点全面，特别注重理论联系实际，凸显当前热点。

购书即可享受大礼包增值服务！手机扫码(本书封底二维码)领取本书大礼包。具体包括：①本书 AI 电子书；②配套模拟试题等。

圣才考研网(www.100xuexi.com)是圣才学习网旗下的考研考博专业网站，提供考研公共课和全国各高校理工类专业考研考博辅导班【一对一辅导(面授/网授)、网授精讲班等】、电子书、题库、全套资料(历年真题及答案、笔记讲义等)、理工类国内外经典教材名师讲堂、考研教辅图书等。

考研辅导：kaoyan.100xuexi.com(圣才考研网)

理工考试：www.100xuexi.com(圣才学习网)

圣才考研网编辑部

目　录

第一篇　总　论

第二篇　连　接

第三篇　机械传动

第四篇　轴系零、部件

第一篇 总 论

第1章 绪 论

1.1 复习笔记

【通关提要】

作为绪论，本章简单介绍了本课程的内容和性质，并无考点和重难点，只需了解即可。

【重点难点归纳】

本课程的内容、性质与任务

1. 本课程的内容

(1)总论部分(1~4章)：设计基础理论，材料结构，以及摩擦、磨损、润滑等。

(2)连接部分(5~7章)：螺纹、键、销连接，铆接。

(3)传动部分(8~11章)：带、链、齿轮、蜗杆传动等。

(4)轴系部分(12~15章)：滑动、滚动轴承，联轴器与离合器以及轴等。

(5)其他部分(16~18章)：弹簧，箱体，减速器和变速器等。

2. 本课程的性质

本课程以一般尺寸通用零件的设计为核心。

1.2 课后习题详解

本章没有课后习题!

1.3 名校考研真题

本章不是考试重点，基本上没有涉及到本章内容的考研试题，因此可以简单了解，不必作为复习重点。

第二章　机械设计总论

2.1　复习笔记

【知识框架】

- 机械设计总论
  - 机器的组成
  - 设计机器的一般程序
    - 计划阶段
    - 方案设计阶段
    - 技术设计阶段
    - 技术文件编制阶段
    - 计算机在机械设计中的应用
  - 对机器的主要要求
    - 使用功能要求
    - 经济性要求
    - 劳动保护和环境保护要求
    - 寿命与可靠性要求
    - 其他专用要求
  - 机械零件的主要失效形式
    - 整体断裂
    - 过大的残余变形
    - 零件的表面破坏
      - 腐蚀
      - 磨损
      - 接触疲劳
    - 破坏正常工作条件引起的失效
  - 设计机械零件时应满足的基本要求
    - 避免在预定寿命期内失效的要求：强度、刚度和寿命
    - 结构工艺性要求
    - 经济性要求
    - 质量小的要求
    - 可靠性要求
  - 机械零件的设计准则
    - 强度准则：$\sigma \leqslant \sigma_{\lim}/S$
    - 刚度准则：$y \leqslant [y]$
    - 寿命准则
    - 振动稳定性准则
    - 可靠性准则
  - 机械零件的设计方法
    - 现代设计方法
    - 常规设计方法
      - 理论设计
      - 经验设计
      - 模型实验设计
  - 机械零件设计的一般步骤
  - 机械零件的材料及其选用
  - 机械零件设计中的标准化
    - 零件标准化的定义及分类
    - 标准化的优越性
    - 系列化的含义
  - 机械现代设计方法简介

【通关提要】

本章是本书的基础章节之一，主要介绍了有关机械零件的失效形式和设计程序及准则。学习时需要掌握机器设计的程序、零件失效形式和设计准则以及提高强度和刚度的措施等内容。本章主要以选择题、填空题和简答题的形式考查，复习时需把握其具体内容，重点记忆。

【重点难点归纳】

一、机器的组成(见表 2-1-1)

表 2-1-1　机器的组成

要点	主要内容
原动机部分	提供动力，可以有一个或多个动力源
执行部分	实现功能，可以有一个或多个执行部分
传动部分	转化运动形式与动力参数

二、设计机器的一般程序

包括：计划阶段、方案设计阶段、技术设计阶段和技术文件编制阶段，具体见教材表 2-1。

三、对机器的主要要求

包括：使用功能要求、经济性要求、劳动保护和环境保护要求、寿命与可靠性要求以及其他专用要求。

四、机械零件的主要失效形式(见表 2-1-2)

表 2-1-2　机械零件的主要失效形式

失效形式	主要内容
整体断裂	危险截面应力超过强度极限的断裂，或者受到变应力疲劳断裂
过大的残余变形	零件上的应力大于材料的屈服极限失效。
零件的表面破坏	腐蚀、磨损以及接触疲劳
破坏正常工作条件引起的失效	一些零件必须保持一定的工作条件，一旦破坏了这些必备的条件，零件会失效

五、设计机械零件时应满足的基本要求

包括：避免在预定寿命期内失效的要求、结构工艺性要求、经济性要求、质量小的要求和可靠性要求。

六、机械零件的设计准则

1. 机械零件的设计准则的定义及表达(见表 2-1-3)

表 2-1-3　机械零件的设计准则的定义及表达

设计准则	定义	表达式
强度准则	应力小于等于允许的限度	$\sigma \leq \sigma_{\lim}/S$ S 为安全系数
刚度准则	载荷作用下弹性变形量 y 不超过的极限值 $[y]$	$y \leq [y]$ y 为弹性变形量，$[y]$ 为许用变形量

续表

设计准则	定义	表达式
寿命准则	影响寿命：腐蚀、磨损和疲劳	通过求出使用寿命时疲劳极限或额定载荷来作为计算的依据
振动稳定性准则	设计时将零件的固有频率与激振源的频率错开	$0.85f>f_p$ 或 $1.15f<f_p$
可靠性准则	两个参数指标：可靠度和平均工作时间	①可靠度 $R=e^{-\int_0^t \lambda(t)\mathrm{d}t}$； ②关于不可修复的零件，平均寿命用 MTTF 表示；对于可修复的零件，用 MTBF 表示

2. 改善零件振动稳定性措施

(1)改善刚性、合理布置支承位置、增加或减少辅助支承等。

(2)将激振源与零件隔离，阻断激振的能量传递到零件上去。

(3)使用阻尼减小受激振零件的振幅。

3. 失效率 $\lambda(t)$ 与时间 t 的关系

浴盆曲线如图 2-1-1 所示，失效率曲线被分为三段：①早期失效阶段(第Ⅰ段)；②正常使用阶段(第Ⅱ段)；③损坏阶段(第Ⅲ段)。

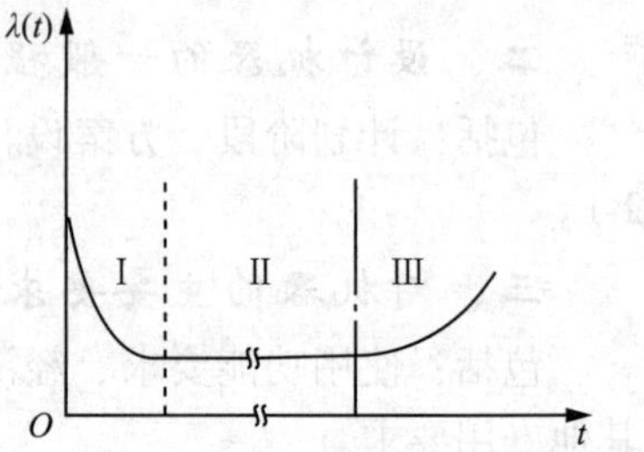

图 2-1-1　失效率曲线

七、机械零件的设计方法

设计方法分为常规设计方法和现代设计方法。

而常规设计方法包含理论设计、经验设计和模型实验设计。其主要内容见表 2-1-4 所示。

表 2-1-4　常规设计方法的主要内容

设计方法	主要内容	
理论设计	强度设计计算公式	$F/A\leqslant\sigma_{\lim}/S$
	设计计算	$A\geqslant SF/\sigma_{\lim}$
	校核计算	①$\sigma=F/A\leqslant[\sigma]=\sigma_{\lim}/S$；②$F\leqslant\sigma_{\lim}A/S$；③$S_{ca}=\sigma_{\lim}/\sigma\geqslant S$；④$\sigma_{\lim}\geqslant\sigma S$
经验设计	参照已有设计以及实践归纳出的经验关系式，或者依据工作经验采用类比办法进行设计	
模型实验设计	初步设计样机，多方面特性检验，依据试验结果修改，最后达到完善	

八、机械零件设计的一般步骤(见表 2-1-5)

表 2-1-5　机械零件设计的一般步骤

步骤	依据
设定零件类型和结构	使用要求
计算作用载荷	工作情况
分析失效形式以及确定设计准则	类型、结构和载荷
对材料进行选择	工作环境及特殊要求
确定基本尺寸	设计准则进行有关的计算
零件结构设计	工艺性及标准化等原则

续表

步骤	依据
判断结构的合理性	—
绘制工作图并写计算说明书	—

九、机械零件的材料及其选用

常用材料：①金属材料；②高分子材料；③陶瓷材料；④复合材料。

材料的选择原则：①载荷、应力的大小和性质；②零件的尺寸、结构、质量、工艺及工作情况；③材料的经济性和供应状况。

十、机械零件设计中的标准化(见表 2-1-6)

表 2-1-6 机械零件设计中的标准化

要点	主要内容
优越性	①用最先进的方法大批量地集中制造常用件。 ②统一材料和零件的性能指标。 ③简化设计工作、周期及维修工作
分类	①按照运用范围可分为国家标准(GB)、行业标准和企业标准。 ②依据使用的强制性，分为必须执行的和推荐使用的

2.2 课后习题详解

本章没有课后习题！

2.3 名校考研真题

一、填空题

1. 机械零件的设计准则为______、______、寿命准则、振动稳定性准则和可靠性准则。［西北工业大学 2015 研］

2. 零件刚度的计算准则是______。［中国科学院大学 2013 研］

3. 机械零件丧失预定功能或预定功能指标降低到许用值下的现象，称为机械零件的______。［广东工业大学 2014 研］

二、简答题

1. 机械设计的基本要求有哪些？通常按什么程序进行设计？［长安大学 2025 研］

2. 提高零件强度和刚度的措施有哪些？(各列举三种)［四川大学 2013 研］

3. 机械零件主要的失效形式有哪些？针对这些失效形式有哪些相应的设计计算准则？［中山大学 2014 研］

4. 机械现代设计方法与传统设计方法有哪些主要区别？［长安大学 2024 研］

2.4 名校考研真题详解

一、填空题

1. 机械零件的设计准则为______、______、寿命准则、振动稳定性准则和可靠性准则。［西北工业大学 2015 研］

【答案】强度准则；刚度准则

【解析】本题考查机械零件的5个设计准则，其名称、具体内容、表达式均为考查重点，多以选择题和填空题的形式出现。

2．零件刚度的计算准则是______。[中国科学院大学2013研]

【答案】$y \leqslant [y]$；$\theta \leqslant [\theta]$；$\varphi \leqslant [\varphi]$

【解析】零件在载荷作用下产生的弹性变形分为挠度、转角和扭角，刚度计算准则就是要求零件在实际工作中所产生的弹性变形量小于或等于许用弹性变形量，即$y \leqslant [y]$；$\theta \leqslant [\theta]$；$\varphi \leqslant [\varphi]$。

3．机械零件丧失预定功能或预定功能指标降低到许用值下的现象，称为机械零件的______。[广东工业大学2014研]

【答案】失效

【解析】本题考查失效的概念。机器失效将造成巨大的经济损失，在设计时必须对其产品，包括零、部件，进行可靠性分析与评估。机器可靠性的高低是用可靠度来衡量的。

二、简答题

1．机械设计的基本要求有哪些？通常按什么程序进行设计？[长安大学2025研]

答：机械设计的基本要求有：使用功能要求、经济性要求、劳动保护和环境保护要求、寿命与可靠性的要求和其他专用要求。通常按计划、方案设计、技术设计、技术文件编制的程序进行设计。

2．提高零件强度和刚度的措施有哪些？（各列举三种）[四川大学2013研]

答：（1）提高机械零件强度的措施：

①合理对零件进行布置；

②选用合理截面；

③减小应力集中；

④采用高强度材料；

⑤使用热处理方法；

⑥提高制造精度。（列举三条即可）

（2）提高机械零件刚度的措施：

①采取不同弹性模量的材料；

②增大贴合面以降低压力；

③采用精加工以降低表面不平度；

④增大零件的截面尺寸或增大惯性矩；

⑤缩短支承的跨距或采用多点支承。（列举三条即可）

3．机械零件主要的失效形式有哪些？针对这些失效形式有哪些相应的设计计算准则？[中山大学2014研]

答：（1）机械零件的失效形式有：整体断裂、表面破坏（腐蚀、磨损和接触疲劳）、过大的残余变形及破坏正常工作条件引起的失效。

（2）针对这些失效形式相应的设计计算准则：

①强度准则：指零件中危险截面的最大应力不得超过允许的应力极限。该设计准则主要针对零件的失效形式有整体断裂、疲劳破坏及过大的残余变形等。

②刚度准则：零件的弹性变形量y，不得超过许用变形量$[y]$。该设计准则主要针对零

件的失效形式有过大弹性变形量等。

③寿命准则：影响寿命的主要因素：腐蚀、磨损和疲劳。疲劳寿命，是计算的参数之一。

④可靠性准则：该设计准则主要针对零件的失效形式有表面破坏等。

⑤振动稳定性准则：指在设计时要使机器避免共振，错开频率。该设计准则主要针对零件的失效形式有破坏正常工作条件引起的失效等。

4．机械现代设计方法与传统设计方法有哪些主要区别？［长安大学2024研］

答：机械现代设计方法与传统设计方法的主要区别在于，现代设计方法更加注重数字化、自动化和智能化，通过计算机辅助设计、虚拟仿真和数据分析等技术手段，提高设计效率和精度，降低成本和风险。而传统设计方法更加注重手工经验和直觉，依赖于试错和调整，容易出现误差和浪费。

第三章 机械零件的强度

3.1 复习笔记

【知识框架】

- 机械零件的强度
  - 材料的疲劳强度
    - 材料的疲劳特性：描述方法、测定方法
    - $\sigma-N$ 疲劳曲线
      - 曲线的含义
      - 疲劳极限的计算公式
      - 计算参数的选取
    - 等寿命疲劳曲线
      - 材料极限应力
      - 材料极限应力线含义
      - 直线方程
  - 机械零件的疲劳强度
    - 零件的极限应力线图：折线方程、切应力极限应力曲线的方程
    - 单向稳定变应力时疲劳强度计算
      - $r=C$ 的情况
      - $\sigma_m=C$ 的情况
      - $\sigma_{min}=C$ 的情况
      - 等效对称循环变应力
    - 单向不稳定变应力时的疲劳强度计算
    - 双向稳定变应力时的疲劳强度计算
    - 提高机械零件疲劳强度的措施
      - 降低应力集中
      - 选材及强化工艺
      - 提高表面质量
      - 减小初始裂纹的尺寸
  - 机械零件的抗断裂强度
    - 低应力脆断：定义、产生原因
    - 断裂力学：度量指标、判别方法
  - 机械零件的接触强度
    - 接触类别
    - 接触应力的计算
  - 机械零件可靠性设计简介
    - 基本概念及公式
    - 强度及应力均为正态分布时的可靠度计算
  - 本章附录
    - 零件结构的理论应力集中系数
    - 疲劳强度降低系数或有效应力集中系数
    - 绝对尺寸及截面形状影响系数
    - 表面质量系数
    - 强化系数
    - 标准正态随机函数表

【通关提要】

本章主要介绍了材料的疲劳曲线和疲劳极限的计算以及零件的极限应力线图和疲劳强度的计算，简单介绍了零件的抗断裂强度、接触强度及可靠性的计算。学习时需要理解并重点掌握疲劳曲线和极限应力线图中各点坐标及疲劳强度(疲劳极限)的计算。此处容易出计算

题。考生还需把握变应力的循环特性、零件疲劳极限的影响因素、提高疲劳强度的措施等细节内容，多以选择题、填空题和简答题的形式出现，复习时需把握其具体内容，重点记忆。

【重点难点归纳】

一、材料的疲劳强度

1. 材料的疲劳特性

(1)描述方法：①最大应力 σ_{max}；②应力循环次数 N；③应力比(或循环特性)r($\sigma_{min}/\sigma_{max}$)。

(2)测定方法：在标准试件上加上设计好的变应力，通过试验，记录最大应力 σ_{max}及对应应力循环次数 N，并绘图。

2. $\sigma-N$ 疲劳曲线(见表 3-1-1)

表 3-1-1　$\sigma-N$ 疲劳曲线的含义

要点	主要内容	
图示	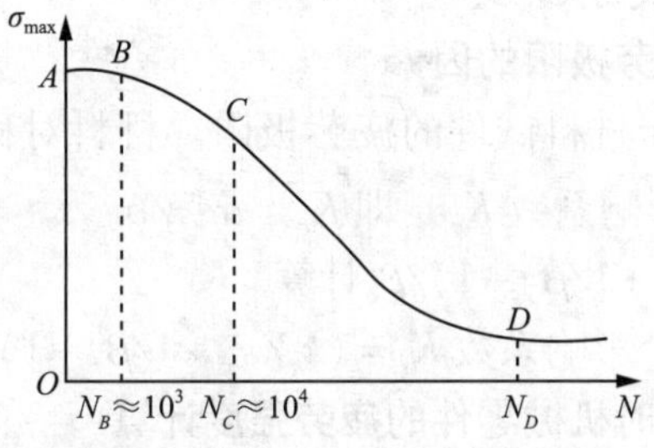	
曲线含义	曲线 AB 段	$N\leqslant10^3$，静应力强度状况
	曲线 BC 段	应变疲劳或低周疲劳阶段
	曲线 CD 段	有限寿命疲劳阶段，任意循环次数 N 对应的疲劳极限 $\sigma_{rN}=\sigma_r\sqrt[m]{\dfrac{N_0}{N}}=K_N\sigma_r$
	点 D 以后的线段	为无限寿命疲劳阶段。点 C 以后代表的疲劳称为高周疲劳

3. 等寿命疲劳曲线

等寿命疲劳曲线描述的是在一定的应力循环次数 N 下，疲劳极限的应力幅值 σ_a与平均应力 σ_m的关系。材料和零件的极限应力线图的含义及比较如表 3-1-2 所示。

表 3-1-2　材料和零件的极限应力线图的含义及比较

要点	材料的极限应力线图	零件的极限应力线图
极限应力线图	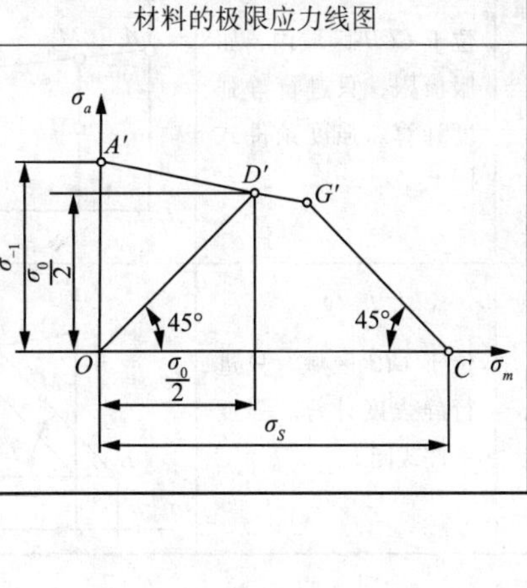	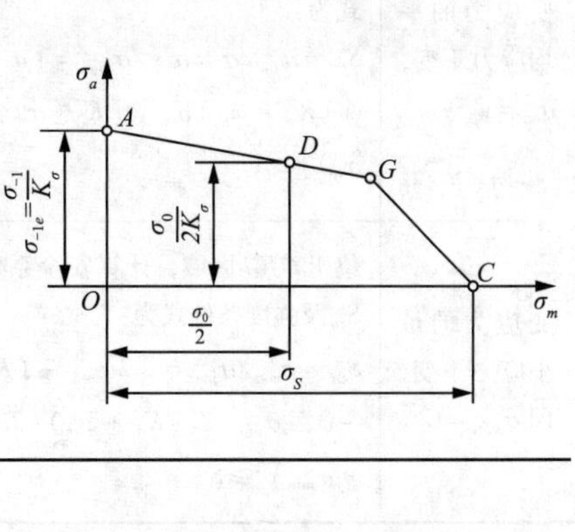

续表

要点		材料的极限应力线图	零件的极限应力线图
极限应力线图的含义	点 $A'(A)$	对称循环疲劳极限应力点，坐标$(0,\ \sigma_{-1})$	坐标$(0,\ \sigma_{-1}/K_\sigma)$
	点 $D'(D)$	脉动循环疲劳极限应力点，坐标$(\sigma_0/2,\ \sigma_0/2)$	$D\left(\dfrac{\sigma_0}{2},\ \dfrac{\sigma_0}{2K_\sigma}\right)$
	点 C	屈服极限应力点，坐标$(\sigma_S,\ 0)$	
	点 $G'(G)$	自点 C 作一直线与直线 CO 成45°的夹角，交 $A'D'(AD)$ 的延长线于点 $G'(G)$	
	直线 $A'G'(AG)$	直线方程为：$\sigma_{-1}=\sigma'_a+\varphi_\sigma\sigma'_m$。$\varphi_\sigma$ 为试件受循环弯曲应力时的材料常数	直线方程为：$\sigma_{-1e}=\sigma_{-1}/K_\sigma=\sigma'_{ae}+\varphi'_{\sigma e}\sigma'_{me}$。$\varphi'_{\sigma e}$ 为零件受循环弯曲应力时的材料常数
	直线 $CG'(CG)$	直线方程为：$\sigma'_m+\sigma'_a=\sigma_S$	直线方程为：$\sigma'_{ae}+\sigma'_{me}=\sigma_S$
	折线 $A'G'C$ (AGC)	发生的应力若处于 $OA'G'C(OAGC)$ 区域以内，则表示不发生破坏；若在此区域以外，则表示一定要发生破坏；若正好处于折线上，则表示工作应力状况正好达到极限状态	

二、机械零件的疲劳强度

1. 影响机械零件疲劳极限的因素

零件的疲劳极限小于材料试件的疲劳极限。材料对称循环弯曲疲劳极限 σ_{-1} 与零件的 σ_{-1e} 的比值，称为综合影响系数 K_σ，即 $K_\sigma=\sigma_{-1}/\sigma_{-1e}$。

K_σ 可用 $K_\sigma=(k_\sigma/\varepsilon_\sigma+1/\beta_\sigma-1)/\beta_q$ 计算。

剪切疲劳极限的综合影响系数 $K_\tau=(k_\tau/\varepsilon_\tau+1/\beta_\tau-1)/\beta_q$。

2. 单向稳定变应力时机械零件的疲劳强度计算

工作应力点 M 或 N(见表中计算简图)的疲劳强度计算见表 3-1-3。

表 3-1-3　单向稳定变应力时机械零件的疲劳强度计算

应力条件	M 点疲劳强度计算	N 点疲劳强度计算	计算简图
变应力的循环特性不变，即 $r=C$	疲劳极限为点 M'_1 的横、纵坐标值之和；计算安全系数及强度条件式为：$S_{ca}=\sigma_{\lim}/\sigma=\sigma'_{\max}/\sigma_{\max}=\sigma_{-1}/(K_\sigma\sigma_a+\varphi_\sigma\sigma_m)\geqslant S$	屈服失效，进行静强度计算。强度条件式为：$S_{ca}=\sigma_{\lim}/\sigma=\sigma_S/\sigma_{\max}=\sigma_S/(\sigma_a+\sigma_m)\geqslant S$	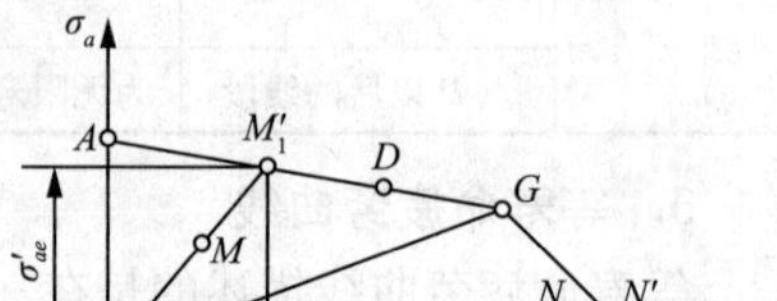
变应力的平均应力不变，$\sigma_m=C$	计算安全系数 S_{ca} 及强度条件式为：$S_{ca}=\sigma_{\lim}/\sigma=\sigma'_{\max}/\sigma_{\max}=[\sigma_{-1}+(K_\sigma-\varphi_\sigma)\sigma_m]/[K_\sigma(\sigma_m+\sigma_a)]\geqslant S$	位于 CGH 区域内，屈服极限，只进行静强度计算。强度条件式同上	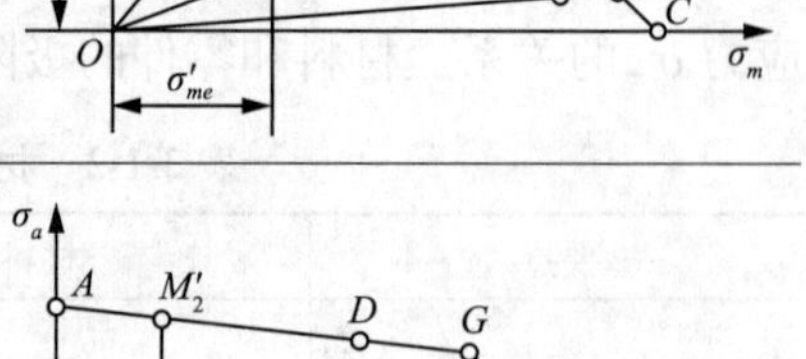
变应力的最小应力不变，即 $\sigma_{\min}=C$	位于 $OJGI$ 区域，计算安全系数 S_{ca} 及强度条件式为：$S_{ca}=\sigma'_{\max}/\sigma_{\max}=[2\sigma_{-1}+(K_\sigma-\varphi_\sigma)\sigma_{\min}]/[(K_\sigma+\varphi_\sigma)(2\sigma_a+\sigma_{\min})]\geqslant S$	位于 GIC 区域，只进行静强度计算。强度条件式同上	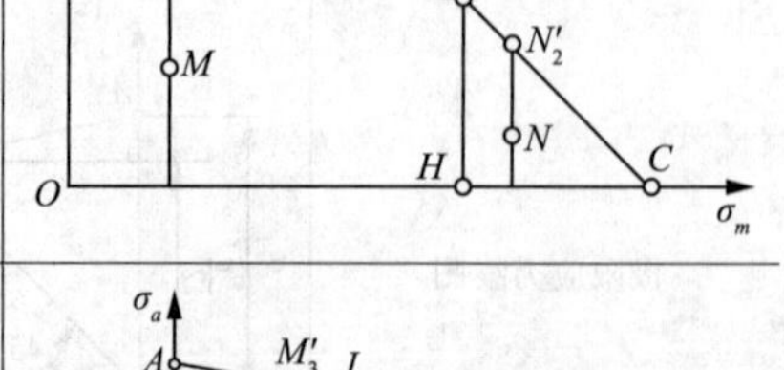

续表

应力条件	M点疲劳强度计算	N点疲劳强度计算	计算简图
等效对称循环变应力	计算安全系数为：$S_{ca}=\sigma_{-1}/\sigma_{ad}$。其中，$\sigma_{ad}=K_\sigma\sigma_a+\varphi_\sigma\sigma_m$		
有限寿命疲劳强度计算	$10^4<N<N_0$时，应用σ_{rN}来代替σ_r		

3. 单向不稳定变应力时的疲劳强度计算

不稳定变应力可分为非规律性的和规律性的。其中，规律性的不稳定变应力，根据疲劳损伤累积假说(常称为 Miner 法则)进行计算。图 3-1-1 为不稳定变应力在 σ_r-N 曲线上的表示。

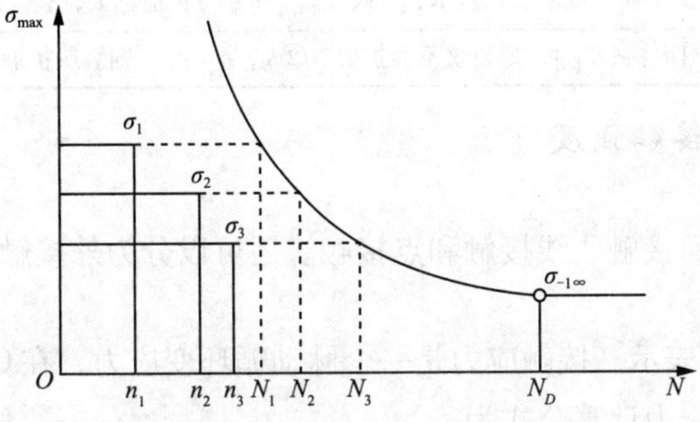

图 3-1-1　不稳定变应力在 $\sigma-N$ 曲线上的表示

疲劳损伤累积假说的数学表达式为

$$\sum_{i=1}^{z}\frac{n_i}{N_i}=1$$

不稳定变应力的计算应力为

$$\sigma_{ca}=\sqrt[m]{\frac{1}{N_0}\sum_{i=1}^{z}n_i\sigma_i^m} \tag{3-1-1}$$

计算安全系数 S_{ca} 及强度条件式为

$$S_{ca}=\sigma_{-1}/\sigma_{ca}\geqslant S \tag{3-1-2}$$

不对称循环的不稳定变应力，利用等效对称循环变应力，应用式(3-1-1)及式(3-1-2)进行计算。

4. 双向稳定变应力时的疲劳强度计算

(1)零件上作用同相位的对称循环稳定变应力 σ_a 及 τ_a 时，极限应力线图如图 3-1-2 所示(单位圆)。零件上只承受 σ_a 或 τ_a 时的计算安全系数分别为：$\sigma_{-1e}/\sigma_a=S_\sigma$；$\tau_{-1e}/\tau_a=S_\tau$，故

$$S_{ca}=\frac{S_\sigma S_\tau}{\sqrt{S_\sigma^2+S_\tau^2}} \tag{3-1-3}$$

(2)当 σ_a 及 τ_a 均为不对称循环的变应力时，根据 $S_\sigma=\sigma_{-1}/(K_\sigma\sigma_a+\varphi_\sigma\sigma_m)$ 及 $S_\tau=\tau_{-1}/(K_\tau\tau_a+\varphi_\tau\tau_m)$，利用式(3-1-3)求出 S_{ca}。

5. 提高机械零件疲劳强度的措施

(1)减少零件结构形状和尺寸的突变，降低应力集中。

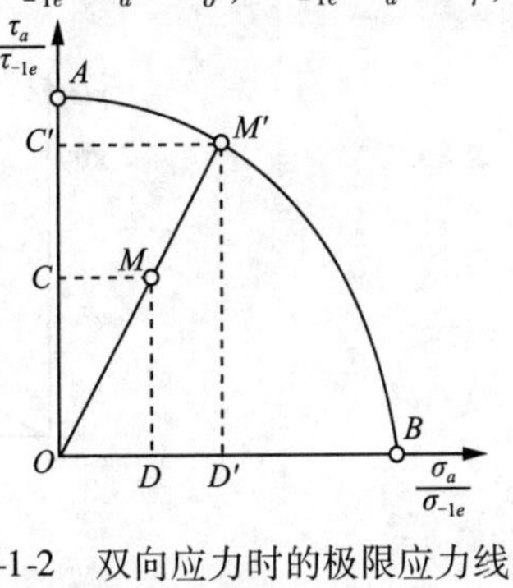

图 3-1-2　双向应力时的极限应力线图

(2)选用高疲劳强度的材料、热处理方法及强化工艺。

(3)提高零件的表面质量。

(4)严防零件表面发生的初始裂纹。

三、机械零件的抗断裂强度(见表3-1-4)

表3-1-4　机械零件的抗断裂强度的要点及主要内容

要点	主要内容	
低应力脆断	①客观原因：大型结构、使用焊接、复杂工作条件和多种载荷作用。 ②内在原因：内部裂纹和缺陷	
断裂力学	度量指标	①应力强度因子 K_{I}（或 K_{II}、K_{III}）：值越大，应力场越强。 ②平面应变断裂韧度 $K_{\mathrm{I}C}$（或 $K_{\mathrm{II}C}$、$K_{\mathrm{III}C}$）：值越大，裂纹越不易扩展
	判别方法	①$K_{\mathrm{I}} < K_{\mathrm{I}C}$，则裂纹不会扩展。②$K_{\mathrm{I}} \geqslant K_{\mathrm{I}C}$，则裂纹扩展

四、机械零件的接触强度

1. 接触种类

两零件的接触包括面接触、线接触和点接触。还可以分为外接触和内接触。

2. 接触应力

接触应力用符号 σ_H 表示。接触应力是一个脉动循环变应力，在 $0\sim\sigma_H$ 范围内改变。

对于线接触，接触应力计算公式为

$$\sigma_H = \sqrt{\frac{\dfrac{F}{B}\left(\dfrac{1}{\rho_1} \pm \dfrac{1}{\rho_2}\right)}{\pi\left(\dfrac{1-\mu_1^2}{E_1} + \dfrac{1-\mu_2^2}{E_2}\right)}}$$

式中，F 为作用于接触面上的总压力；B 为初始接触线长度；ρ_1、ρ_2 为零件1和零件2初始接触线处的曲率半径，令 $1/\rho_{\Sigma} = (1/\rho_1) \pm (1/\rho_2)$，称为综合曲率，而 $\rho_{\Sigma} = \rho_1\rho_2/(\rho_1 \pm \rho_2)$ 称为综合曲率半径，其中正号用于外接触，负号用于内接触；μ_1、μ_2 为零件1和零件2材料的泊松比；E_1、E_2 为零件1和零件2材料的弹性模量。

五、机械零件可靠性设计简介

1. 基本概念及公式

图3-1-3给出了强度 r 的概率密度函数 $g(r)$ 曲线和应力 s 的概率密度函数 $p(s)$ 曲线。零件失效概率 F，即强度 r 小于应力 s 的概率：

$$\left.\begin{aligned} F &= P(r < s) \\ F &= P(z = r - s < 0) \end{aligned}\right\}$$

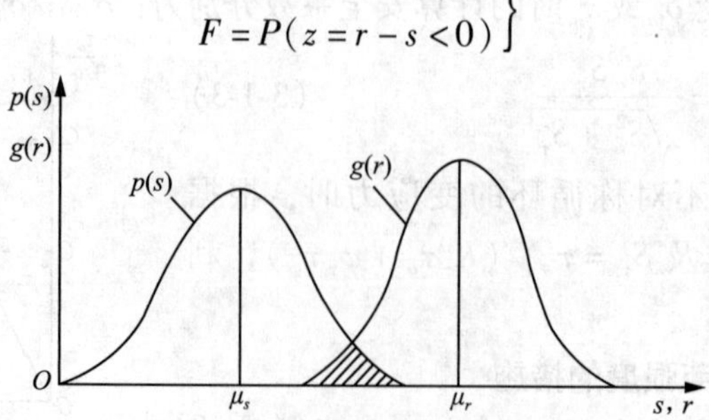

图3-1-3　应力-强度干涉模型

2. 强度及应力均为正态分布时的可靠度计算

零件的失效概率 F 为

$$F = P(z < 0) = \int_{-\infty}^{0} f(z)\mathrm{d}z$$

零件的可靠度为

$$\begin{aligned}
R = 1 - F &= \int_{0}^{\infty} f(z)\mathrm{d}z \\
&= \int_{0}^{\infty} \frac{1}{\sqrt{2\pi}\sigma_z} \exp\left[- \frac{(z - \mu_z)^2}{2\sigma_z^2} \right] \mathrm{d}z \\
&= \Phi\left(\frac{\mu_r - \mu_s}{\sqrt{\sigma_r^2 + \sigma_s^2}} \right) \\
&= \Phi(\beta)
\end{aligned}$$

式中，μ_r、μ_s分别为强度和应力的数学期望；σ_r、σ_s分别为强度和应力的标准差；参数 β 是正态分布的分位数，常称为正态分布的可靠性系数。

3.2 课后习题详解

3-1 某材料的对称循环弯曲疲劳极限 $\sigma_{-1} = 180\text{MPa}$，取循环基数 $N_0 = 5 \times 10^6$，材料常数 $m = 9$。试求循环次数 N 分别为 7000、25000、620000 时的有限寿命弯曲疲劳极限。

解：根据教材式 3-3，即 $\sigma_{rN} = \sigma_r \sqrt[m]{\dfrac{N_0}{N}} = K_N \sigma_r$ 可得，不同循环次数时的有限寿命弯曲疲劳极限分别为

$$\sigma_{-1N_1} = \sigma_{-1} \sqrt[9]{\frac{N_0}{N_1}} = 180 \times \sqrt[9]{\frac{5 \times 10^6}{7 \times 10^3}} \approx 373.6\text{MPa}$$

$$\sigma_{-1N_2} = \sigma_{-1} \sqrt[9]{\frac{N_0}{N_2}} = 180 \times \sqrt[9]{\frac{5 \times 10^6}{2.5 \times 10^4}} \approx 324.3\text{MPa}$$

$$\sigma_{-1N_3} = \sigma_{-1} \sqrt[9]{\frac{N_0}{N_3}} = 180 \times \sqrt[9]{\frac{5 \times 10^6}{6.2 \times 10^5}} \approx 227.0\text{MPa}$$

3-2 已知材料的力学性能：$\sigma_S = 260\text{MPa}$，$\sigma_{-1} = 170\text{MPa}$，$\varphi_\sigma = 0.2$。试绘制此材料的简化等寿命疲劳曲线（参见教材图 3-3 中的 $A'D'G'C$）。

解：根据题意可得点 A'和点 C 的坐标分别为：

点 $A'(0, \sigma_{-1})$，即$(0, 170)$；

点 $C(\sigma_S, 0)$，即$(260, 0)$，如图 3-2-1 所示。

点 $D'\left(\dfrac{\sigma_0}{2}, \dfrac{\sigma_0}{2}\right)$，其中脉动循环疲劳极限

$$\sigma_0 = \frac{2\sigma_{-1}}{1 + \varphi_\sigma} = \frac{2 \times 170}{1 + 0.2} \approx 283.33\text{MPa}$$

解得

$$D' = \left(\frac{283.33}{2}, \frac{283.33}{2} \right)$$

按比例绘制该材料的疲劳弯曲极限应力线图，如图 3-2-1 所示 $A'G'C$。

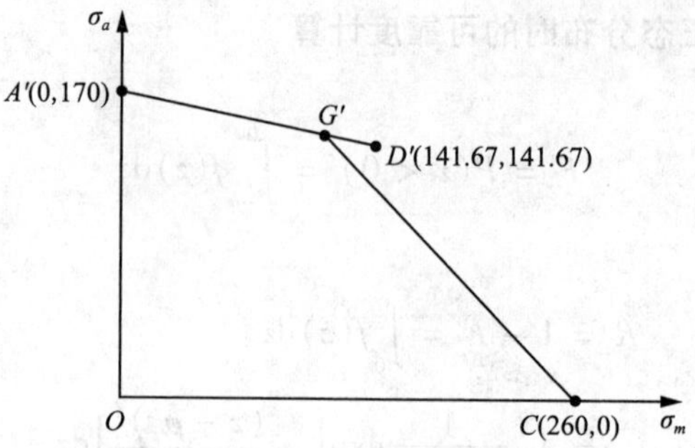

图 3-2-1

3-3　已知一圆轴的轴肩尺寸：$D=72\text{mm}$，$d=62\text{mm}$，$r=3\text{mm}$；材料为 40CrNi，其强度极限 $\sigma_B=900\text{MPa}$，屈服极限 $\sigma_S=750\text{MPa}$。试计算轴肩处的有效应力集中系数 k_σ。

解：根据题意可得

$$D/d=72/62\approx1.161$$

$$r/d=3/62\approx0.048$$

则查教材附表 3-2 并插值得理论应力集中系数 $\alpha_\sigma\approx1.995$，查教材附图 3-1 并插值得敏性系数 $q_\sigma\approx0.85$，故有效应力集中系数

$$k_\sigma=1+q_\sigma(\alpha_\sigma-1)=1+0.85\times(1.995-1)\approx1.846$$

3-4　有一精车的圆轴，其轴肩处的尺寸为 $D=54\text{mm}$，$d=45\text{mm}$，$r=3\text{mm}$。如用题 3-2 中的材料，设其强度极限 $\sigma_B=420\text{MPa}$，未做表面强化处理。试绘制此圆轴该轴肩处的简化等寿命疲劳曲线。

解：根据题意可得

$$\frac{D}{d}=\frac{54}{45}=1.2$$

$$\frac{r}{d}=\frac{3}{45}\approx0.067$$

则查教材附表 3-2 并插值得理论应力集中系数 $\alpha_\sigma\approx1.88$，查教材附图 3-1 并插值得敏性系数 $q_\sigma\approx0.78$，故有效应力集中系数

$$k_\sigma=1+q_\sigma(\alpha_\sigma-1)=1+0.78\times(1.88-1)\approx1.69$$

查教材附图 3-2 并插值得尺寸及截面形状系数 $\varepsilon_\sigma\approx0.74$；

查教材附图 3-4 并插值得表面质量系数 $\beta_\sigma\approx0.90$；

该圆轴未做表面强化处理，故强化系数 $\beta_q=1$。

故综合影响系数

$$K_\sigma=\left(\frac{k_\sigma}{\varepsilon_\sigma}+\frac{1}{\beta_\sigma}-1\right)\frac{1}{\beta_q}=\left(\frac{1.69}{0.74}+\frac{1}{0.90}-1\right)\times\frac{1}{1}\approx2.39$$

则简化极限应力线图的各点坐标如下：

点 $A\left(0,\ \frac{\sigma_{-1}}{K_\sigma}\right)$，即(0，71.13)；

点 $C(\sigma_S,\ 0)$，即(260，0)；

点 $D\left(\frac{\sigma_0}{2},\ \frac{\sigma_0}{2K_\sigma}\right)$，即(141.67，59.27)，按比例作图，如图 3-2-2 所示 AGC。

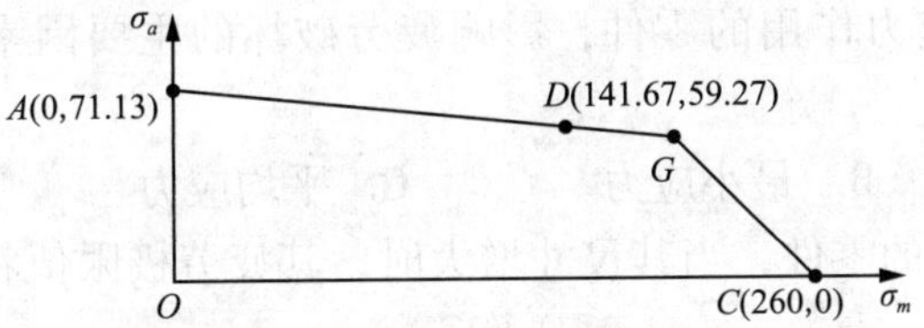

图 3-2-2

3-5　如题 3-4 中危险截面上的平均应力 $\sigma_m = 20\text{MPa}$，应力幅 $\sigma_a = 30\text{MPa}$，试分别按①$r = C$，②$\sigma_m = C$ 求出该截面的计算安全系数 S_{ca}。

解： 由题意可知，该截面的工作应力点(20，30)位于图 3-2-2 中的 OAG 区域内，故

(1)$r = C$ 时，可得安全系数为：

$$S_{ca} = \frac{\sigma_{-1}}{K_\sigma \sigma_a + \varphi_\sigma \sigma_m} = \frac{170}{2.39 \times 30 + 0.2 \times 20} \approx 2.25$$

(2)$\sigma_m = C$ 时，可得安全系数为：

$$S_{ca} = \frac{\sigma_{-1} + (K_\sigma - \varphi_\sigma)\sigma_m}{K_\sigma(\sigma_a + \sigma_m)} = \frac{170 + (2.39 - 0.2) \times 20}{2.39 \times (30 + 20)} \approx 1.79$$

3.3　名校考研真题

一、选择题

1. 两圆柱体接触，其最大接触应力 $\sigma_{H\max}$ 与载荷 F 的关系为 $\sigma_{H\max}$ 与(　　)成正比。[长安大学 2024 研]

A. F　　B. $F^{1/2}$　　C. $F^{1/3}$　　D. F^2

2. 下列四种叙述中正确的是(　　)。[四川大学 2013 研]

A. 变应力只能由变载荷产生

B. 静载荷不能产生变应力

C. 变应力是由静载荷产生的

D. 变应力是由变载荷产生的，也可能由静载荷产生

3. 循环特性等于(　　)时，称为对称循环变应力。[中山大学 2018 研]

A. －1　　B. 1　　C. 0　　D. 无穷大

4. 图 3-3-1 所示，交变应力的循环特征、平均应力、应力幅度分别为(　　)。[北京航空航天大学 2010 研]

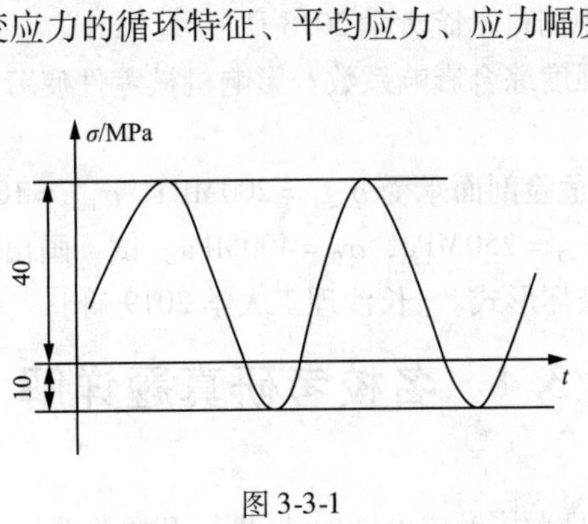

图 3-3-1

A. －10，30，10　　B. 40，10，20

C. －1/4，25，15　　D. －1/4，15，25

5. 对于受循环变应力作用的零件，影响疲劳破坏的主要因素是(　　)。[扬州大学2019研]

A. 最大应力　　B. 最小应力　　C. 平均应力　　D. 应力幅

6. 某截面形状一定的零件，当其尺寸增大时，其疲劳极限值将随之(　　)。[中山大学2013研]

A. 增高　　B. 降低　　C. 不变　　D. 规律不定

7. 两轴线互相平行的圆柱体接触，受径向压力，则两零件的接触应力(　　)。[中国科学院大学2013研]

A. 相等　　B. 不相等　　C. 与直径相关，直径大的接触应力大

二、填空题

1. 静强度条件下，塑性材料的极限应力为______，脆性材料的极限应力为______。[长安大学2025研]

2. 受稳定径向载荷的一转轴，轴截面上产生的弯曲应力为______应力。[武汉理工大学2017研]

3. 静应力下，零件材料有两种损坏形式：______或______。在变应力条件下，零件的损坏形式是______。在变应力条件下，影响机械零件疲劳强度的因素很多，有______、______、______、环境介质、______和______等。[厦门大学2011研]

4. 一零件用45钢制成，工作时受静拉力，危险截面处的最大应力 $\sigma = 160\text{MPa}$，材料的屈服极限为 $\sigma_s = 360\text{MPa}$，硬度200HBS，许用拉应力 $[\sigma] = 225\text{MPa}$，则该零件的许用安全系数 $[S]_\sigma =$ ______。[四川大学2013研]

5. 按照应力随时间变化的情况，应力可分为：______和______。[中山大学2014研]

三、判断题

一零件受稳定循环变应力作用，已知最大应力 $\sigma_{\max} = 300\text{MPa}$，循环特征 $r = -0.5$，则应力幅 $\sigma_a = 225\text{MPa}$。(　　)[华中科技大学2013研]

四、简答题

1. 简述静强度设计与疲劳强度设计的不同之处。[广东工业大学2018研]

2. 影响机械零件疲劳强度的主要因素有哪些？提高机械零件疲劳强度的措施有哪些？[武汉理工大学2017研；中国科学院大学2013研]

相关真题：何谓疲劳强度综合影响系数？影响机械零件疲劳强度的因素有哪些？[沈阳工业大学2019研]

3. 一钢制轴类零件的危险剖面承受 $\sigma_{\max} = 200\text{MPa}$，$\sigma_{\min} = 100\text{MPa}$，综合影响系数 $K_\sigma = 2$，材料的 $\sigma_S = 400\text{MPa}$，$\sigma_{-1} = 250\text{MPa}$，$\sigma_0 = 400\text{MPa}$。试：画出材料的简化极限应力线图，标出工作点并判定零件的破坏形式。[长沙理工大学2019研]

3.4　名校考研真题详解

一、选择题

1. 两圆柱体接触，其最大接触应力 $\sigma_{H\max}$ 与载荷 F 的关系为 $\sigma_{H\max}$ 与(　　)成正比。[长安大学2024研]

A. F　　B. $F^{1/2}$　　C. $F^{1/3}$　　D. F^2

【答案】B

【解析】对于线接触，弹性力学给出的接触应力计算公式为：

$$\sigma_H = \sqrt{\frac{\frac{F}{B}\left(\frac{1}{\rho_1} \pm \frac{1}{\rho_2}\right)}{\pi\left(\frac{1-\mu_1^2}{E_1} + \frac{1-\mu_2^2}{E_2}\right)}}$$

由公式可知，$\sigma_{H\max}$与$F^{1/2}$成正比。

2. 下列四种叙述中正确的是(　　)。[四川大学2013研]

A. 变应力只能由变载荷产生

B. 静载荷不能产生变应力

C. 变应力是由静载荷产生的

D. 变应力是由变载荷产生的，也可能由静载荷产生

【答案】D

【解析】变载荷产生变应力，但变应力也可能由静载荷产生。故选D项。

3. 循环特性等于(　　)时，称为对称循环变应力。[中山大学2018研]

A. −1　　B. 1　　C. 0　　D. 无穷大

【答案】A

【解析】交变应力循环特性r等于最小应力与最大应力的比值。循环特性$r=-1$的变应力称为对称循环变应力；循环特性$r=0$的变应力称为脉动循环变应力；循环特性$r=+1$则表示材料所受的应力为静应力。

4. 图3-4-1所示，交变应力的循环特征、平均应力、应力幅度分别为(　　)。[北京航空航天大学2010研]

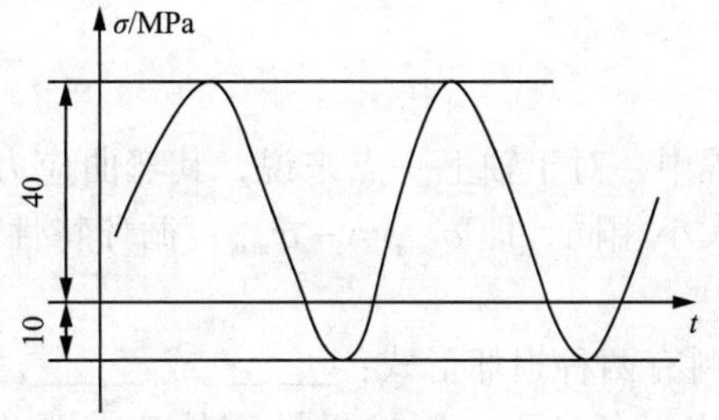

图3-4-1

A. −10，30，10　　B. 40，10，20

C. −1/4，25，15　　D. −1/4，15，25

【答案】D

【解析】由图可知，$\sigma_{\max}=40\text{MPa}$，$\sigma_{\min}=-10\text{MPa}$。

于是可得：$r=\frac{\sigma_{\min}}{\sigma_{\max}}=-\frac{1}{4}$，$\sigma_m=\frac{\sigma_{\max}+\sigma_{\min}}{2}=15\text{MPa}$，$\sigma_a=\frac{\sigma_{\max}-\sigma_{\min}}{2}=25\text{MPa}$。

5. 对于受循环变应力作用的零件，影响疲劳破坏的主要因素是(　　)。[扬州大学2019研]

A. 最大应力　　B. 最小应力　　C. 平均应力　　D. 应力幅

【答案】D

【解析】对于受循环变应力作用的零件，最小应力不变的情况下，应力幅越小，零件的疲劳强度越高。

6．某截面形状一定的零件，当其尺寸增大时，其疲劳极限值将随之(　　)。[中山大学2013研]

A．增高　　B．降低　　C．不变　　D．规律不定

【答案】B

【解析】零件的截面形状一定，当截面尺寸增大时，疲劳极限值将降低。因为截面积增大，累积缺陷会增多，疲劳极限值将会减小。

7．两轴线互相平行的圆柱体接触，受径向压力，则两零件的接触应力(　　)。[中国科学院大学2013研]

A．相等　　B．不相等　　C．与直径相关，直径大的接触应力大

【答案】A

【解析】当两圆柱体相接触时，其最大接触应力正比于所加载荷的二分之一次方，两轴线互相平行时，在径向力作用下，两零件的接触应力相等。

二、填空题

1．静强度条件下，塑性材料的极限应力为______，脆性材料的极限应力为______。[长安大学2025研]

【答案】屈服极限(σ_s)；强度极限(σ_b)

【解析】塑性材料：通常以屈服极限(σ_s)作为极限应力，因为材料在达到屈服极限后会发生明显的塑性变形。脆性材料：通常以强度极限(σ_b)作为极限应力，因为脆性材料在断裂前几乎没有塑性变形。

2．受稳定径向载荷的一转轴，轴截面上产生的弯曲应力为______应力。[武汉理工大学2017研]

【答案】对称循环变

【解析】在轴的转动过程中，对于轴上一点来说，其弯曲应力是不断变换的，且其最大应力与最小应力的绝对值大小相同，即$\sigma_{min}=-\sigma_{max}$，循环特性$r=-1$，即为对称循环变应力。

3．静应力下，零件材料有两种损坏形式：______或______。在变应力条件下，零件的损坏形式是______。在变应力条件下，影响机械零件疲劳强度的因素很多，有______、______、______、环境介质、______和______等。[厦门大学2011研]

【答案】断裂；塑性变形；疲劳破坏；应力集中；零件尺寸；表面状态；截面形状；强化处理工艺

【解析】影响机械零件疲劳的因素中，应力集中、绝对尺寸和表面状态只影响应力幅。

4．一零件用45钢制成，工作时受静拉力，危险截面处的最大应力$\sigma=160\text{MPa}$，材料的屈服极限为$\sigma_s=360\text{MPa}$，硬度200HBS，许用拉应力$[\sigma]=225\text{MPa}$，则该零件的许用安全系数$[S]_\sigma=$______。[四川大学2013研]

【答案】1.6

【解析】$[S]_\sigma=\dfrac{\sigma_s}{[\sigma]}=\dfrac{360\text{MPa}}{225\text{MPa}}=1.6$。

5．按照应力随时间变化的情况，应力可分为：______和______。[中山大学2014研]

【答案】静应力；变应力

【解析】按应力随时间变化的特性不同，可分为静应力和变应力。不随时间变化或变化缓慢的应力称为静应力。随时间变化的应力称为变应力。绝大多数机械零件都是处于变应力状态下工作的。

三、判断题

一零件受稳定循环变应力作用，已知最大应力 $\sigma_{max}=300MPa$，循环特征 $r=-0.5$，则应力幅 $\sigma_a=225MPa$。(　　)［华中科技大学 2013 研］

【答案】对

【解析】因为 $r=\dfrac{\sigma_{min}}{\sigma_{max}}=-0.5$，所以 $\sigma_{min}=-150MPa$，$\sigma_a=\dfrac{\sigma_{max}-\sigma_{min}}{2}=225MPa$。

四、简答题

1. 简述静强度设计与疲劳强度设计的不同之处。［广东工业大学 2018 研］

答：静强度设计与疲劳强度设计的不同之处有：

(1) 静强度设计适用于机械零件整个工作寿命期间应力变化次数小于 1000 的场合，疲劳强度则适用于应力变化次数高于 1000 的场合；

(2) 静强度设计是和屈服强度作比较，疲劳强度是考虑到不同因素对疲劳极限的影响。

2. 影响机械零件疲劳强度的主要因素有哪些？提高机械零件疲劳强度的措施有哪些？［武汉理工大学 2017 研；中国科学院大学 2013 研］

相关真题：何谓疲劳强度综合影响系数？影响机械零件疲劳强度的因素有哪些？［沈阳工业大学 2019 研］

答：材料对称循环弯曲疲劳极限与零件对称循环弯曲疲劳极限的比值，称为疲劳强度综合影响系数。

(1) 影响机械零件疲劳强度的主要因素有：

①零件材料的疲劳极限；

②零件的应力集中情况；

③零件的尺寸及截面形状；

④零件的表面质量情况；

⑤零件的强化工艺处理情况。

(2) 提高机械零件疲劳强度的措施有：

①降低零件上的应力集中；

②选用高疲劳强度的材料、热处理方法及强化工艺；

③提高零件的表面质量；

④严防零件表面发生初始裂纹。

3. 一钢制轴类零件的危险剖面承受 $\sigma_{max}=200MPa$，$\sigma_{min}=100MPa$，综合影响系数 $K_\sigma=2$，材料的 $\sigma_S=400MPa$，$\sigma_{-1}=250MPa$，$\sigma_0=400MPa$。试：画出材料的简化极限应力线图，标出工作点并判定零件的破坏形式。［长沙理工大学 2019 研］

答：(1) 材料的简化极限应力线图：

根据题意可得点 A' 和点 C 的坐标分别为：

点 $A'(0,\ \sigma_{-1})$，即 (0，250)；

点 $C(\sigma_S,\ 0)$，即 (400，0)，如图 3-4-2 所示。

点 $D'(\sigma_0/2,\ \sigma_0/2)$，即 $D'(400/2,\ 400/2)$。

按比例绘制该材料的疲劳弯曲极限应力线图，如图 3-4-2 所示 $A'G'C$。

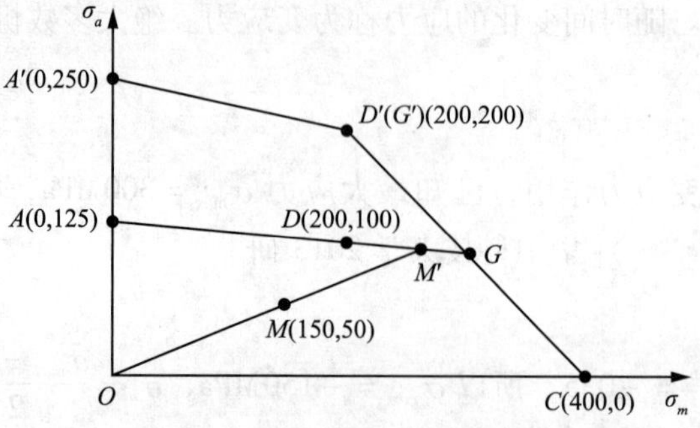

图 3-4-2　简化极限应力线图

(2)零件的简化极限应力线图：

根据题意可得各点坐标如下：

点 $A(0,\ \sigma_{-1}/K_\sigma)$，即(0，125)；

点 $C(\sigma_S,\ 0)$，即(400，0)；

点 $D(\sigma_0/2,\ \sigma_0/2K_\sigma)$，即(200，100)，按比例作图，如图 3-4-2 所示 AGC。

(3)标出工作点并判定零件的破坏形式：

零件危险截面上的平均应力 $\sigma_m=(\sigma_{max}+\sigma_{min})/2=150\text{MPa}$，应力幅 $\sigma_a=(\sigma_{max}-\sigma_{min})/2=50\text{MPa}$。

标出工作应力点 $M(\sigma_m,\ \sigma_a)$，即 $M(150,\ 50)$，如图 3-4-2 所示。

该零件按照 $r=C$ 的应力变化规律进行计算，如图 3-4-2 所示。此时 M 点的极限应力为疲劳极限，也就是说，工作应力为 M 点时，可能发生的是疲劳失效。

第四章　摩擦、磨损及润滑概述

4.1　复习笔记

【知识框架】

- 摩擦、磨损及润滑概述
  - 摩擦
    - 摩擦概述：摩擦的分类、膜厚比
    - 干摩擦
    - 边界摩擦（边界润滑）
    - 混合摩擦（混合润滑）
    - 流体摩擦（流体润滑）
  - 磨损
    - 磨损概论：磨损的定义和分类、磨损过程
    - 黏附磨损
    - 磨粒磨损
    - 疲劳磨损
    - 流体磨粒磨损和流体侵蚀磨损
    - 机械化学磨损
    - 微动磨损
  - 润滑剂、添加剂和润滑方法
    - 润滑剂
      - 润滑油：分类、6 个性能指标
      - 润滑脂
    - 添加剂：作用、种类
    - 润滑方法
      - 油润滑：5 种连续供油方法
      - 脂润滑
  - 流体润滑原理简介
    - 流体动力润滑：楔效应承载机理
    - 弹性流体动力润滑
    - 流体静力润滑

【通关提要】

本章主要介绍了摩擦、磨损及润滑。学习时需要掌握摩擦和磨损的类型以及润滑油和润滑脂的性能指标。本章多以选择题、填空题和判断题的形式出现，复习时需把握其具体内容，重点记忆。

【重点难点归纳】

一、摩擦

1. 摩擦的要点及具体内容（见表 4-1-1）

表 4-1-1　摩擦的要点及具体内容

要点	具体内容
特点	摩擦不可逆，会导致能量损耗和摩擦表面物质的丧失或迁移
分类	分为内摩擦和外摩擦，外摩擦包括静摩擦和动摩擦，动摩擦可以分为滑动摩擦和滚动摩擦；滑动摩擦又分为干摩擦、边界摩擦、流体摩擦及混合摩擦

2. 干摩擦

粘附理论：作相对运动的两个金属表面间的摩擦系数为

$$f=\frac{F_f}{F_n}=\frac{\tau_{Bj}}{\sigma'_{Sy}}=\frac{\text{界面剪切强度极限}}{\text{两种金属基体中较软的压缩屈服极限}}$$

3. 润滑的要点及具体内容（见表 4-1-2）

表 4-1-2 润滑的要点及具体内容

要点	具体内容	
边界润滑	边界膜的分类：①吸附膜（物理吸附膜及化学吸附膜）；②反应膜	
混合润滑	优点	可降低摩擦阻力，比边界摩擦有效
	缺点	仍有磨损存在
流体润滑	形成条件	润滑膜厚度大于两个表面的轮廓峰间距
	特点	摩擦系数极小
润滑状态区分方法	膜厚比 $\lambda=\dfrac{h_{\min}}{(R_{q1}^2+R_{q2}^2)^{\frac{1}{2}}}$	通常认为：$\lambda\leqslant 1$ 时呈边界摩擦状态；$\lambda>3$ 时呈流体摩擦状态；$1<\lambda\leqslant 3$ 时呈混合摩擦状态

二、磨损（见表 4-1-3）

表 4-1-3 磨损的要点及具体内容

要点	具体内容
过程	大致可分为三个阶段，即磨合阶段、稳定磨损阶段及剧烈磨损阶段
分类	①根据磨损结果着重对磨损表面外观的描述，分为点蚀磨损、胶合磨损、擦伤磨损等。 ②根据磨损机理，分为粘附磨损、磨粒磨损、疲劳磨损、流体磨粒磨损、流体侵蚀磨损、机械化学磨损等

三、润滑剂、添加剂和润滑方法

1. 润滑剂

润滑剂的分类：可分为气体、液体、半固体和固体 4 种。

（1）润滑油

润滑油的种类：有机油、矿物油和化学合成油。

润滑油的性能评判指标见表 4-1-4。

表 4-1-4 润滑油的性能评判指标

指标	具体内容	
黏度	动力黏度	摩擦定律（黏性定律）：在流体中任意点处的切应力均与该处流体的速度梯度成正比，即 $\tau=-\eta\partial u/\partial y$。 η 为比例常数，即流体的动力黏度
	运动黏度	流体的动力黏度 η 与同温度下该流体密度 ρ 的比值
	条件黏度	通过测定润滑油穿过规定孔道的时间来进行计量
	黏度的影响因素	①温度：黏度指数值越大，表明黏度随温度的变化越小。 ②压力：黏度随压力的增高而加大
润滑性（油性）	润滑性愈好，油膜与金属表面的吸附能力愈强	
其他指标	极压性、闪点、凝点、氧化稳定性	

(2)润滑脂

①润滑脂的分类

根据皂基的不同，润滑脂可分为钙基润滑脂、钠基润滑脂、锂基润滑脂和铝基润滑脂等。

②润滑脂的主要质量指标

a. 锥(针)入度(或稠度)。锥入度愈小，表明润滑脂愈稠。

b. 滴点。润滑脂的工作温度至少应低于滴点20℃。

2. 添加剂

常在润滑剂中加入添加剂以改善润滑剂的性能。

(1)添加剂的作用：①提高润滑剂的油性、极压性等；②推迟润滑剂的老化变质，延长其正常使用寿命；③改善润滑剂的物理性能。

(2)添加剂的种类：油性添加剂、极压添加剂、分散净化剂、消泡添加剂、抗氧化添加剂、降凝剂、增黏剂等。

3. 润滑方法(见表4-1-5)

表4-1-5 润滑方法

润滑方法	具体内容	
油润滑	间歇润滑	间歇润滑只可用于小型、低速或间歇运动的润滑场合
	连续供油润滑	包括：滴油润滑、油环润滑、浸油润滑、飞溅润滑、压力循环润滑
脂润滑	脂润滑只能间歇供应润滑脂	

四、流体润滑原理简介(见表4-1-6)

表4-1-6 流体润滑原理简介

流体润滑原理	具体内容	
流体动力润滑	分类	根据所用的黏性流体的种类不同分为液体动力润滑和气体动力润滑
	优点	摩擦、磨损小，减缓振动与冲击
	楔效应	具有一定黏性的流体流入楔形收敛间隙而产生压力的效应
弹性流体动力润滑	在流体动力润滑理论的基础上，考虑摩擦引起的局部弹性变形和黏度随压力的变化	
流体静力润滑	利用外部压力源，输入润滑剂，并形成足够静压力的流体润滑膜来承受载荷	

4.2 课后习题详解

此章没有课后习题！

4.3 名校考研真题

一、选择题

1. 当压力超过20MPa时，润滑油黏度(　　)。[河海大学2025研]

A. 增大　　B. 不变

C. 减小　　D. 视润滑油性质决定

2. 温度升高时，润滑油的黏度(　　)。[浙江大学2013研]

A. 升高　　B. 减低

C. 不变　　　　　　　　　　　　　　D. 可能升高也可能减低

3. 润滑油牌号 L－AN32 中的 32 是表示这种润滑油(　　)的平均值。[湘潭大学 2016 研]

A. 动力黏度　　B. 条件黏度　　C. 运动黏度　　D. 闪点

4. 以下 4 项特性中，只属于润滑脂的特性是(　　)。[浙江大学 2013 研]

A. 凝点　　B. 滴点　　C. 闪点　　D. 油性

5. 齿轮胶合失效属于(　　)，点蚀失效属于(　　)。[中国科学院大学 2013 研]

A. 黏附磨损　　B. 磨粒磨损　　C. 接触疲劳磨损　　D. 冲蚀磨损

E. 机械化学磨损

6. 两相对滑动的接触表面，依靠吸附的油膜进行润滑的摩擦状态称为(　　)。[重庆理工大学 2014 研]

A. 干摩擦　　B. 边界摩擦　　C. 混合摩擦　　D. 液体摩擦

二、填空题

1. ______的摩擦将导致零件表面材料逐渐丧失或迁移，即形成磨损，磨损会影响机器效率，降低工作可靠性，甚至______。[长安大学 2025 研]

2. 按摩擦状态不同，摩擦可分为______、______、______和______。[中国科学院大学 2013 研]

3. 运动副之间的摩擦将导致零件表面材料的逐渐损失，这种现象称为______。[广东工业大学 2014 研]

4. 一个零件的磨损大致可分为三个阶段，即______、______及剧烈磨损阶段。[长沙理工大学 2018 研]

5. 润滑油的最主要性能指标是______，而润滑脂的最主要性能指标是______。[浙江理工大学 2019 研]

6. 当摩擦表面的轮廓峰在相互作用的各点处发生“冷焊”后，在相对滑动时，材料从一个表面迁移到另一个表面，便形成了______，严重时造成______。[长安大学 2024 研]

三、判断题

1. 在相同温度和压力下，润滑油 N46 的黏度低于 N100 的黏度。(　　)[浙江大学 2010 研]

2. 摩擦是机器运转过程中不可避免的物理现象。(　　)[广东工业大学 2014 研]

四、简答题

在机械传动中，润滑剂有何作用？润滑剂有哪几种？[浙江理工大学 2011 研]

4.4　名校考研真题详解

一、选择题

1. 当压力超过 20MPa 时，润滑油黏度(　　)。[河海大学 2025 研]

A. 增大　　　　　　　　　　　　　　B. 不变

C. 减小　　　　　　　　　　　　　　D. 视润滑油性质决定

【答案】A

【解析】压力对流体黏度的影响，当压力超过 20MPa 时，黏度才随压力的增高而增加，高压时则更为显著。

2. 温度升高时，润滑油的黏度(　　)。[浙江大学 2013 研]

A. 升高　　B. 减低

C. 不变　　D. 可能升高也可能减低

【答案】B

【解析】润滑油的黏度随温度的升高而降低，随压强的增大而增加。

3. 润滑油牌号 L－AN32 中的 32 是表示这种润滑油(　　)的平均值。[湘潭大学 2016 研]

A. 动力黏度　　B. 条件黏度　　C. 运动黏度　　D. 闪点

【答案】C

【解析】牌号中的 32 表示润滑油在 40℃时，其运动黏度平均值为 $32mm^2/s$。

4. 以下 4 项特性中，只属于润滑脂的特性是(　　)。[浙江大学 2013 研]

A. 凝点　　B. 滴点　　C. 闪点　　D. 油性

【答案】B

【解析】润滑脂的主要性能指标是锥入度和滴点。

5. 齿轮胶合失效属于(　　)，点蚀失效属于(　　)。[中国科学院大学 2013 研]

A. 黏附磨损　　B. 磨粒磨损　　C. 接触疲劳磨损　　D. 冲蚀磨损

E. 机械化学磨损

【答案】A；C

【解析】黏附磨损是金属摩擦副之间最普遍的一种磨损形式，齿轮胶合实质就是齿面金属直接接触并相互黏着；接触疲劳磨损即指材料的最大应力超过材料相应的接触疲劳极限时，材料表面发生疲劳裂纹。这些裂纹继续扩展，相互连接，形成小片并脱落，在齿轮表面上出现细碎的凹坑或麻点，从而造成齿面损伤，称为疲劳点蚀。

6. 两相对滑动的接触表面，依靠吸附的油膜进行润滑的摩擦状态称为(　　)。[重庆理工大学 2014 研]

A. 干摩擦　　B. 边界摩擦　　C. 混合摩擦　　D. 液体摩擦

【答案】B

【解析】两摩擦表面间有润滑油存在，由于润滑油与金属表面的吸附作用，因而在金属表面上形成极薄的边界油膜，边界油膜的厚度小于 1μm，不足以将两金属表面分隔开，所以相互运动时，两金属表面微观的高峰部分将互相搓削，这种状态称为边界摩擦。

二、填空题

1. ______的摩擦将导致零件表面材料逐渐丧失或迁移，即形成磨损，磨损会影响机器效率，降低工作可靠性，甚至______。[长安大学 2025 研]

【答案】运动副之间；使机器提前报废

【解析】运动副之间的摩擦将导致零件表面材料的逐渐丧失或迁移，即形成磨损。磨损会影响机器的效率，降低工作的可靠性，甚至使机器提前报废。

2. 按摩擦状态不同，摩擦可分为______、______、______和______。[中国科学院大学 2013 研]

【答案】干摩擦；边界摩擦；流体摩擦；混合摩擦

【解析】滑动摩擦根据摩擦面间存在润滑剂的情况(即摩擦状态)不同，可分为干摩擦、边界摩擦、流体摩擦及混合摩擦。

3. 运动副之间的摩擦将导致零件表面材料的逐渐损失，这种现象称为______。[广东

工业大学 2014 研]

【答案】磨损

【解析】本题考查磨损的概念，磨损的过程、分类也都是选择题和填空题考查的知识点。

4. 一个零件的磨损大致可分为三个阶段，即______、______及剧烈磨损阶段。[长沙理工大学 2018 研]

【答案】磨合阶段；稳定磨损阶段

【解析】本题考查磨损的过程，包括磨合阶段、稳定磨损阶段和剧烈磨损阶段。稳定磨损阶段的时长代表零件稳定工作的长短，一般希望磨合阶段和剧烈磨损阶段尽可能得短，以保证零件足够的使用寿命。

5. 润滑油的最主要性能指标是______，而润滑脂的最主要性能指标是______。[浙江理工大学 2019 研]

【答案】黏度；锥入度和滴点

【解析】本题考查润滑油和润滑脂的性能指标。润滑油的黏度包括动力黏度、运动黏度和条件黏度，是润滑油最重要的性能指标。润滑脂的主要质量指标有锥入度和滴点。

6. 当摩擦表面的轮廓峰在相互作用的各点处发生"冷焊"后，在相对滑动时，材料从一个表面迁移到另一个表面，便形成了______，严重时造成______。[长安大学 2024 研]

【答案】黏附磨损；运动副咬死

【解析】当摩擦表面的轮廓峰在相互作用的各点处发生"冷焊"后，在相对滑动时，材料从一个表面迁移到另一个表面，便形成了黏附磨损。这种被迁移的材料，有时也会再附着到原先的表面上去，出现逆迁移，或脱离所黏附的表面而成为游离颗粒。严重的黏附磨损会造成运动副咬死。这种磨损是金属摩擦副之间最普遍的一种磨损形式。

三、判断题

1. 在相同温度和压力下，润滑油 N46 的黏度低于 N100 的黏度。(　　)[浙江大学 2010 研]

【答案】对

【解析】N 为国标"新标准黏度系列"的代号，指 40°C 公称运动黏度，后面的标号越小表明黏度越小，故在相同压力和温度下 N46 的黏度低于 N100 的黏度。

2. 摩擦是机器运转过程中不可避免的物理现象。(　　)[广东工业大学 2014 研]

【答案】对

四、简答题

在机械传动中，润滑剂有何作用？润滑剂有哪几种？[浙江理工大学 2011 研]

答：(1)润滑剂的作用：降低摩擦功耗和减少磨损，还有吸振、冷却、防锈等作用。

(2)润滑剂分为液体润滑剂——润滑油、半固体润滑剂——润滑脂、固体润滑剂等。

第二篇　连　接

第五章　螺纹连接和螺旋传动

5.1　复习笔记

【知识框架】

- 螺纹连接和螺旋传动
  - 螺纹
    - 螺纹的类型和应用：分类、特点和应用
    - 螺纹的主要参数：9 个几何参数
  - 螺纹连接的类型和标准连接件
    - 螺纹连接的基本类型
      - 螺栓连接
      - 双头螺柱连接
      - 螺钉连接
      - 紧定螺钉连接
    - 标准螺纹连接件
  - 螺纹连接的预紧：预紧力的大小及控制方法
  - 螺纹连接的防松
  - 螺栓组连接的设计
    - 螺栓组连接的结构设计：6 个设计要点
    - 螺栓组连接的受力分析：4 种情况下工作载荷计算
  - 螺纹连接的强度计算
    - 松螺栓连接强度计算
    - 紧螺栓连接强度计算
      - 仅承受预紧力时的紧螺栓连接
      - 承受预紧力和工作拉力的紧螺栓连接
      - 承受工作剪力的紧螺栓连接
  - 螺纹连接件的材料及许用应力
  - 提高螺纹连接强度的措施
    - 降低影响螺栓疲劳强度的应力幅
    - 改善螺纹牙上载荷分布不均匀的现象
    - 减小应力集中的影响
    - 采用合理的制造工艺方法
  - 螺旋传动
    - 螺旋传动的类型及应用
    - 螺旋传动的结构和材料
    - 滑动螺旋传动的设计计算
      - 耐磨性计算
      - 螺杆的强度计算
      - 螺母螺纹牙的强度计算
      - 螺杆的稳定性计算
    - 滚动螺旋传动简介
    - 静压螺旋传动简介

【通关提要】

本章介绍了零件连接形式之一的螺纹连接，主要阐述了螺纹的类型和几何参数、螺纹连接的基本类型、螺栓连接的受力分析和强度计算以及螺旋传动。学习时需要重点掌握螺栓连接的受力分析和强度计算，此处多以计算题的形式出现；熟练掌握螺纹和螺纹连接的类型和应用以及提高螺纹连接强度的措施等内容，多以选择题、填空题、判断题和简答题的形式出现。复习时需把握其具体内容，重点记忆。

【重点难点归纳】

一、螺纹

1. 常用螺纹的类型、特点和应用(见表 5-1-1)

表 5-1-1　常用螺纹的类型、特点和应用

螺纹类型		特点	应用
连接螺纹	普通螺纹	牙型为等边三角形，按螺距大小，分为粗牙和细牙	一般连接多用粗牙螺纹，细牙螺纹适用于薄壁零件的连接
	管螺纹	牙型角 55°的等腰三角形，可分为非螺纹密封的管螺纹和用螺纹密封的管螺纹	适用于管道的连接
传动螺纹	矩形螺纹	牙型角 0°的正方形，效率较高，但牙根强度弱	应用较少
	梯形螺纹	牙型角 30°的等腰梯形，效率比矩形螺纹低	应用广泛，是最常用的的传动螺纹
	锯齿形螺纹	工作面的牙侧角 3°的不等腰梯形，传动效率高，牙根强度高	用于螺旋传动，只适用于承受单向外载荷

2. 螺纹的主要参数

以圆柱普通外螺纹为例说明螺纹的主要几何参数，如图 5-1-1 所示。

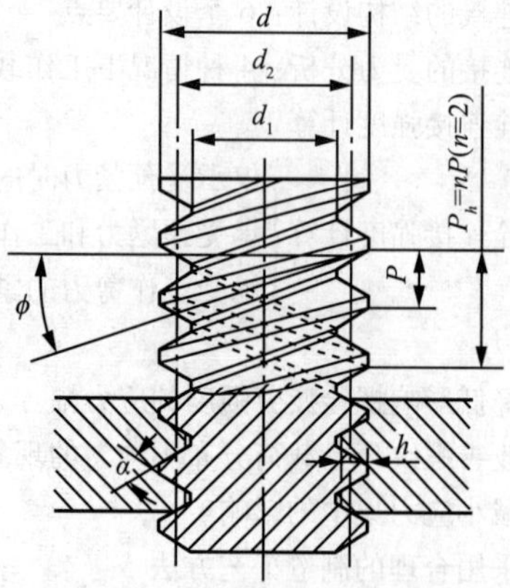

图 5-1-1　螺纹的主要几何参数

(1) d：大径，公称直径。

(2) d_1：小径，螺杆危险截面的计算直径。

(3) d_2：中径。

(4) n：线数，单线螺纹自锁性好；双线或三线螺纹传动效率高。

(5) P：螺距。

(6) P_h：导程 $P_h = nP$。

(7) ϕ：螺纹升角，$\phi = \arctan\dfrac{P_h}{\pi d_2} = \arctan\dfrac{nP}{\pi d_2}$。

(8) α：牙型角，对称牙型的牙侧角 $\beta=\alpha/2$。

(9) h：接触高度。

二、螺纹连接的类型和标准连接件

1. 螺纹连接的基本类型（见表 5-1-2）

表 5-1-2　螺纹连接的基本类型

基本类型		连接形式	特点或应用
螺栓连接	普通螺栓连接	开通孔，螺栓的另一端拧上螺母	结构简单，装拆方便，广泛应用于被连接件不太厚的场合
	加强杆螺栓连接		适用于需要精确固定位置、承受较大横向载荷的场合
双头螺柱连接		开螺纹孔，螺栓的另一端用螺母旋紧	适用于被连接件太厚不宜制成通孔、需要经常拆装的场合
螺钉连接		螺栓（或螺钉）直接拧入螺纹孔，不用螺母	适用于受力不大、不需要经常拆装的场合
紧定螺钉连接		螺钉末端顶住表面或顶入凹坑中	固定位置，并传递力或转矩

2. 标准螺纹连接件

常见的螺纹连接件有螺栓、双头螺柱、螺钉、螺母和垫圈等。根据 GB/T 3103. 1—2002 的规定，螺纹连接件分为三个精度等级，其代号为 A、B、C 级。

三、螺纹连接的预紧（见表 5-1-3）

表 5-1-3　螺纹连接预紧的要点及主要内容

要点	具体内容
预紧的目的	保证连接可靠紧密，防止受载后发生相对滑动
预紧力的数值	一般预紧力 F_0 按下式计算： 碳钢螺栓　$F_0\leqslant(0.6\sim0.7)\sigma_S A_1$ 合金钢螺栓　$F_0\leqslant(0.5\sim0.6)\sigma_S A_1$
预紧力的控制方法	①使用测力矩扳手或定力矩扳手。 ②采用测定螺栓伸长量的方法。 ③根据螺母的转角 θ 估计

四、螺纹连接的防松

1. 防松的原因

一般情况下，自锁和预紧力产生的摩擦力有防松作用，螺纹连接不会自动松脱。在高温或变载荷的作用下，预紧力和摩擦力会减小或消失，导致连接松脱失效。为了防止连接松脱，必须采取防松措施。

2. 防松的方法

防松的实质是防止螺旋副发生相对转动。按工作原理分为摩擦防松、机械防松和破坏螺旋副运动关系防松。

五、螺栓组连接的受力分析（见表 5-1-4）

表 5-1-4　螺栓组连接的受力分析

<table>
<tr><th>螺栓类型</th><th colspan="2">受力图及每个螺栓的受力</th></tr>
<tr><td rowspan="2">普通螺栓连接</td><td>受轴向载荷 F_{Σ}
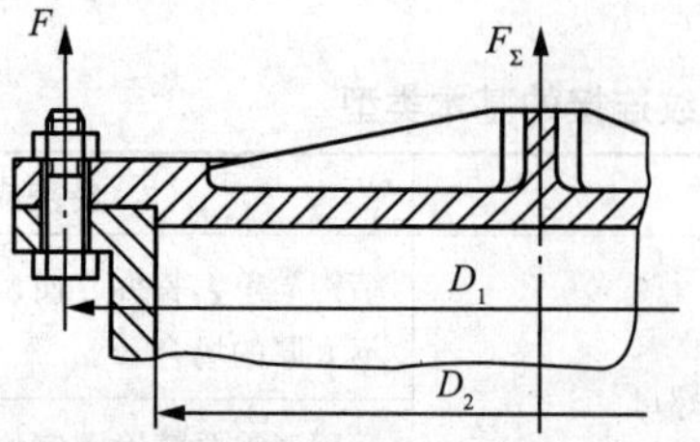

每个螺栓所受的轴向工作载荷为
$$F = F_{\Sigma}/z$$</td><td>受转矩 T
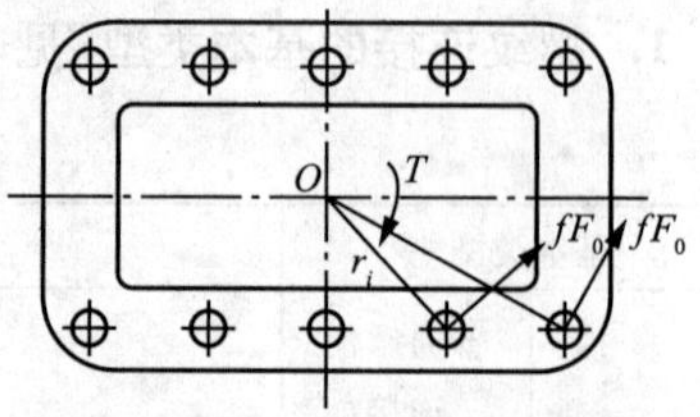

预紧力为
$$F_0 \geqslant \frac{K_s T}{f(r_1 + r_2 + \cdots + r_z)} = \frac{K_s T}{f\sum_{i=1}^{z} r_i}$$</td></tr>
<tr><td>受横向载荷 F_{Σ}
预紧力 F_0：$F_0 \geqslant K_s F_{\Sigma}/(fzi)$。
f 为接合面的摩擦系数；i 为接合面数；K_s 为防滑系数；z 为螺栓数目
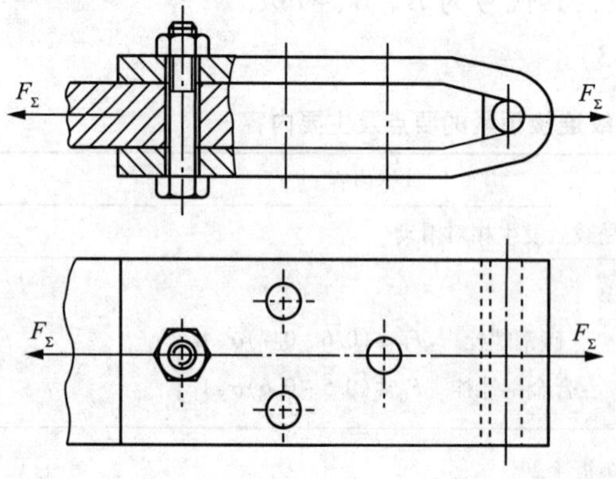
</td><td>受倾覆力矩 M
螺栓所受的最大工作载荷为
$$F_{\max} = \frac{M L_{\max}}{\sum_{i=1}^{z} L_i^2}$$
z 为总的螺栓个数；L_i 为各螺栓轴线到底板轴线 $O-O$ 的距离；$L_{\max}$ 为 L 中最大的值
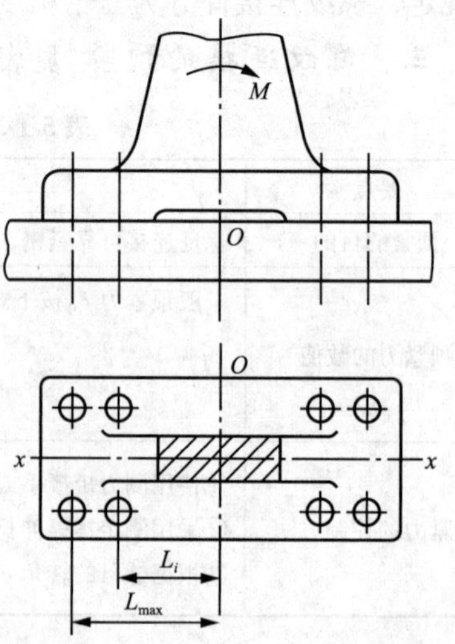
</td></tr>
<tr><td>铰制孔用螺栓连接</td><td>受横向载荷 F_{Σ}
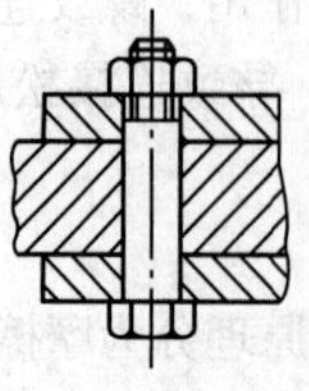
每个螺栓所受的横向工作剪力为 $F = F_{\Sigma}/z$
z 为螺栓数目</td><td>受转矩 T
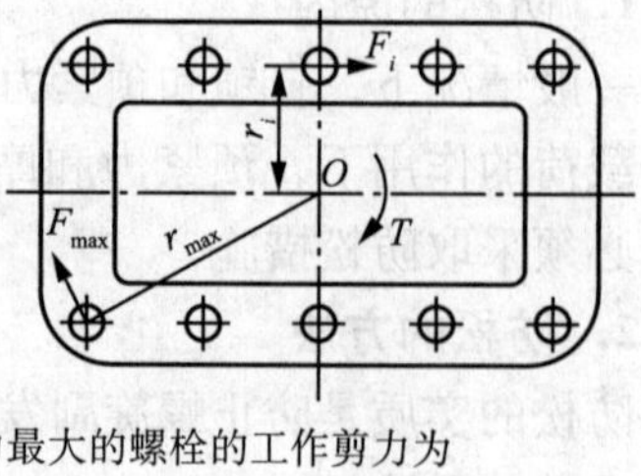

受力最大的螺栓的工作剪力为
$$F_{\max} = \frac{T r_{\max}}{\sum_{i=1}^{z} r_i^2}$$</td></tr>
</table>

六、螺纹连接的强度计算(见表5-1-5)

表5-1-5　螺纹连接的强度计算

螺栓连接类型	强度计算准则
松螺栓连接	$\sigma=F/(\pi d_1^2/4)\leqslant[\sigma]$或$d_1\geqslant\sqrt{\dfrac{4F}{\pi[\sigma]}}$
仅承受预紧力的紧螺栓连接	$\sigma_{ca}=1.3F_0/(\pi d_1^2/4)\leqslant[\sigma]$；$F_0$为螺栓所受的预紧力。 应综合考虑拉伸应力和扭转切应力的作用，将预紧力增大30%
承受预紧力和工作拉力的紧螺栓连接	轴向静载荷：$\sigma_{ca}=1.3F_2/(\pi d_1^2/4)\leqslant[\sigma]$。 螺栓的总拉力$F_2=F_1+F=F_0+C_bF/(C_b+C_m)$
承受工作剪力的紧螺栓连接	螺栓杆与孔壁的挤压强度条件为：$\sigma_{bs}=F/(d_0L_{\min})\leqslant[\sigma_{bs}]$。 螺栓杆的剪切强度条件为：$\tau=F/(\pi d_0^2/4)\leqslant[\tau]$

七、螺纹连接件的材料及许用应力

1. 螺纹连接件的材料

(1)螺纹连接件的性能等级

螺栓、螺柱、螺钉的性能等级分为9级，自4.6至12.9。性能等级的代号：点左边的数字表示公称抗拉强度的1/100(σ_b/100)，点右边的数字表示屈服强度与公称抗拉强度之比值(屈强比)的10倍。

(2)螺纹连接件材料

常用材料包括低碳钢(Q215、10钢)和中碳钢(Q235、35钢、45钢)。

(3)普通垫圈的材料

常采用Q235、15钢、35钢。

2. 螺纹连接件的许用应力

(1)螺纹连接件的许用拉应力

$$[\sigma]=\sigma_S/S$$

(2)螺纹连接件的许用切应力和许用挤压应力

螺纹连接件的许用切应力$[\tau]$和许用挤压应力$[\sigma_{bs}]$分别按下式确定

$$[\tau]=\sigma_S/S_\tau$$

对于钢
$$[\sigma_{bs}]=\sigma_S/S_{bs}$$

对于铸铁
$$[\sigma_{bs}]=\sigma_B/S_{bs}$$

式中，σ_S、σ_B为螺纹连接件材料的屈服极限和强度极限；S、S_τ、S_{bs}为安全系数。

八、提高螺纹连接强度的措施(见表5-1-6)

表5-1-6　提高螺纹连接强度的措施

措施	具体内容
降低影响螺栓疲劳强度的应力幅	①降低应力幅的方法：减小螺栓刚度或增大被连接件刚度。 ②减小螺栓的刚度的方法：适当增加螺栓的长度、采用腰状杆螺栓和空心螺栓等。 ③增大被连接件的刚度的方法：不用垫片或采用刚度较大的垫片

续表

措施	具体内容
改善螺纹牙上载荷分布不均的现象	采用悬置螺母或钢丝螺套
减小应力集中的影响	①采用较大的圆角和卸载结构。②避免产生附加弯曲应力
采用合理的制造工艺方法	①采用冷镦螺栓头部和滚压螺纹的工艺方法。 ②采用氮化、氰化、喷丸等处理

九、螺旋传动

1. 螺旋传动的类型和应用(见表5-1-7)

表5-1-7 螺旋传动的类型和应用

分类依据	类型
螺杆和螺母的相对运动关系	螺杆转动、螺母移动；螺母固定、螺杆转动并移动
用途	传力螺旋、传导螺旋和调整螺旋
螺旋副的摩擦性质	滑动螺旋、滚动螺旋和静压螺旋

2. 滑动螺旋传动的设计计算(见表5-1-8)

表5-1-8 滑动螺旋传动的设计计算

计算方法	具体内容
耐磨性计算	①螺纹工作面上的耐磨性条件为： $p=F/A=F/(\pi d_2 hu)=FP/(\pi d_2 hH)\leqslant[p]$。 ②螺纹中径 d_2 满足 $d_2\geqslant\sqrt{\frac{FP}{\pi h\varphi[p]}}$。$[p]$为材料的许用压力；螺母高度 $H=\phi d_2$，ϕ 一般取 1.2～3.5
螺杆的强度计算	$\sigma_{ca}=\frac{1}{A}\sqrt{F^2+3\left(\frac{4T}{d_1}\right)^2}\leqslant[\sigma]$或$\sigma_{ca}=\sqrt{\sigma^2+3\tau^2}=\sqrt{\left(\frac{F}{A}\right)^2+3\left(\frac{T}{W_T}\right)^2}\leqslant[\sigma]$
螺母螺纹牙的强度计算	①危险截面的剪切强度条件为：$\tau=F/(\pi Dbu)\leqslant[\tau]$。 ②危险截面的弯曲强度条件为：$\sigma=6Fl/(\pi Db^2u)\leqslant[\sigma_b]$。 b 为螺纹牙根部的厚度；P 为螺纹螺距；l 为弯曲力臂
螺杆的稳定性计算	螺杆的稳定性条件为：$S_{sc}=F_{cr}/F\geqslant S_s$。 S_{sc}为螺杆稳定性的计算安全系数；S_s为螺杆稳定性安全系数

5.2 课后习题详解

5-1 螺纹连接的基本类型有哪几种？分析说明它们的特点及应用场合。

答：螺纹连接的基本类型有：

(1)螺栓连接

螺栓连接分普通螺栓连接和加强杆螺栓连接两种。

普通螺栓连接的特点：结构简单，装拆方便。广泛应用于被连接件不太厚的场合。

加强杆螺栓连接的特点：螺栓杆与被连接件的孔为过渡配合，主要靠螺栓杆受剪切和挤压来承受横向载荷，定位精度高。适用于需要精确固定位置、承受较大横向载荷的场合。

(2)双头螺柱连接

双头螺柱连接的特点：一端旋入被连接件的螺纹孔中，另一端通过螺母拧紧。拆卸时，只需拧下螺母而不必拆下螺柱，避免了损坏被连接件的螺纹孔。适用于被连接件太厚不宜制成通孔、需要经常拆装的场合。

(3)螺钉连接

螺钉连接的特点：螺钉直接拧入被连接件的螺纹孔中，不用螺母，结构比双头螺柱连接简单、紧凑。适用于受力不大、不需要经常拆装的场合。

(4)紧定螺钉连接

紧定螺钉连接的特点：利用拧入零件螺纹孔中的螺钉末端顶住另一零件的表面或顶入相应的凹坑中，以固定两个零件的相对位置，并可传递不大的力或转矩。常用于固定轴上的零件。

5-2　将承受轴向变载荷的连接螺栓的光杆部分做得细些有什么好处?

答：将承受轴向变载荷的连接螺栓的光杆部分做得细些可以减小螺栓的刚度，从而提高螺栓连接的强度。

5-3　分析活塞式空气压缩机气缸盖连接螺栓在工作时的受力变化情况，它的最大应力、最小应力将如何得出？当气缸内的最高压力提高时，它的最大应力、最小应力将如何变化?

解：(1)单个螺栓承受的工作载荷：

$$F = p\,\frac{\pi}{4}D^2/z$$

则总拉力为

$$F_2 = F_0 + \frac{C_b}{C_b + C_m}F$$

应力为

$$\sigma_{ca} = 1.3F_2/(\pi d^2/4)$$

最大应力 $\sigma_{\max} = 1.3F_2/(\pi d^2/4)$，最小应力 $\sigma_{\min} = 1.3F_0/(\pi d^2/4)$。

因此，最大应力出现在压缩到最小体积时，最小应力出现在膨胀到最大体积时。

(2)当气缸内的最高压力提高时，它的最大应力增大，最小应力不变。

5-4　图5-2-1所示的底板螺栓组连接受外力 F_Σ 的作用。外力 F_Σ 作用在包含 x 轴并垂直于底板接合面的平面内。试分析底板螺栓组的受力情况，并判断哪个螺栓受力最大。保证连接安全工作的必要条件有哪些?（注：$\theta < 45^\circ$，$l < h$）

解：(1)将外力 F_Σ 等效在底板面上，可知各螺栓受有轴向力 $F_{\Sigma y}$，横向力 $F_{\Sigma x}$，和倾覆力矩 M，故受力分析后可得底板上最左侧的螺栓受力最大。

(2)保证连接安全工作的必要条件如下：

①受力最大螺栓的最大拉应力 $\sigma \leqslant [\sigma]$；

②底板右侧边缘螺栓的最大挤压应力 $\sigma_{bs\max} \leqslant [\sigma_{bs}]$；

③底板左侧边缘螺栓的最小挤压应力 $\sigma_{bs\min} > 0$；

④底板接合面不产生滑移，摩擦力 $F_f > F_2$。

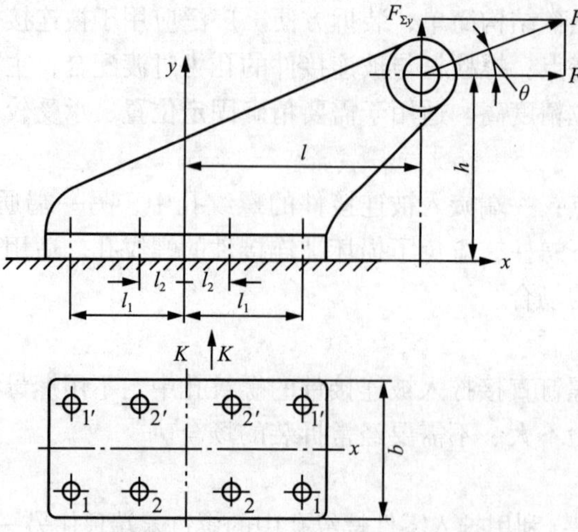

图 5-2-1　底板螺栓组连接图

5-5　图 5-2-2 是由两块边板和一块承重板焊成的龙门起重机导轨托架。两块边板各用 4 个螺栓与立柱相连接，托架所承受的最大载荷为 20kN，载荷有较大的变动。试问：此螺栓连接采用普通螺栓连接还是加强杆螺栓连接为宜？为什么？

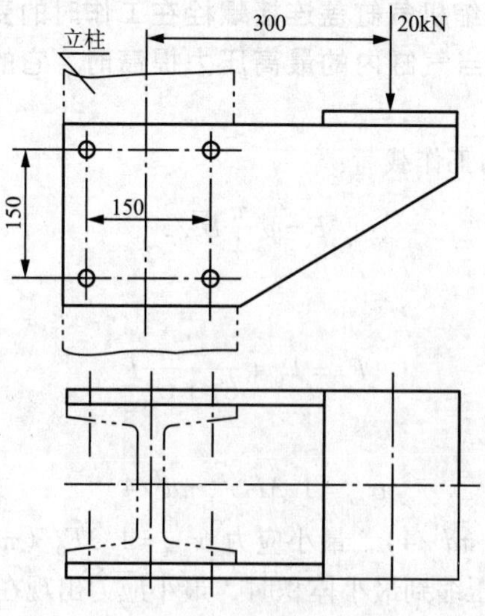

图 5-2-2　龙门起重机导轨托架

解：

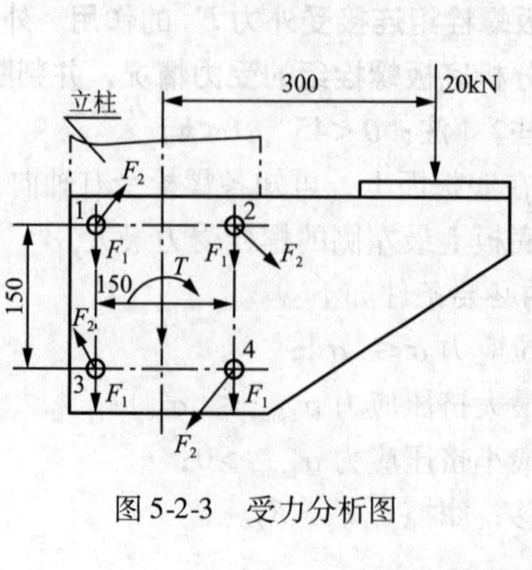

图 5-2-3　受力分析图

(1)连接受力分析

横向载荷：$F_{\sum}=20\text{kN}$

转矩：$T=F_{\sum}\times L=20\times 300=6000\text{N}\cdot\text{m}$

(2)螺栓受力

在 F 作用下，每个螺栓受到的横向力

$$F_1=\frac{F_{\sum}}{8}=2.5\text{kN}$$

在 T 作用下，每个螺栓受到切向力

$$F_2=\frac{T}{8\times\sqrt{75^2+75^2}}\approx 7.07\text{kN}$$

如图 5-2-3 所示，受力最大的为 2、4 螺栓，其值为

$$F=\sqrt{F_1^2+F_2^2+2F_1F_2\cos 45^\circ}\approx 9\text{kN}$$

(3)设计螺栓

若为加强杆螺栓

查教材表 5-8，$S_\tau=5$

查教材表 5-9，选 4.8 级，$\sigma_s=320\text{MPa}$

$$d_0\geqslant\sqrt{\frac{4F}{\pi[\tau]}}=\sqrt{\frac{4FS_\tau}{\pi\sigma_s}}=\sqrt{\frac{4\times 9000\times 5}{\pi\times 320}}\approx 13.4\text{mm}$$

若为普通螺栓

预紧力：$F_0=\dfrac{k_sF}{fi}=\dfrac{1.2\times 9}{0.15\times 1}=72\text{kN}$

$$d_1\geqslant\sqrt{\frac{4\times 1.3F_0}{\pi[\sigma]}}=\sqrt{\frac{4\times 1.3F_0S}{\pi\sigma_s}}$$

查教材表 5-8(控制预紧力)得 $S=1.5$，$d_1\geqslant 23.6\text{mm}$；

不控制预紧力得 $S=12.5$，$d_1\geqslant 68.2\text{mm}$。

(4)螺栓比较

采用加强杆螺栓连接为宜，因为托架所承受的载荷有较大的变动，普通螺栓连接靠连接预紧后在接合面间产生的摩擦力来抵抗横向载荷。且根据上述计算，取控制预紧力的普通螺栓连接 M30(GB 196—81)或者加强杆螺栓 M16(GB 27—88)，加强杆螺栓的直径小于普通螺栓的直径。

5-6　已知一个托架的边板用 6 个螺栓与相邻的机架相连接。托架受一与边板螺栓组的垂直对称轴线相平行、距离为 250mm、大小为 60kN 的载荷作用。现有图 5-2-4 所示的两种螺栓布置形式，设采用加强杆螺栓连接，试问哪一种布置形式所用的螺栓直径较小？为什么？

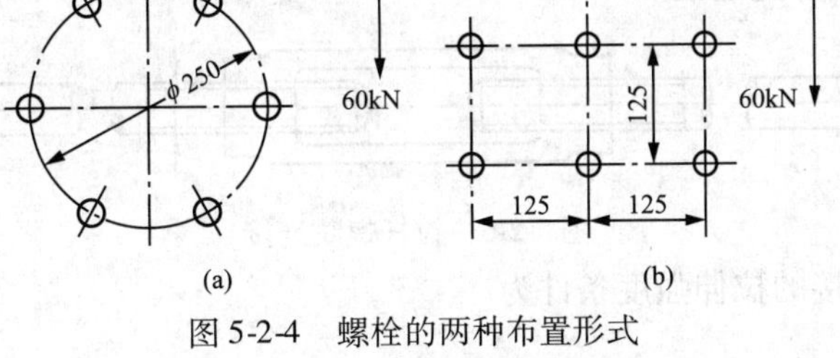

图 5-2-4　螺栓的两种布置形式

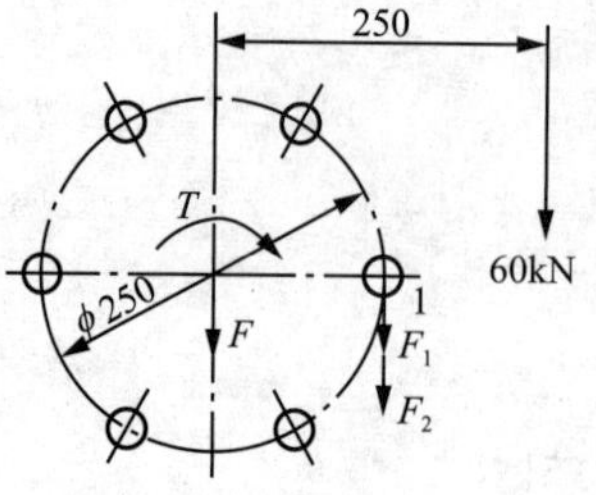

(a) 图受力分析

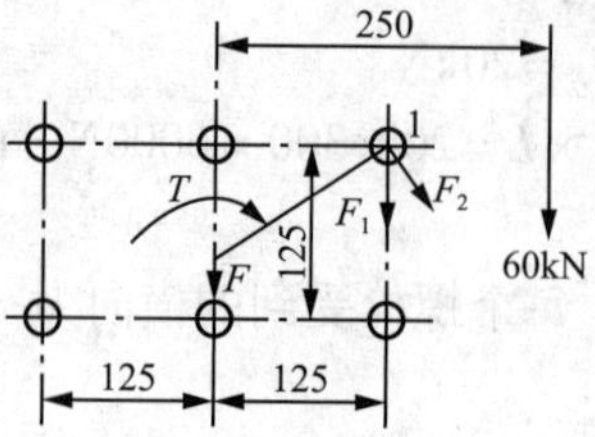

(b) 图受力分析

图 5-2-5

解：(1)连接受力分析，如图 5-2-5(a)、(b)所示。

横向载荷：$F_{\sum}=60\text{kN}$；

转矩：$T=F_{\sum}\times L=60\times 250=15000\text{N}\cdot\text{m}$。

(2)螺栓受力：

在 F 作用下，每个螺栓受到的横向力

$$F_1=\frac{F_{\sum}}{6}=10\text{kN}$$

T 作用下，每个螺栓受到切向力

(a)情况：

$$F_2=\frac{T}{6\times 125}=20\text{kN}$$

(b)情况：

$$F_{2\max}=\frac{Tr_{\max}}{\sum r_i^2}=\frac{15000\times\sqrt{125^2+62.5^2}}{4\times\left[\left(\frac{125}{2}\right)^2+125^2\right]+2\times 62.5^2}\approx 24.4\text{kN}$$

(a)情况受力最大的螺栓：$F=F_1+F_2=30\text{kN}$；

(b)情况受力最大的螺栓：

$$\begin{aligned}F&=\sqrt{F_1^2+F_{2\max}^2+2F_1F_{2\max}\cos\theta}\\&=\sqrt{10^2+24.4^2+2\times 10\times 24.4\times\frac{2}{\sqrt{5}}}\\&\approx 33.6\text{kN}\end{aligned}$$

综上可知，方案(1)即图 5-2-4(a)方案受力最大的螺栓的总剪切力值较小，并由 $d\geqslant\sqrt{\frac{4F}{\pi[\sigma]}}$得其螺栓直径更小，故(a)情况所用螺栓直径较小。

5-7　图 5-2-6 所示为一拉杆螺纹连接。已知拉杆所受的载荷 $F=56\text{kN}$，载荷稳定，拉杆材料为 Q235，试设计此连接。

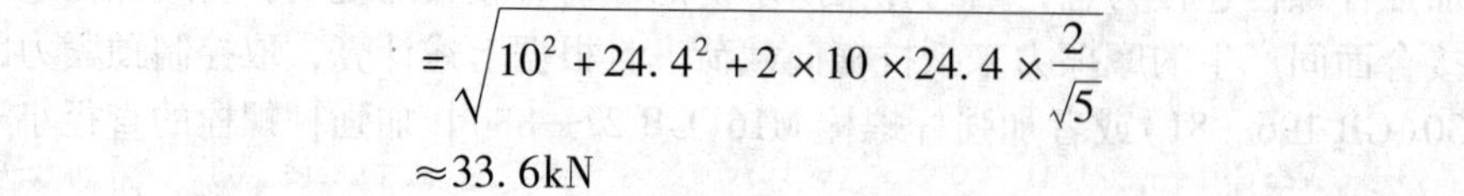

图 5-2-6　拉杆螺纹连接

解：该松螺栓连接的拉伸强度条件为

$$\sigma=\frac{F}{\frac{\pi}{4}d_1^2}=\frac{56\times10^3}{\frac{\pi}{4}d_1^2}\leqslant[\sigma]$$

拉杆材料为 Q235 钢，其许用应力$[\sigma]=95\text{MPa}$。

由

$$d_1\geqslant\sqrt{\frac{56\times10^3}{\frac{\pi}{4}\times95\times10^6}}\approx27.4\text{mm}$$

故选用螺栓的直径 $d=30\text{mm}$。

5-8　两块金属板用两个 M12 的普通螺栓连接。若接合面的摩擦系数 $f=0.3$，螺栓预紧力控制在其屈服极限的 70%，螺栓性能等级为 4.8。求此连接所能传递的横向载荷。

解：取防滑系数 $K_s=1.2$，根据接合面不滑移条件

$$F_0\geqslant\frac{K_sF_\Sigma}{fzi}$$

其中，螺栓数目为 2；接合面数目为 1。

根据题意，预紧力 F_0 最大为：$0.7\sigma_sA_1\approx0.7\sigma_s\pi d_1^2/4$。

查手册，可知 M12 普通螺栓的小径 d_1 为 10.106mm。

可得此连接能传递的横向载荷为

$$F_\Sigma\leqslant F_0fzi/K_s=(320\times0.7\times\pi\times5.053^2\times0.3\times2\times1)/1.2\approx8984\text{N}$$

5-9　刚性凸缘联轴器[教材图 5-25c(即图 5-2-7)]用 6 个普通螺栓连接。螺栓均匀分布在 $D=100\text{mm}$ 的圆周上，接合面摩擦因数 $f=0.15$，防滑系数 $K_s=1.2$。若联轴器传递的转矩 $T=150\text{N}\cdot\text{m}$，载荷较平稳，螺栓性能等级为 6.8 级，不控制预紧力，取安全系数 $S=4$，试求螺栓的最小直径。若改用加强杆螺栓连接，螺栓直径将如何变化？为什么？

解：(1)首先，计算单个螺栓的预紧力。

联轴器传递的转矩由螺栓的摩擦力平衡。单个螺栓的预紧力 F_0可以通过以下公式计算：

$$T=n\cdot F_0\cdot f\cdot D/2$$

式中，T 为传递的转矩；n 为螺栓数量；f 为摩擦因数；D 为螺栓分布圆周直径。

代入已知数据，可得：$150=6\times F_0\times0.15\times100\times10^{-3}/2$。

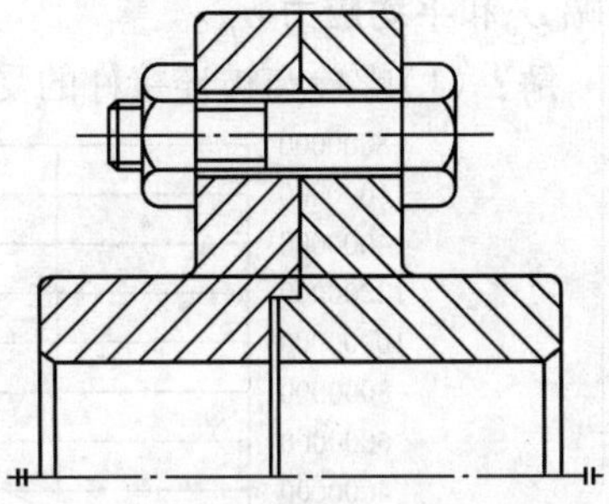

图 5-2-7　受转矩的螺栓组连接

解得：$F_0=3333.33\text{N}$。

考虑防滑系数 $K_s=1.2$ 和安全系数 $S=4$，因此单个螺栓的预紧力需要放大。

故可得：$F_{0,req}=F_0\cdot K_s\cdot S=3333.33\times1.2\times4=16000\text{N}$。

其次，确定螺栓的许用应力。

螺栓性能等级为 6.8 级，其抗拉强度 $\sigma_b=600\text{MPa}$，屈服强度 $\sigma_s=480\text{MPa}$。

许用应力为：$[\sigma]=\sigma_s/S=480/4=120\text{MPa}$。

最后，计算螺栓的最小直径。

螺栓的预紧力与应力关系为：$F_{0,req}=[\sigma]\cdot A_s$。

式中，A_s为螺栓的应力截面积。对于螺栓，应力截面积 A_s与直径 d 的关系为：$A_s=\pi d^2/4$。

将数据代入公式可得：$16000 = 120 \times 10^6 \times \pi d^2/4$。

解得：$d \approx 0.013\text{m} = 13\text{mm}$，即螺栓的最小直径为 13mm。

（2）改用加强杆螺栓后，螺栓的最小直径将减小。这是因为加强杆螺栓具有更高的强度和许用应力，能够在相同的预紧力下使用更小的直径。

5-10　受轴向载荷的紧螺栓连接，被连接钢板间采用橡胶垫片。已知螺栓预紧力 $F_0 = 15000\text{N}$，当受轴向工作载荷 $F = 10000\text{N}$ 时，求螺栓所受的总拉力及被连接件之间的残余预紧力。

解：螺栓的总拉力

$$F_2 = F_0 + \frac{C_b}{C_b + C_m} F$$

其中，采用橡胶垫片密封，取螺栓相对刚度 $\frac{C_b}{C_b + C_m} = 0.9$。

则总拉力

$$F_2 = 15000 + 0.9 \times 10000 = 24000\text{N}$$

故残余预紧力

$$F_1 = F_2 - F = 24000 - 10000 = 14000\text{N}$$

5-11　受轴向载荷的紧螺栓连接，已知螺栓刚度 $C_b = 0.4 \times 10^6 \text{N/mm}$，被连接件刚度 $C_m = 1.6 \times 10^6 \text{N/mm}$，螺栓所受预紧力 $F_0 = 8000\text{N}$，螺栓所受轴向载荷为 $F = 4000\text{N}$。要求：

1）按比例画出螺栓与被连接件的受力－变形图（比例尺自定）。

2）在图上量出螺栓所受的总拉力 F_2 和残余预紧力 F_1，并用计算法求出此二值，互相校核。

3）若轴向载荷在 0～4000N 之间变化，螺栓的危险截面面积为 96.6mm^2，试求螺栓的应力幅 σ_a 和平均应力 σ_m。

解：（1）螺栓与被连接件的受力－变形图如图 5－2－8 所示。

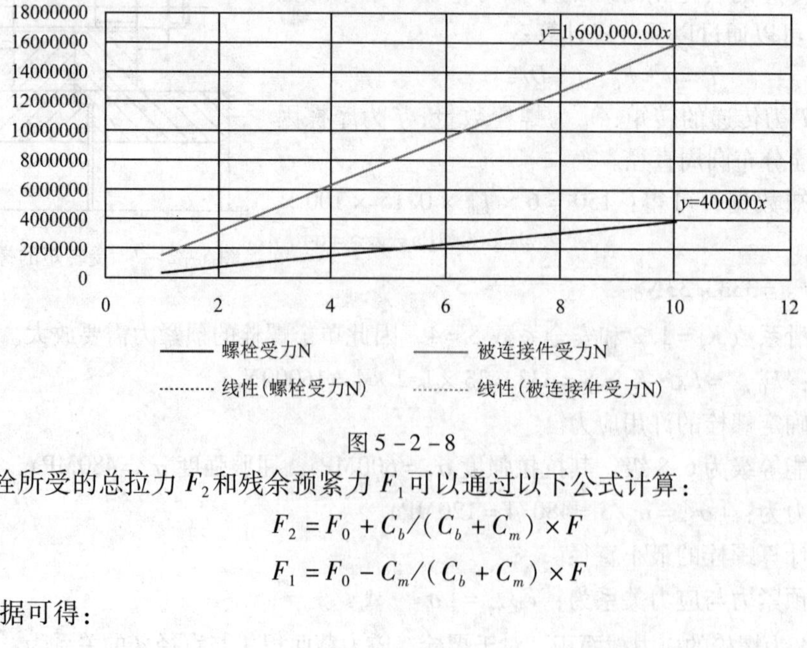

图 5－2－8

（2）螺栓所受的总拉力 F_2 和残余预紧力 F_1 可以通过以下公式计算：

$$F_2 = F_0 + C_b/(C_b + C_m) \times F$$

$$F_1 = F_0 - C_m/(C_b + C_m) \times F$$

代入数据可得：

$$F_2 = 8000 + 0.4 \times 10^6 / (0.4 \times 10^6 + 1.6 \times 10^6) \times 4000 = 8800\text{N}$$

$$F_1 = 8000 - 1.6 \times 10^6 / (0.4 \times 10^6 + 1.6 \times 10^6) \times 4000 = 4800\text{N}$$

从受力 - 变形图上量得 F_2约为 8800N，F_1约为 4800N，与计算值相符。

(3)螺栓的应力幅 σ_a和平均应力 σ_m，可以通过以下公式计算：

$$\sigma_a = (F_2 - F_1)/2/A$$

$$\sigma_m = (F_2 + F_1)/2/A$$

其中，$A = 96.6\text{mm}^2$。

代入数据可得：

$$\sigma_a = (8800 - 4800)/2/96.6 \approx 20.7\text{MPa}$$

$$\sigma_m = (8800 + 4800)/2/96.6 \approx 70.4\text{MPa}$$

5-12 图 5-2-9 所示为一气缸盖螺栓组连接。已知气缸内的工作压力 $p = 0 \sim 1$MPa，缸盖与缸体均为钢制，直径 $D_1 = 350$mm，$D_2 = 250$mm，上、下凸缘厚均为 25mm，试设计此连接。

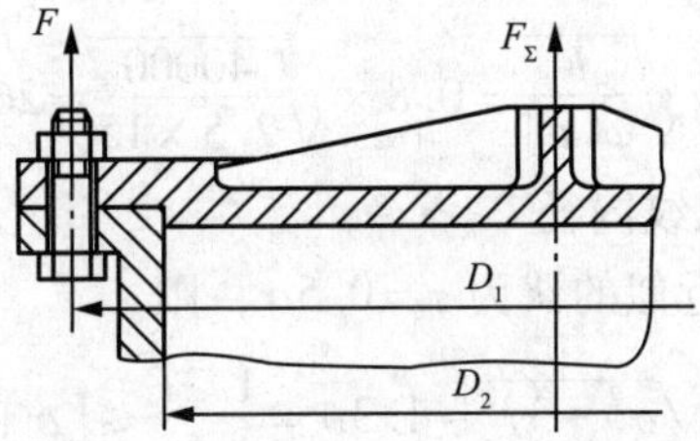

图 5-2-9 受轴向载荷的螺栓组连接

解：(1)确定螺栓数目 z 和直径 d

查教材表 5-4，螺栓间距 $t_0 < 7d$，取 $t_0 = 6d$，$z = 12$，则螺栓间距

$$t_0 = \frac{\pi D_1}{z} = \frac{\pi \times 350}{12} \approx 92\text{mm}$$

故螺栓直径

$$d = t_0 / 6 = 92/6 \approx 15.33\text{mm}$$

取 $d = 16$mm。

(2)选择螺栓性能等级，确定许用应力

选择螺栓性能等级为 8.8 级，查教材表 5-9，可得

$$\sigma_B = 800\text{MPa},\ \sigma_S = 640\text{MPa}$$

查教材表 5-8，选取安全系数 $S = 4$，可得许用应力

$$[\sigma] = \frac{\sigma_S}{S} = \frac{640}{4} = 160\text{MPa}$$

(3)计算螺栓上的载荷

单个螺栓的工作载荷

$$F = \frac{F_\Sigma}{z} = \frac{1}{12} \times \frac{\pi D_2^2}{4} p = \frac{1}{12} \times \frac{\pi \times 250^2}{4} \times 0.5 \approx 2045\text{N}$$

取残余预紧力 $F_1 = 1.5F$，则螺栓总拉力

$$F_2 = F_1 + F = 2.5F = 2.5 \times 2045 = 5112.5\text{N}$$

(4)强度校核

查取手册，可得螺栓的几何参数，螺栓小径 $d_1=13.835\text{mm}$，则螺栓的计算应力

$$\sigma_{ca}=\frac{1.3F_2}{\frac{\pi}{4}d_1^2}=\frac{4\times1.3\times5112.5}{\pi\times13.835^2}\approx44.21\text{MPa}<[\sigma]$$

满足强度条件。

综上所述，选择的螺栓为 GB/T 5782—86 M16×70，螺栓数目 $z=12$。

5-13　设计简单千斤顶(参见教材图 5-42)的螺杆和螺母的主要尺寸。起重量为 40000N，起重高度为 200mm，材料自选。

解：(1)材料选择和螺纹牙型

螺杆材料选用 45 钢，$\sigma_S=300\text{MPa}$，螺母材料选用 ZCuAl9Mn2，查表确定许用压强 $[p]=15\text{MPa}$。

选用梯形螺纹，因为其工艺性好，牙根强度高，对中性好。

(2)按耐磨性初选螺纹中径

选用梯形螺纹，且螺母兼作支承，故取 $\varphi=2.5$，则

$$d_2\geqslant0.8\sqrt{\frac{F}{\varphi[p]}}=0.8\times\sqrt{\frac{40000}{2.5\times15}}\approx26.13\text{mm}$$

(3)按螺杆抗压强度初选螺纹内径

根据第四强度理论，其中近似的认为 $\tau=0.5\sigma$，则

$$\sigma_{ca}=\sqrt{\sigma^2+3\tau^2}\approx1.3\sigma=\frac{1.3F}{A}\leqslant[\sigma]=\frac{\sigma_S}{S}$$

其中，A 为危险段截面面积，且 $A=\frac{\pi d_1^2}{4}$；S 为安全系数，取 $S=5$。

故

$$d_1\geqslant\sqrt{\frac{4\times1.3SF}{\pi\sigma_S}}=\sqrt{\frac{4\times1.3\times5\times40000}{\pi\times300}}\approx33.2\text{mm}$$

(4)确定螺杆直径

比较(2)(3)的计算结果可知，选取螺杆的尺寸：外径 $d=44\text{mm}$，内径 $d_1=36\text{mm}$，中径 $d_2=40.5\text{mm}$，螺纹线数 $n=1$，螺距 $P=7\text{mm}$。

(5)校核螺旋的自锁能力

查手册，可知钢对青铜的摩擦系数 $f=0.09$，由于梯形螺纹牙型角 $\alpha=30°\Rightarrow\beta=\frac{\alpha}{2}=15°$，故螺纹升角

$$\phi=\arctan\frac{nP}{\pi d_2}=\arctan\frac{7}{\pi\times40.5}\approx3°9'$$

当量摩擦角

$$\varphi_v=\arctan f_v=\arctan\frac{f}{\cos\beta}\approx5°19'$$

比较可得：$\phi<\varphi_v$，满足自锁要求。

(6)计算螺母高度 H

已选 $\varphi=2.5$，故可得 $H=\varphi d_2=2.5\times40.5=101.25\text{mm}$，取 $H=102\text{mm}$。

螺纹工作圈数

$$u=\frac{H}{P}=\frac{102}{7}\approx 14.5>10$$

故可适当降低螺母高度，现取 $H=70\text{mm}$，则 $u=10$。

(7)螺纹牙强度计算

由于螺杆材料强度一般远大于螺母材料强度，故只需校核螺母螺纹的牙根强度。

由教材表5-13查得，青铜螺纹的许用剪切强度$[\tau]=30\text{MPa}$。且对于梯形螺纹有 $b=0.65P$，故螺纹牙危险截面的剪切应力

$$\tau=\frac{F}{\pi Dbu}=\frac{40000}{\pi\times 44\times 0.65\times 7\times 10}\approx 6.36\text{MPa}<[\tau]$$

满足强度要求。

(8)螺杆稳定性计算

取 $B=70\text{mm}$，则螺杆的工作长度

$$l=L+B+\frac{H}{2}=200+70+35=305\text{mm}$$

螺杆按一端自由，一端固定考虑，取长度系数 $\mu=2$。

螺杆的柔度

$$\lambda_s=\frac{\mu l}{i}=\frac{2\times 305}{9}\approx 67.78\in[40,\ 100]$$

螺杆为中柔度压杆。

临界载荷由欧拉公式计算得

$$F_{cr}=(a-b\lambda_s)\pi d_1^2/4=(461-2.57\times 67.78)\times\pi\times 36^2/4\approx 291.9\text{kN}$$

安全系数

$$S_{sc}=F_{cr}/F=291.9/40\approx 7.298>S=3.5\sim 5$$

满足稳定性要求。

5.3 名校考研真题

一、选择题

1. (　　)用于连接而非传动。[河海大学2025研]

A. 管螺纹　　B. 梯形螺纹　　C. 矩形螺纹　　D. 锯齿形螺纹

2. 承受预紧力和轴向变载荷的紧螺栓连接，当其螺栓的总拉力 F_2 的最大值和被连接件的刚度 C_2 不变时，螺栓的刚度 C_1 愈小，则(　　)。[四川大学2013研]

A. 螺栓中总拉力的变化幅度愈大　　B. 螺栓中总拉力的变化幅度愈小

C. 螺栓中总拉力的变化幅度不变　　D. 螺栓中的疲劳强度降低

3. 螺纹的牙型角为 α，螺纹中的摩擦角为 ρ，当量摩擦角为 ρ_v，螺纹升角为 λ，则螺纹的自锁条件为(　　)。[中山大学2018研；浙江大学2012研]

A. $\lambda\leqslant\alpha$　　B. $\lambda>\alpha$　　C. $\lambda\leqslant\rho_v$　　D. $\lambda>\rho_v$

4. 普通螺纹的公称直径是(　　)径。[中山大学2015研]

A. 大　　B. 小　　C. 中

5. 在受预紧力的紧螺栓连接中，螺栓危险截面的应力状态为(　　)。[浙江大学2012研]

A. 纯扭剪　　B. 简单拉伸　　C. 弯扭组合　　D. 拉扭组合

6．计算紧螺栓连接的拉伸强度时，考虑到（　　）的影响，需将拉伸载荷增加 30% 计算。［广东工业大学 2014 研］

A．剪切　　B．扭转　　C．弯曲

7．在受轴向变载荷作用紧螺栓连接，可采取（　　）提高螺栓的疲劳强度。［浙江大学 2013 研］

A．增大螺栓刚度 k_1，减小被连接件刚度 k_2

B．减小 k_1 和 k_2

C．增大 k_1 和 k_2

D．减小 k_1，增大 k_2

8．螺纹按（　　）的大小，可分为细牙螺纹和粗牙螺纹。［湘潭大学 2016 研］

A．公称直径　　B．螺距　　C．中径　　D．小径

9．若要提高轴向变载荷作用的紧螺栓的疲劳强度，则可（　　）。［三峡大学 2017 研］

A．在被连接件间加橡胶垫片　　B．增大螺栓长度

C．采用精制螺栓　　D．加防松装置

10．螺栓的性能等级为 6.8 级，则螺栓材料的最小屈服极限近似为（　　）。［扬州大学 2022 研］

A．480MPa　　B．6MPa　　C．8MPa　　D．0.8MPa

11．螺钉连接适合在（　　）连接中使用。［广东工业大学 2014 研］

A．两较薄零件、经常拆卸场合　　B．一厚一薄零件、经常拆卸场合

C．两较薄零件、不经常拆卸场合　　D．一厚一薄零件、不经常拆卸场合

12．有一气缸盖螺栓连接，若气缸内气体压力在 0～2MPa 之间循环变化，则螺栓中的应力变化规律为（　　）。［四川大学 2013 研］

A．对称循环变应力　　B．脉动循环变应力

C．非对称循环变应力　　D．非稳定循环变应力

13．用于薄壁零件连接的螺纹，应采用（　　）。［长安大学 2024 研］

A．普通细牙螺纹　　B．梯形螺纹　　C．锯齿形螺纹　　D．矩形螺纹

14．滑动螺旋传动中螺杆直径和螺母高度是根据（　　）要求确定的。［长安大学 2024 研］

A．螺纹牙的强度　　B．受压螺杆的稳定性

C．螺纹的耐磨性　　D．螺纹副的自锁

二、填空题

1．螺纹连接防松的根本问题在于______。［扬州大学 2019 研；四川大学 2013 研］

2．螺栓的主要失效形式有：______、______、______。［厦门大学 2013 研］

3．螺纹连接的主要类型有：______连接、______连接、______连接和______连接。［中山大学 2013 研］

4．重要的螺纹连接应控制其______，因为它的大小对螺纹连接的______，______和______均有影响。［厦门大学 2013 研］

5．当两个被连接件之一太厚，不宜制成通孔，且需要经常拆装时，往往采用______。［浙江理工大学 2019 研；四川大学 2013 研］

6．两个被连接件都可以制出通孔，且需拆装方便的场合应采用______连接。［广东工业大学 2014 研］

7. 三角形螺纹的牙型角 $\alpha=$______，适用于______（用途），而梯形螺纹的牙型角 $\alpha=$______，适用于______（用途）。[中山大学 2014 研]

8. 传动用螺纹(如梯形螺纹)的牙型斜角比连接用螺纹的牙型斜角______，这主要是为了______。[武汉理工大学 2017 研]

9. 螺栓的防松装置或方法很多，就工作原理来看，可分为______、______、破坏螺旋副运动关系防松。[西北工业大学 2015 研]

相关真题：根据工作原理分类，螺栓连接采用弹簧垫圈是属于______防松，采用串联钢丝防松是属于______防松。[三峡大学 2017 研]

10. 对于承受横向拉力或者扭矩的普通螺栓，在截面上有______应力和______应力。[西北工业大学 2015 研]

相关真题：承受横向工作载荷的普通螺栓连接，螺栓受______应力和______应力作用，可能发生的失效形式是______。[长沙理工大学 2019 研]

11. 被连接件是锻件或铸件时将安装螺栓处加工成小凸台或沉孔，目的是______，在螺栓连接中采用悬置螺母或是环槽螺母的目的是______。[长安大学 2024 研]

12. 采用螺纹牙圈数过多的加厚螺母并不能______，滑动螺旋的耐磨性计算主要是______。[长安大学 2025 研]

三、判断题

1. 连接螺纹采用三角形螺纹是因为三角形螺纹传动效率高。(　　)[浙江大学 2012 研]

2. 螺栓连接中，常采用凸台或沉头座作为螺栓头或螺母的支承面，是为了便于放置弹簧垫圈，防止连接松脱。(　　)[中山大学 2015 研]

3. 在受轴向变载荷作用的紧螺栓连接结构中，若在两个被连接件结合面之间加入橡胶垫片，则可提高螺栓的疲劳强度。(　　)[华中科技大学 2013 研]

4. 螺旋副相对转动一周时，螺钉螺母沿轴线方向的相对位移是一个螺距。(　　)[浙江大学 2012 研]

5. 设计紧螺栓连接时，其直径愈小，则许用安全系数应取得愈大，这是由于直径愈小时，材料的力学性能愈不易保证。(　　)[四川大学 2013 研]

6. 受横向工作载荷的普通螺栓连接，螺栓仅受预紧力 F_0 的作用，其强度校核公式为：$\sigma=\dfrac{1.3F_0}{\pi d_1^2/4}\leqslant[\sigma]$，式中的 1.3 是考虑防滑的可靠性系数。(　　)[中山大学 2015 研]

7. 受轴向工作载荷的紧螺栓连接残余预紧力必须大于零。(　　)[浙江大学 2013 研]

8. 为了改善螺纹牙上的载荷分布，通常都以减少螺栓和螺母的螺距变化差的方法来实现。(　　)[四川大学 2013 研]

9. 连接用螺纹一般采用多线梯形螺纹。(　　)[中山大学 2015 研]

10. 受横向载荷的普通螺栓连接的螺杆受横向力。(　　)[广东工业大学 2014 研]

四、简答题

1. 简述螺纹连接控制预紧力的方法和防松的方法。[浙江大学 2010 研；长安大学 2024 研]

2. 受轴向变载荷作用的螺栓连接，可以采取哪些措施来减小螺栓的应力幅 σ_a？[重庆理工大学 2014 研]

3. 螺纹连接有哪几种基本类型？它们各适用于什么场合？[长沙理工大学 2019 研；中山大学 2015 研]

相关真题：简述普通螺栓、螺钉、双头螺柱各自的特点及适用场合。[西北工业大学 2015 研]

4. 被连接件受横向外力作用，若采用一组普通六角螺栓连接时，则靠什么来传递外力？其计算准则是什么？[中国科学技术大学 2014 研]

5. 为什么螺纹连接常需要防松？按防松原理，螺纹连接的防松方法可分为哪几类？[武汉理工大学 2017 研]

五、计算题

1. 一压力容器盖螺栓组连接如图 5-3-1 所示。已知容器内径 $D=250\text{mm}$，内装具有一定压强 p 的液体。沿凸缘圆周均匀分布 12 个 M16($d_1=13.385\text{mm}$)的普通螺栓，螺栓材料的许用拉应力 $[\sigma]=180\text{MPa}$，螺栓的相对刚度 $\dfrac{C_b}{C_b+C_m}=0.5$。按紧密性要求，残余预紧力 $F_1=1.83F$，F 为螺栓的轴向工作载荷。

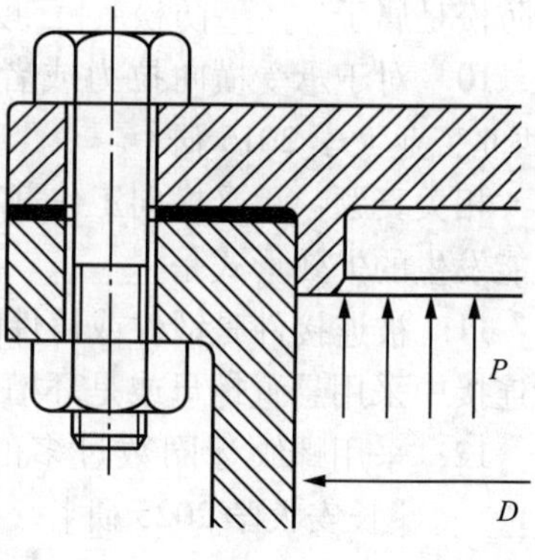

图 5-3-1

(1)计算该螺栓组连接允许容器内的液体最大压强 $p_{\max}$ 及每个螺栓连接所需的预紧力 F_0。

(2)描述该压力容器盖螺栓组连接的特征，尝试构思一种其他连接方式替代该螺栓连接，用一句话简单描述出来。[广东工业大学 2018 研]

2. 一圆桶形压力容器的顶盖用 M16($d_1=13.835\text{mm}$)螺栓组连接，已知顶盖所受工作压强 $p=2\text{MPa}$，容器内径 $D=150\text{mm}$，螺栓性能等级为 4.6 级，安全系数 $S=1.5$，螺栓的相对刚度为 0.8，剩余预紧力 $F''=1.8F$(F 为工作载荷)。试求：

(1)该连接所需螺栓个数 z；

(2)预紧力 F'。[武汉理工大学 2017 研]

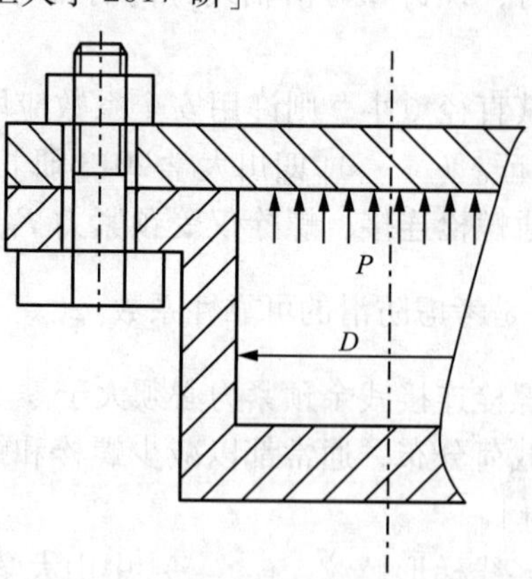

图 5-3-2

3. 如图 5-3-3 所示，为某螺栓组连接的两种方案(选用受剪螺栓)，外载荷 F、尺寸 a、L 均相同。[R($R=1, 2, 3, 4$)位置上的螺栓用®表示，螺栓组所受弯矩忽略，挤压强度满足要求]

(1)分析确定各方案中受力最大的螺栓，并确定较优方案。

(2)若上述较优方案中螺栓材料的许用应力为 $[\tau]$，给出上述较优方案中确定螺栓的最小螺杆直径的计算方法。[北京航空航天大学 2016 研]

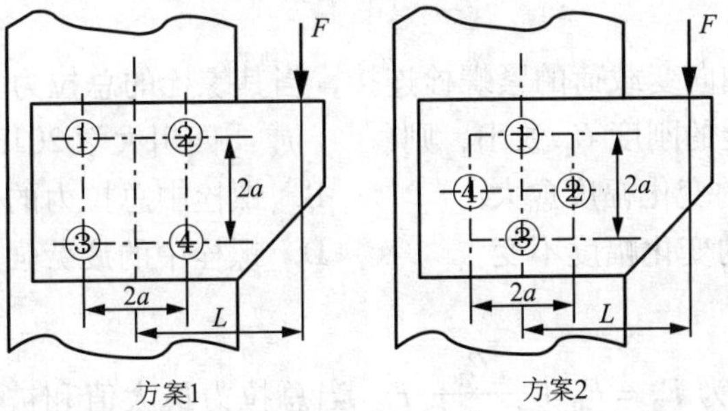

图 5-3-3

4. 如图 5-3-4 所示螺栓连接中，采用两个 M20 的普通螺栓，其许用拉应力$[\sigma]=160N/mm^2$，连接件接合面间摩擦系数$f=0.20$，可靠性系数$k_f=1$，计算该连接件允许传递的静载荷 F 的大小。(M20 的螺栓 $d_1=17.294mm$)[长沙理工大学 2019 研；四川大学 2013 研]

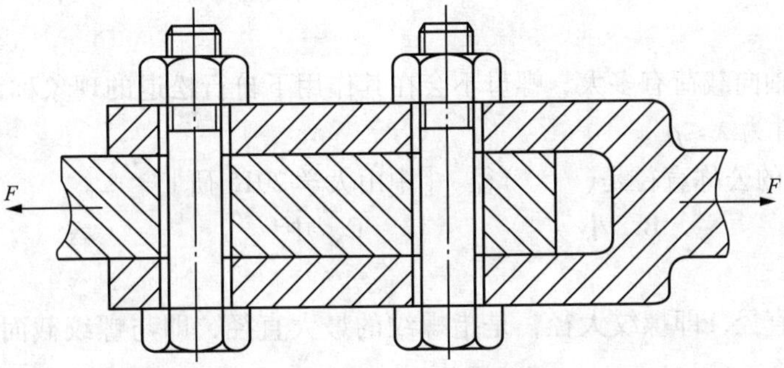

图 5-3-4

5. 如图 5-3-5 所示，用 6 个 M10 的铰制孔用螺栓连接，螺栓材料为 45 号钢，许用剪切应力$[\tau]=192N/mm^2$，许用挤压应力$[\sigma_p]=384N/mm^2$，联轴器材料为铸铁，$[\sigma_p]=80N/mm^2$，可靠性系数$K_f=1.2$，试计算该联轴器所能传递的扭矩。[武汉理工大学 2008 研]

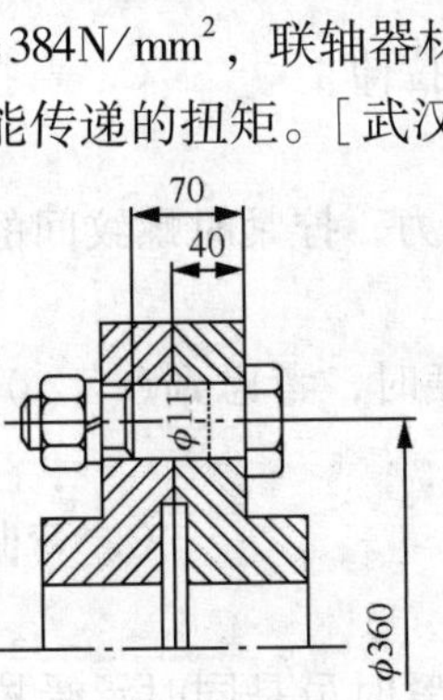

图 5-3-5

5.4 名校考研真题详解

一、选择题

1. (　　)用于连接而非传动。[河海大学 2025 研]

A. 管螺纹　　B. 梯形螺纹　　C. 矩形螺纹　　D. 锯齿形螺纹

【答案】A

【解析】根据牙型螺纹又分为普通螺纹、管螺纹、梯形螺纹、矩形螺纹和锯齿形螺纹等。前两种螺纹牙型角较大，自锁性较好，主要用于连接；后三种螺纹牙型角较小，传动效率较高，主要用于传动。

2. 承受预紧力和轴向变载荷的紧螺栓连接，当其螺栓的总拉力 F_2 的最大值和被连接件的刚度 C_2 不变时，螺栓的刚度 C_1 愈小，则(　　)。[四川大学 2013 研]

A. 螺栓中总拉力的变化幅度愈大　　B. 螺栓中总拉力的变化幅度愈小

C. 螺栓中总拉力的变化幅度不变　　D. 螺栓中的疲劳强度降低

【答案】B

【解析】总拉力公式为 $F_2=F_0+\dfrac{C_1}{C_1+C_2}F$。当总拉力最大值和被连接件刚度不变时，可以看出，连接件刚度越小，则总拉力的变化幅度就越小。故选 B 项。

3. 螺纹的牙型角为 α，螺纹中的摩擦角为 ρ，当量摩擦角为 ρ_v，螺纹升角为 λ，则螺纹的自锁条件为(　　)。[中山大学 2018 研；浙江大学 2012 研]

A. $\lambda\leqslant\alpha$　　B. $\lambda>\alpha$　　C. $\lambda\leqslant\rho_v$　　D. $\lambda>\rho_v$

【答案】C

【解析】不论轴向载荷有多大，螺母不会在其作用下自行松退的现象称为螺旋副的自锁。螺旋副自锁的条件为 $\lambda\leqslant\rho_v$。

4. 普通螺纹的公称直径是(　　)径。[中山大学 2015 研]

A. 大　　B. 小　　C. 中

【答案】A

【解析】公称直径，即螺纹大径，是指螺纹的最大直径，即与螺纹截面上螺纹牙顶相重合的假想圆的直径。

5. 在受预紧力的紧螺栓连接中，螺栓危险截面的应力状态为(　　)。[浙江大学 2012 研]

A. 纯扭剪　　B. 简单拉伸　　C. 弯扭组合　　D. 拉扭组合

【答案】D

【解析】预紧力使螺纹受轴向拉力，拧紧时螺纹间的摩擦力矩使螺纹受扭矩，故应力状态是拉扭组合。

6. 计算紧螺栓连接的拉伸强度时，考虑到(　　)的影响，需将拉伸载荷增加 30% 计算。[广东工业大学 2014 研]

A. 剪切　　B. 扭转　　C. 弯曲

【答案】B

【解析】对于紧螺栓连接，在拧紧时虽是同时承受拉伸和扭转的联合作用，但在计算时可以只按拉伸强度计算，并将所受的拉力(预紧力)增大 30% 来考虑扭转的影响。

7. 在受轴向变载荷作用紧螺栓连接，可采取(　　)提高螺栓的疲劳强度。[浙江大学 2013 研]

A. 增大螺栓刚度 k_1，减小被连接件刚度 k_2

B. 减小 k_1 和 k_2

C. 增大 k_1 和 k_2

D. 减小 k_1，增大 k_2

【答案】D

【解析】若减小螺栓刚度 k_1 或增大被连接件刚度 k_2 都能够减小螺栓总拉伸载荷的变化范

围，从而提高螺栓的疲劳强度。$\frac{k_1}{k_2+k_1}$为螺栓的相对刚性系数，疲劳强度随螺栓的相对刚性系数的减小而增大。故减小 k_1 或增大 k_2 均能提高疲劳强度。

8．螺纹按(　　)的大小，可分为细牙螺纹和粗牙螺纹。[湘潭大学 2016 研]

A．公称直径　B．螺距　C．中径　D．小径

【答案】B

【解析】同一公称直径可以有多种螺距的螺纹，其中螺距最大的称为粗牙螺纹，其余都称为细牙螺纹。

9．若要提高轴向变载荷作用的紧螺栓的疲劳强度，则可(　　)。[三峡大学 2017 研]

A．在被连接件间加橡胶垫片　B．增大螺栓长度

C．采用精制螺栓　D．加防松装置

【答案】B

【解析】在保证残余预紧力和工作载荷不变的情况下，同时降低螺栓刚度、增大被连接件刚度，而适当增加预紧力，这样既能减小螺栓总拉力的变动范围，提高螺栓的疲劳强度，又能保证连接的可靠性和紧密性。为了减小螺栓的刚度，可适当增加螺栓的长度，或采用腰状杆螺栓和空心螺栓。为了增大被连接件的刚度，可以不用垫片或采用刚度较大的垫片。

10．螺栓的性能等级为 6.8 级，则螺栓材料的最小屈服极限近似为(　　)。[扬州大学 2022 研]

A．480MPa　B．6MPa　C．8MPa　D．0.8MPa

【答案】A

【解析】性能等级 6.8 的含义是：①螺栓材质公称抗拉强度达 600MPa；②螺栓材质的屈强比值为 0.8；③螺栓材质的公称屈服强度达 $600\times0.8=480$MPa。

11．螺钉连接适合在(　　)连接中使用。[广东工业大学 2014 研]

A．两较薄零件、经常拆卸场合　B．一厚一薄零件、经常拆卸场合

C．两较薄零件、不经常拆卸场合　D．一厚一薄零件、不经常拆卸场合

【答案】D

【解析】螺钉连接的用途和双头螺柱连接(用于有一连接件较厚)相似，多用于外载不大、不需要经常拆装的场合，以免损坏被连接件。

12．有一气缸盖螺栓连接，若气缸内气体压力在 0～2MPa 之间循环变化，则螺栓中的应力变化规律为(　　)。[四川大学 2013 研]

A．对称循环变应力　B．脉动循环变应力

C．非对称循环变应力　D．非稳定循环变应力

【答案】C

【解析】安装好的气缸，其螺栓是有一定预紧力的。在螺栓受到压力的时候，拉应力会相应产生变大的趋势，所以螺栓中应力的变化规律为非对称循环变应力。故选 C 项。

13．用于薄壁零件连接的螺纹，应采用(　　)。[长安大学 2024 研]

A．普通细牙螺纹　B．梯形螺纹　C．锯齿形螺纹　D．矩形螺纹

【答案】A

【解析】普通螺纹：牙型为等边三角形，牙型角 $\alpha=60°$，内、外螺纹旋合后留有径向间隙。外螺纹牙根允许有较大的圆角，以减小应力集中。同一公称直径按螺距大小，分为粗牙

和细牙。细牙螺纹的牙型与粗牙螺纹相似，但螺距小，升角小，自锁性较好，强度高，因牙细不耐磨，容易滑扣。一般连接多用粗牙螺纹，细牙螺纹常用于细小零件，薄壁管件或受冲击、振动和变载荷的连接中，也可作为微调机构的调整螺纹。

14．滑动螺旋传动中螺杆直径和螺母高度是根据(　　)要求确定的。[长安大学2024研]

A．螺纹牙的强度　　B．受压螺杆的稳定性

C．螺纹的耐磨性　　D．螺纹副的自锁

【答案】C

【解析】滑动螺旋工作时，主要承受转矩及轴向拉力(或压力)的作用，同时在螺杆和螺母的旋合螺纹间有较大的相对滑动。其失效形式主要是螺纹磨损。因此，滑动螺旋的基本尺寸(即螺杆直径与螺母高度)，通常是根据耐磨性条件确定的。

二、填空题

1．螺纹连接防松的根本问题在于______。[扬州大学2019研；四川大学2013研]

【答案】防止螺旋副在受载时发生相对转动

【解析】本题考查螺纹连接的放松。为了保证螺纹连接的安全性和可靠度，设计时必须采取有效的防松措施。防松的实质就是防止螺纹在受载时转动松脱。防松的方法，按其工作原理，可以分为摩擦防松、机械防松和破坏螺旋副运动关系防松等。

2．螺栓的主要失效形式有：______、______、______。[厦门大学2013研]

【答案】螺栓杆的拉断；螺纹的压溃和剪断；经常装拆时会因磨损而发生滑扣现象。

【解析】螺纹连接根据载荷性质不同，其失效形式也不同：受静载荷螺栓的失效多为螺纹部分的塑性变形或螺栓被拉断；受变载荷螺栓的失效多为螺栓的疲劳断裂；对于受横向载荷的铰制孔用螺栓连接，其失效形式主要为螺栓杆剪断，栓杆或被连接件孔接触表面挤压破坏；如果螺纹精度低或连接时常装拆，很可能发生滑扣现象。

3．螺纹连接的主要类型有：______连接、______连接、______连接和______连接。[中山大学2013研]

【答案】螺栓；螺钉；双头螺柱；紧定螺钉

【解析】螺纹连接的主要类型：螺栓连接(普通螺栓和加强杆螺栓)、双头螺柱连接、螺钉连接、紧定螺钉连接。

4．重要的螺纹连接应控制其______，因为它的大小对螺纹连接的______，______和______均有影响。[厦门大学2013研]

【答案】预紧力；可靠性；紧密性；强度

【解析】预紧力是指使连接在承受工作载荷之前预先受到一定力的作用。施加预紧力的目的在于使螺纹连接可靠而紧固，以防止受载后被连接件间出现缝隙或发生相对滑移。

5．当两个被连接件之一太厚，不宜制成通孔，且需要经常拆装时，往往采用______。[浙江理工大学2019研；四川大学2013研]

【答案】双头螺柱连接

【解析】双头螺柱连接用于有一连接件较厚，并经常装拆的场合，拆卸时只需拧下螺母即可。

6．两个被连接件都可以制出通孔，且需拆装方便的场合应采用______连接。[广东工业大学2014研]

【答案】螺栓

【解析】螺栓连接：不需在被连接件上加工螺纹孔，装拆方便，用于两被连接件均不太厚的场合。

7．三角形螺纹的牙型角 $\alpha=$______，适用于______（用途），而梯形螺纹的牙型角 $\alpha=$______，适用于______（用途）。［中山大学 2014 研］

【答案】60°；连接；30°；传动

【解析】①普通螺纹（牙型角 $\alpha=60°$ 的三角形米制螺纹）：螺纹的牙型角 $\alpha=2\beta=60°$。因当量摩擦因数 $f_v=\dfrac{f}{\cos\beta}$，牙型角 β 大，所以当量摩擦因数大，自锁性能好。一般连接多用粗牙螺纹，细牙螺纹适用于薄壁零件的连接。②梯形螺纹：螺纹的牙型角 $\alpha=2\beta=30°$。比矩形螺纹传动效率略低，主要应用在需要较大传动力的场合。

8．传动用螺纹（如梯形螺纹）的牙型斜角比连接用螺纹的牙型斜角______，这主要是为了______。［武汉理工大学 2017 研］

【答案】小；提高传动效率

【解析】根据牙型螺纹又分为普通螺纹、管螺纹、梯形螺纹、矩形螺纹和锯齿形螺纹等。前两种螺纹牙型角较大，自锁性较好，主要用于连接；后三种螺纹牙型角较小，传动效率较高，主要用于传动。

9．螺栓的防松装置或方法很多，就工作原理来看，可分为______、______、破坏螺旋副运动关系防松。［西北工业大学 2015 研］

相关真题：根据工作原理分类，螺栓连接采用弹簧垫圈是属于______防松，采用串联钢丝防松是属于______防松。［三峡大学 2017 研］

【答案】摩擦防松；机械防松

【解析】本题考查螺纹连接防松方法的分类及具体内容。其中，使用对顶螺母、弹簧垫圈和自锁螺母属于摩擦防松方法；使用开口销与六角开槽螺母、止动垫圈和串联钢丝属于机械防松方法；冲点、铆合等属于破坏螺旋副运动关系的防松方法。

10．对于承受横向拉力或者扭矩的普通螺栓，在截面上有______应力和______应力。［西北工业大学 2015 研］

相关真题：承受横向工作载荷的普通螺栓连接，螺栓受______应力和______应力作用，可能发生的失效形式是______。［长沙理工大学 2019 研］

【答案】拉伸；扭转切

【解析】对于承受横向载荷的普通螺栓连接，依靠连接预紧后在接合面间所产生的摩擦力来平衡横向载荷。连接装配时，在拧紧力矩作用下，螺栓不仅受预紧力的拉伸而产生拉伸应力，还受扭矩（摩擦力矩）的影响产生扭转切应力，使螺栓受到拉伸与扭转的复合应力。

11．被连接件是锻件或铸件时将安装螺栓处加工成小凸台或沉孔，目的是______，在螺栓连接中采用悬置螺母或是环槽螺母的目的是______。［长安大学 2024 研］

【答案】避免螺栓承受附加的弯曲载荷；改善螺纹牙上载荷分布不均的现象

【解析】避免螺栓承受附加的弯曲载荷。除了要在结构上设法保证载荷不偏心外，还应在工艺上保证被连接件、螺母和螺栓头部的支承面平整，并与螺栓轴线相垂直。在铸、锻件等的粗糙表面上安装螺栓时，应制成凸台或沉头座。当支承面为倾斜表面时，应采用斜面垫圈，特殊情况下，也可采用球面垫圈等。

改善螺纹牙上载荷分布不均的现象。为了改善螺纹牙上的载荷分布不均程度，常采用悬置螺母、减小螺栓旋合段本来受力较大的几圈螺纹牙的受力面或采用钢丝螺套。

悬置螺母，螺母的旋合部分全部受拉，其变形性质与螺栓相同，从而可以减小两者的螺距变化差，使螺纹牙上的载荷分布趋于均匀。环槽螺母，这种结构可以使螺母内缘下端(螺栓旋入端)局部受拉，其作用和悬置螺母相似，但其载荷均布的效果不及悬置螺母。

12. 采用螺纹牙圈数过多的加厚螺母并不能______，滑动螺旋的耐磨性计算主要是______。[长安大学2025研]

【答案】提高连接的强度；限制螺纹工作面上的压力 p，使其小于材料的许用压力 $[p]$

【解析】采用螺纹牙圈数过多的加厚螺母，并不能提高连接的强度。滑动螺旋的耐磨性计算主要是限制螺纹工作面上的压力 p，使其小于材料的许用压力 $[p]$。

三、判断题

1. 连接螺纹采用三角形螺纹是因为三角形螺纹传动效率高。(　　)[浙江大学2012研]

【答案】错

【解析】三角形螺纹主要用于连接是因为三角形螺纹的牙根厚、强度高，牙型角大，当量摩擦系数大，自锁性能好、传动效率低。

2. 螺栓连接中，常采用凸台或沉头座作为螺栓头或螺母的支承面，是为了便于放置弹簧垫圈，防止连接松脱。(　　)[中山大学2015研]

【答案】错

【解析】是为了避免螺栓因支承面不平整或与螺栓轴线不垂直而承受附加弯曲应力。

3. 在受轴向变载荷作用的紧螺栓连接结构中，若在两个被连接件结合面之间加入橡胶垫片，则可提高螺栓的疲劳强度。(　　)[华中科技大学2013研]

【答案】错

【解析】当螺栓所受的工作拉力在 $0\sim F$ 内变化时，螺栓的总拉力 $F_2=F_0+\dfrac{C_b}{C_b+C_m}F$，$F_0$ 为预紧力。当在两个被连接件结合面之间加入橡胶垫片时，C_m 降低，相对刚度 $\dfrac{C_b}{C_b+C_m}$ 增大，则应力幅增大，螺栓疲劳强度降低。

4. 螺旋副相对转动一周时，螺钉螺母沿轴线方向的相对位移是一个螺距。(　　)[浙江大学2012研]

【答案】错

【解析】螺旋副相对转动一周，轴向相对移动一个导程，对于单线螺纹，导程等于螺距，相对位移是一个螺距，但对于多线螺纹，导程 = 螺距 × 螺旋线数。

5. 设计紧螺栓连接时，其直径愈小，则许用安全系数应取得愈大，这是由于直径愈小时，材料的力学性能愈不易保证。(　　)[四川大学2013研]

【答案】对

【解析】由教材表5-8可知，紧螺栓连接的螺纹直径愈小，其许用安全系数取得愈大。

6. 受横向工作载荷的普通螺栓连接，螺栓仅受预紧力 F_0 的作用，其强度校核公式为：$\sigma=\dfrac{1.3F_0}{\pi d_1^2/4}\leqslant[\sigma]$，式中的1.3是考虑防滑的可靠性系数。(　　)[中山大学2015研]

【答案】错

【解析】受横向工作载荷的普通螺栓连接，螺栓仅受预紧力的作用外，还受螺纹摩擦力矩的扭转而产生扭转切应力。1.3 是考虑扭转的影响时，将所受拉力增大 30%。

7. 受轴向工作载荷的紧螺栓连接残余预紧力必须大于零。(　　)[浙江大学 2013 研]

【答案】对

【解析】当工作载荷过大时，残余预紧力 $F_R=0$，连接将出现缝隙，这是不允许的，故残余预紧力必须大于 0。

8. 为了改善螺纹牙上的载荷分布，通常都以减少螺栓和螺母的螺距变化差的方法来实现。(　　)[四川大学 2013 研]

【答案】对

【解析】由于螺栓和螺母的刚度及变形性质不同，各圈螺纹牙上的受力也是不同的。当连接受载时，螺栓受拉伸，外螺纹的螺距增大；而螺母受压缩，内螺纹的螺距减小。而旋合的第一圈处螺纹螺距的变化差最大，承受的载荷也最大，以后各圈递减。故减少螺栓和螺母的螺距变化差，可以改善螺纹牙上的载荷分布。

9. 连接用螺纹一般采用多线梯形螺纹。(　　)[中山大学 2015 研]

【答案】错

【解析】三角形螺纹多用于连接，梯形及矩形螺纹多用于传动。

10. 受横向载荷的普通螺栓连接的螺杆受横向力。(　　)[广东工业大学 2014 研]

【答案】错

【解析】受横向载荷的普通螺栓连接靠连接预紧后在接合面间产生的摩擦力来抵抗横向载荷。此时，螺杆不仅受到横向载荷的作用，还受到预紧力的作用。

四、简答题

1. 简述螺纹连接控制预紧力的方法和防松的方法。[浙江大学 2010 研；长安大学 2024 研]

答：(1)控制预紧力的方法：

①借助于测力矩扳手或定力矩扳手，通过控制拧紧力矩来控制预紧力的大小。

②对于大型连接，通过测定螺栓伸长变形量的方法来控制预紧力。

(2)防松方法：

①利用附加摩擦力防松，包括对顶螺母防松、弹簧垫圈防松、金属锁紧螺母防松、尼龙圈锁紧螺母防松；

②采用机械防松，包括开口销与槽形螺母防松、串联钢丝防松、止动垫圈防松；

③破坏螺旋副运动关系防松，包括铆合、冲点和涂胶黏剂。

2. 受轴向变载荷作用的螺栓连接，可以采取哪些措施来减小螺栓的应力幅 σ_a？[重庆理工大学 2014 研]

答：受轴向变载荷作用的螺栓连接，螺栓的总拉力 $F_2=F_0+C_bF/(C_b+C_m)$。在预紧力 F_0 恒定不变的条件下，工作拉力在 $0\sim F$ 的范围内变化时，总拉力的变化范围为 $F_0\sim F_2$，则应力幅 $\sigma_a=C_bF/(C_b+C_m)$。根据上式，要想减小应力幅 σ_a，可以减小螺栓刚度 C_b 或增大被连接件的刚度 C_m。

减小螺栓刚度的方法：适当增加螺栓的长度，或采用腰状杆螺栓和空心螺栓。增大被连接件刚度的方法：不用垫片或采用刚度较大的垫片。

3. 螺纹连接有哪几种基本类型？它们各适用于什么场合？[长沙理工大学 2019 研；中山大学 2015 研]

相关真题：简述普通螺栓、螺钉、双头螺柱各自的特点及适用场合。[西北工业大学

2015 研]

答：螺纹连接有 4 种基本类型，各自的特点及适用场合见下表 5-4-1。

表 5-4-1　螺纹连接的基本类型

基本类型		连接形式	特点或应用
螺栓连接	普通螺栓连接	开通孔，螺栓的另一端拧上螺母	结构简单，装拆方便，广泛应用于被连接件不太厚的场合
	铰制孔用螺栓连接		适用于需要精确固定位置、承受较大横向载荷的场合
双头螺柱连接		开螺纹孔，螺栓的另一端用螺母旋紧	适用于被连接件太厚不宜制成通孔、需要经常拆装的场合
螺钉连接		螺栓（或螺钉）直接拧入螺纹孔，不用螺母	适用于受力不大、不需要经常拆装的场合
紧定螺钉连接		螺钉末端顶住表面或顶入凹坑中	固定位置，并传递力或转矩

4．被连接件受横向外力作用，若采用一组普通六角螺栓连接时，则靠什么来传递外力？其计算准则是什么？[中国科学技术大学 2014 研]

答：(1)被连接件受横向外力作用时，若用普通六角螺栓连接时，传递外力的方式为：靠被连接件接合面间的摩擦力来传递外力。

(2)计算准则为：普通螺纹的紧螺栓连接，在拧紧时同时承受拉伸和扭转的联合作用，在计算时可以只按拉伸强度计算，并将所受的拉力（预紧力）增大 30% 来考虑扭转的影响。

5．为什么螺纹连接常需要防松？按防松原理，螺纹连接的防松方法可分为哪几类？[武汉理工大学 2017 研]

答：(1)螺纹连接常需要防松的原因：

一般螺纹连接能满足自锁条件而不会自动松脱，但在受振动或冲击载荷下，或是温度变化较大时，连接螺母可能会逐渐松动。螺纹松动的主要原因是螺纹副之间的相对转动造成的，因此在实际设计时，必须采用防松措施。

(2)按防松原理，螺纹连接的防松方法可分为：①摩擦防松；②机械防松；③破坏螺旋副运动关系防松。

五、计算题

1．一压力容器盖螺栓组连接如图 5-4-1 所示。已知容器内径 $D=250\text{mm}$，内装具有一定压强 p 的液体。沿凸缘圆周均匀分布 12 个 M16（$d_1=13.385\text{mm}$）的普通螺栓，螺栓材料的许用拉应力 $[\sigma]=180\text{MPa}$，螺栓的相对刚度 $\frac{C_b}{C_b+C_m}=0.5$。按紧密性要求，残余预紧力 $F_1=1.83F$，F 为螺栓的轴向工作载荷。

(1)计算该螺栓组连接允许容器内的液体最大压强 p_{max} 及每个螺栓连接所需的预紧力 F_0。

(2)描述该压力容器盖螺栓组连接的特征，尝试构思一种其他连接方式替代该螺栓连接，用一句话简单描述出来。[广东工业大学 2018 研]

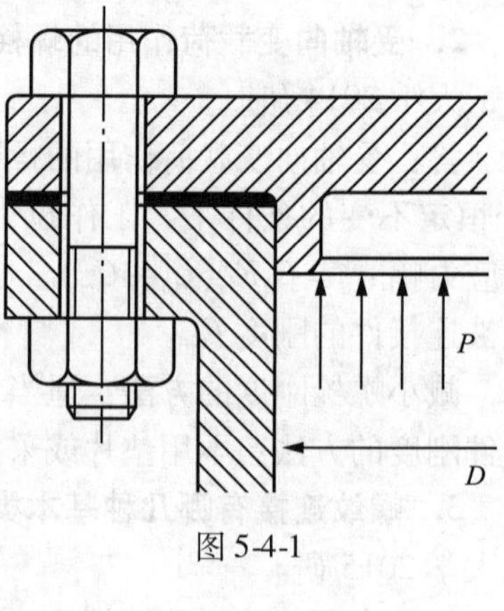

图 5-4-1

解：(1)由题意可知，单个螺栓承受的工作拉力为：

$$F=\frac{p\cdot\frac{\pi D^2}{4}}{z}=\frac{p\cdot\frac{\pi\cdot 250^2}{4}}{12} \qquad ①$$

则单个螺栓承受的总拉力为

$$F_2=F+F_1=F+1.83F=2.83F \qquad ②$$

又螺栓危险截面的拉伸强度条件为

$$\sigma_{ca}=\frac{1.3F_2}{\frac{\pi}{4}d_1^2}=\frac{1.3F_2}{\frac{\pi}{4}\cdot 13.385^2}\leqslant[\sigma]=180\text{MPa} \qquad ③$$

由①②③式可解得，$p\leqslant 1.68\text{MPa}$。

因为

$$F_2=F_0+\frac{C_b}{C_b+C_m}F=F_0+0.5F=2.83F$$

则

$$F_0=2.33F=2.33\times\frac{p_{\max}\cdot\frac{\pi\cdot 250^2}{4}}{12}\approx 16\text{kN}$$

综上，该螺栓组连接允许容器内的液体最大压强 $p_{\max}=1.68\text{MPa}$，每个螺栓连接所需的预紧力 $F_0=16\text{kN}$。

(2)该压力容器盖螺栓组必须保证连接的紧密性，以防止容器内液体溢出，据此特征，可考虑采用螺钉连接或焊接代替该螺栓连接。

2. 一圆桶形压力容器的顶盖用 M16($d_1=13.835$mm)螺栓组连接，已知顶盖所受工作压强 $p=2$MPa，容器内径 $D=150$mm，螺栓性能等级为 4.6 级，安全系数 $S=1.5$，螺栓的相对刚度为 0.8，剩余预紧力 $F''=1.8F$(F 为工作载荷)。试求：

(1)该连接所需螺栓个数 z；

(2)预紧力 F'。［武汉理工大学 2017 研］

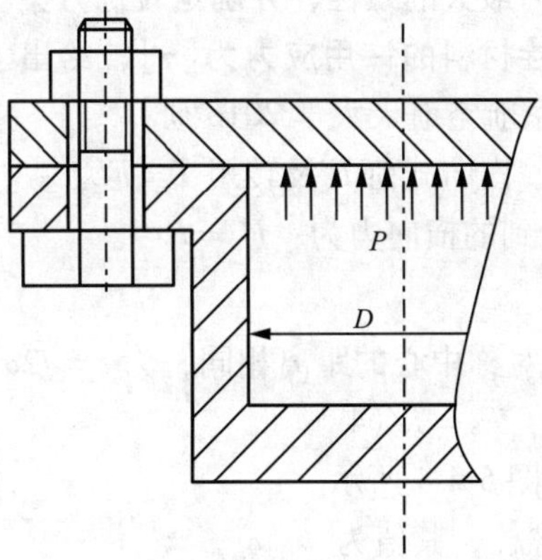

图 5-4-2

解：(1)由图可知该螺栓组为普通螺栓连接。

容器顶盖所受力为

$$F_{顶盖}=p\cdot\pi\left(\frac{D}{2}\right)^2=2\times\pi\times\left(\frac{150}{2}\right)^2\approx 35325\text{N}$$

即单个螺栓的工作载荷为

$$F=\frac{F_{顶盖}}{z}=\frac{35325}{z}\text{N}$$

螺栓危险截面的拉伸强度条件为

$$\sigma_{ca}=\frac{1.3F_2}{\frac{\pi}{4}d_1^2}=\frac{1.3(F+F'')}{\frac{\pi}{4}d_1^2}\leqslant[\sigma]$$

根据螺栓的性能等级查表可知，$[\sigma_S]=240\text{MPa}$。

则$[\sigma]=\frac{\sigma_S}{S}=\frac{240}{1.5}=160\text{MPa}$。

又 $F''=1.8F$，根据以上各式，代入数据后可解得，$z\geqslant5.33$，故该连接所需螺栓个数为6个。

(2)由题及(1)可知预紧力 F'为：

$$F'=F_2-\frac{C_b}{C_b+C_m}F=2.8F-0.8F=2F=2\times\frac{35325}{6}=11775\text{N}$$

3. 如图5-4-3所示，为某螺栓组连接的两种方案(选用受剪螺栓)，外载荷 F、尺寸 a、L 均相同。[R(R=1，2，3，4)位置上的螺栓用Ⓡ表示，螺栓组所受弯矩忽略，挤压强度满足要求]

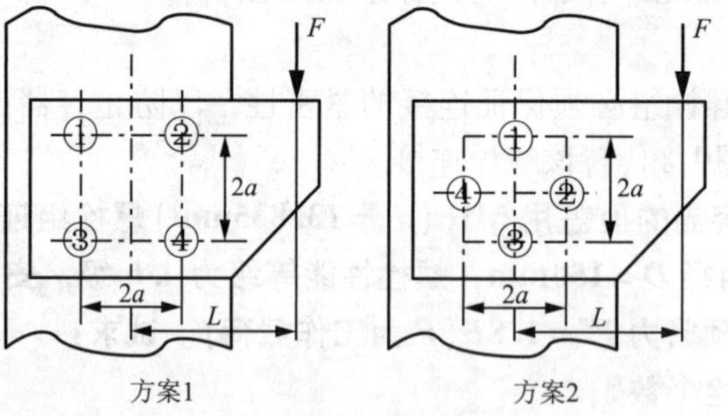

图 5-4-3

(1)分析确定各方案中受力最大的螺栓，并确定较优方案。

(2)若上述较优方案中螺栓材料的许用应力为[τ]，给出上述较优方案中确定螺栓的最小螺杆直径的计算方法。[北京航空航天大学2016研]

解：(1)螺栓受力分析为：横向载荷 F 及转矩 $T=FL$。

在 F 作用下，每个螺栓受到的横向力为：$F_1=F/4$。

方案1：

每个螺栓的轴线到螺栓组对称中心的距离相同，为 $r=\sqrt{2}a$。

每个螺栓受到的切向力为：$F_2=T/(4r)$。

每个螺栓的受力及方向如图5-4-4所示。

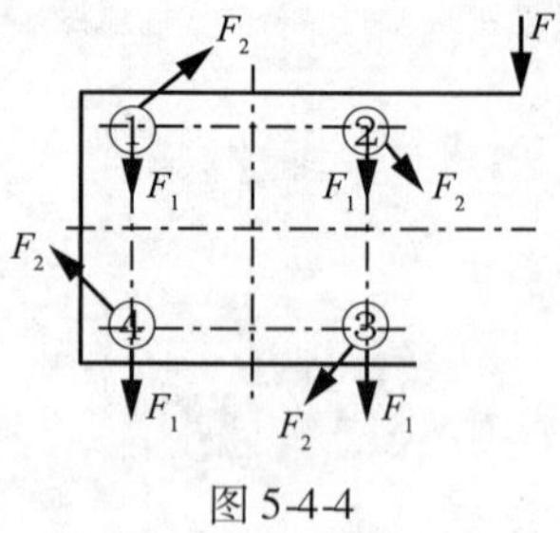

图 5-4-4

受力最大的螺栓为2、3螺栓，其值为

$$F=\sqrt{F_1^2+F_2^2+2F_1F_2\cos45°}$$

方案2：

每个螺栓的轴线到螺栓组对称中心的距离相同，为 $r=a$。

每个螺栓受到的切向力为：$F_2=T/(4r)$。

每个螺栓的受力及方向如图5-4-5所示。

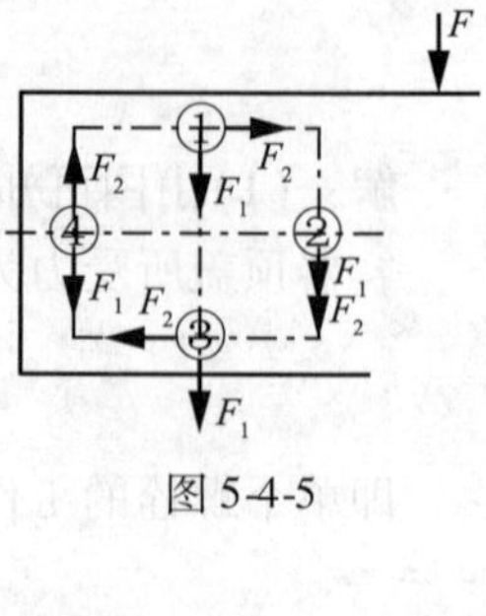

图 5-4-5

受力最大的螺栓为 2 螺栓，其值为 $F=F_1+F_2$。

综上所述，方案 1 中螺栓受力较小，为较优方案。

(2)由螺栓杆的剪切强度条件：

$$\tau=\frac{F}{\frac{\pi}{4}d_0^2}\leqslant[\tau]$$

得

$$d_0\geqslant\sqrt{\frac{F}{\frac{\pi}{4}[\tau]}}=2\sqrt{\frac{F}{\pi[\tau]}}$$

4. 如图 5-4-6 所示螺栓连接中，采用两个 M20 的普通螺栓，其许用拉应力 $[\sigma]$ = 160N/mm²，连接件接合面间摩擦系数 f = 0.20，可靠性系数 k_f = 1，计算该连接件允许传递的静载荷 F 的大小。(M20 的螺栓 d_1 = 17.294mm)［长沙理工大学 2019 研；四川大学 2013 研］

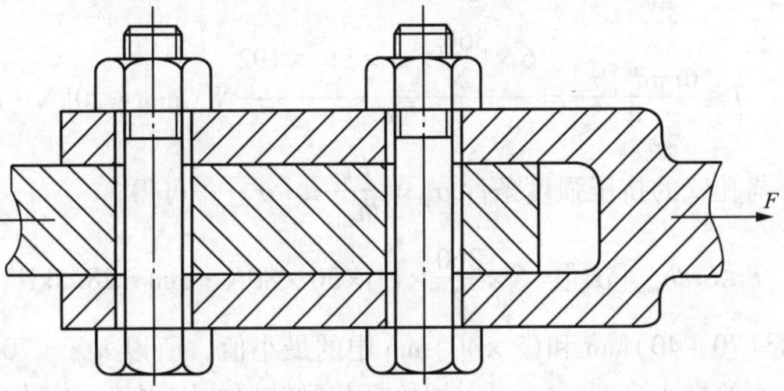

图 5-4-6

解：螺栓预紧后，接合面所产生的最大摩擦力必须大于或等于横向载荷，假设各螺栓所需的预紧力均为 F_0，螺栓数目为 z，接合面数为 i，则由平衡条件：

$$fF_0zi\geqslant FK_S$$

可得

$$F_0\geqslant\frac{FK_S}{fzi}$$

螺栓危险截面的强度条件为

$$\frac{4\times1.3F_0}{\pi d_1^2}\leqslant[\sigma]$$

于是由以上两式可得

$$F\leqslant\frac{\pi d_1^2[\sigma]fzi}{4\times1.3\times K_S}$$

所以，该连接件允许传递的静载荷 F 的最大值为

$$F_{\max}=\frac{\pi d_1^2[\sigma]fzi}{5.2K_S}=\frac{\pi\times17.294^2\times160\times0.2\times2\times2}{5.2\times1.2}\approx19263.98\text{N}$$

5. 如图 5-4-7 所示，用 6 个 M10 的铰制孔用螺栓连接，螺栓材料为 45 号钢，许用剪切应力 $[\tau]$ = 192N/mm²，许用挤压应力 $[\sigma_p]$ = 384N/mm²，联轴器材料为铸铁，$[\sigma_p]$ = 80N/mm²，可靠性系数 K_f = 1.2，试计算该联轴器所能传递的扭矩。［武汉理工大学 2008 研］

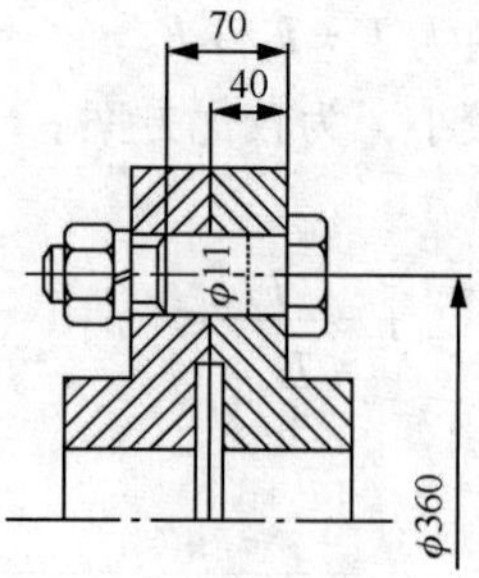

图 5-4-7

解：假设该联轴器所能传递的扭矩为 T，则单个螺栓受到的剪力 $F_R = \dfrac{T}{6r}$。

根据螺栓杆的剪切强度条件 $\tau = \dfrac{F_R}{\dfrac{\pi d^2}{4}} \leqslant [\tau]$，可得

$$T \leqslant \frac{6r\pi d^2[\tau]}{4} = \frac{6 \times \dfrac{360}{2} \times \pi \times 11^2 \times 192}{4}\text{N} \cdot \text{mm} \approx 20\text{kN} \cdot \text{m}$$

根据螺栓杆与孔壁的挤压强度条件 $\sigma_p = \dfrac{F_R}{dh_{\min}} \leqslant [\sigma_p]$，可得

$$T \leqslant 6rdh_{\min}[\sigma_p] = 6 \times \frac{360}{2} \times 11 \times 30 \times 80\text{N} \cdot \text{mm} \approx 28.5\text{kN} \cdot \text{m}$$

式中，$h_{\min}$是(70 - 40)mm 和(2 × 40)mm 中的最小值，所以 $h_{\min} = 70 - 40 = 30$mm，为螺栓杆与孔壁挤压面的最小高度，$[\sigma_p]$取螺栓杆与联轴器的许用挤压应力中的较小者。

取两个扭矩中的较小者，考虑到可靠性系数 $K_f = 1.2$，则

$$T_{\max} = \frac{T}{K_f} = \frac{20}{1.2} \approx 16.67\text{kN} \cdot \text{m}$$

故该联轴器所能传递的扭矩为 16.67kN · m。

第六章　键、花键、无键连接和销连接

6.1　复习笔记

【知识框架】

- 键、花键、无键连接和销连接
  - 键连接
    - 键连接的功能、分类、结构形式及应用
      - 平键连接
      - 半圆键连接
      - 楔键连接
      - 切向键连接
    - 键的选择和键连接强度计算
  - 花键连接
    - 花键连接的类型、特点和应用：矩形花键和渐开线花键
    - 花键连接强度计算
  - 无键连接
    - 型面连接
    - 胀紧连接：胀套选用条件
  - 销连接
    - 销的类型
    - 销的选择
    - 销的材料及参数

【通关提要】

本章介绍了键、花键、无键连接和销连接。学习时需要重点掌握键连接的类型、应用及布置和键连接的强度计算。本章多以选择题、填空题和判断题的形式出现，解答题和计算题出现概率较小。复习时需把握其具体内容，重点记忆。

【重点难点归纳】

一、键连接

1. 键连接的功能、分类、结构形式及应用

(1)键连接的功能

键主要用来实现周向固定，传递转矩。

(2)键连接的分类

键连接的主要类型有：平键连接、半圆键连接、楔键连接和切向键连接。

①平键连接(见表6-1-1)

表6-1-1　平键连接的要点及主要内容

要点	主要内容	
结构形式	工作面是两侧面，靠键同键槽侧面的挤压来传递转矩	
分类	普通平键	按构造可分为圆头、平头和单圆头三种
	薄型平键	有圆头、平头和单圆头三种形式，传递转矩较小，常用于薄壁、空心等径向尺寸较小的场合
	导向平键	一种较长的平键，轴上的传动零件可沿轴向滑动
	滑键	适用于零件滑移距离较大的场合

②半圆键、楔键和切向键连接(见表6-1-2)

表6-1-2　半圆键、楔键和切向键连接的要点及内容

键连接类型	工作形式	优缺点	分类/应用
半圆键连接	靠侧面来传递转矩	装配方便，但对轴的强度削弱较大	适用于轻载静连接
楔键连接	工作面是上、下两面，靠键的楔紧作用来传递转矩	可传递较大转矩，但产生偏心和偏斜	①楔键有普通楔键和钩头楔键两种，普通楔键分为圆头、平头和单圆头三种。 ②适用于定心精度要求不高的场合
切向键连接	靠工作面上的挤压力和轴与轮毂间的摩擦力来传递转矩	传递双向转矩须用两个切向键，布置时两键夹角为120°~130°	对轴的削弱大，适用于大直径轴

2. 键的选择和键连接强度计算

(1)键的选择

键的截面尺寸一般以键宽 $b\times$ 键高 h 表示，由键的标准中选定。键的长度 L 一般可按轮毂的长度而定。

(2)键连接强度计算(见表6-1-3)

表6-1-3　键连接强度计算

键连接类型	主要失效形式	强度条件	双键布置
普通平键	工作面被压溃	$\sigma_{bs}=2000T/(kld)=4000T/(hld)\leqslant[\sigma_{bs}]$ $[\sigma_{bs}]$为键、轴、轮毂三者中最弱材料的许用挤压应力	两个平键沿周向相隔180°布置
导向平键连接滑键连接	工作面的过度磨损	$p=2000T/(kld)=4000T/hld\leqslant[p]$ $[p]$为键、轴、轮毂三者中最弱材料的许用压力	—
半圆键连接	工作面被压溃	$\sigma_{bs}=2000T/(kld)=4000T/(hld)\leqslant[\sigma_{bs}]$	两个半圆键在轴的同一条母线上布置
楔键连接	工作面被压溃	$\sigma_{bs}=2F/(bl)=12T\times10^3/[bl(b+6fd)]\leqslant[\sigma_{bs}]$ f为摩擦系数，一般取$f=0.12\sim0.17$	两个楔键沿周向相隔90°~120°布置
切向键连接	工作面被压溃	$\sigma_{bs}=F/[(t-C)l]=T\times10^3/[(t-C)dl(0.5f+0.45)]$ $\leqslant[\sigma_{bs}]$ t为键槽的深度；C为键的倒角尺寸	两个切向键夹角为120°~130°
花键连接	工作面被压溃(静连接)或工作面过度磨损(动连接)	静连接：$\sigma_{bs}=2000T/(\psi zhld_m)\leqslant[\sigma_{bs}]$。动连接：$p=2000T/(\psi zhld_m)\leqslant[p]$	—

二、花键连接的类型、特点和应用(见表6-1-4)

表6-1-4　花键连接的类型、特点和应用

要点	具体内容
优点	比平键传递扭矩大，对中性好，便于拆卸，但是加工复杂
缺点	加工困难，成本高

续表

要点	具体内容	
应用	花键连接适用于定心精度要求高、载荷大或经常滑移的连接	
分类	矩形花键	定心方式为小径定心
	渐开线花键	定心方式为齿形定心

三、无键连接

无键连接指轴与毂的连接不用键或花键，主要包括型面连接和胀紧连接两种，其主要内容见表6-1-5。

表6-1-5　无键连接

连接类型	主要内容	
型面连接	特点	装拆方便，对中性好，应力集中小，加工困难
	分类	常用的型面曲线有摆线和等距曲线两种
胀紧连接	特点	定心性好，装拆方便，应力集中小，承载能力强
	分类	根据胀套结构形式的不同，国标规定了19种型号(ZJ1～ZJ19型)
	选用原则	根据轴和轮毂尺寸以及传递载荷的大小，查阅手册选择合适的型号和尺寸

四、销连接(见表6-1-6)

表6-1-6　销连接的要点及主要内容

要点	主要内容	
销的分类	定位销	只用来固定零件位置，不能承受载荷
	连接销	用于连接，可传递不大的载荷
	安全销	可作于安全装置中，过载剪断
销的类型	圆柱销	不适用于多次装拆的场合
	圆锥销	适用于多次装拆或拆装困难的场合
	槽销	适用于多次装拆，有振动和变载荷的场合
	销轴	常用开口销锁定，可靠方便
	开口销	可用于螺纹连接的防松装置中

6.2　课后习题详解

6-1　为什么采用两个平键时，一般布置在沿周向相隔180°的位置；采用两个楔键时，相隔90°～120°；而采用两个半圆键时，却布置在轴的同一母线上？

答：(1)采用两个平键连接：

一般沿周向相隔180°布置，这样对轴的削弱均匀，且两键的挤压力对轴平衡，对轴不产生附加弯矩，受力状态好。

(2)采用两个楔键：

①若夹角过小，则对轴的局部削弱过大。

②若夹角过大，则两个楔键的总承载能力下降。

③当夹角为180°时，两个楔键的承载能力大体上只相当于一个楔键的承载能力，故相

隔 90° ~120°布置。

（3）采用两个半圆键：

由于其对轴的削弱较大，两个半圆键不能放在同一横截面上，只能放在同一母线上。

6-2　试分析比较由相同的材料组合，相同轴径、相同齿数和毂长的矩形花键（小径定心）和 30°渐开线花键（齿形定心）两种花键连接的承载能力哪个大些。

答：（1）按齿高的不同，矩形花键的齿形尺寸在国家标准中规定了两个系列，即轻系列和中系列。轻系列的承载能力较差，多用于静连接或轻载连接；中系列用于中等载荷的连接。

矩形花键的定心方式为小径定心，即外花键和内花键的小径为配合面。其特点是定心精度高，定心的稳定性好，能用磨削的方法消除热处理引起的变形。

（2）渐开线花键可以用制造齿轮的方法来加工，工艺性较好，制造精度也较高。花键齿的根部强度高，应力集中小，易于定心，当传递的转矩较大且轴径也大时，宜采用渐开线花键连接。

渐开线花键的定心方式为齿形定心。当齿受载时，齿上的径向力能起到自动定心作用，有利于各齿均匀承载。

所以，在相同的材料组合、相同轴径、相同齿数和毂长的情况下，30°渐开线花键（齿形定心）的承载能力要大些。

6-3　胀套串联使用时，为何要引入额定载荷系数 *m*？为什么 ZJ1 型胀套和 ZJ2 型胀套的额定载荷系数有明显的差别？

答：（1）胀套串联使用时，由于各胀套的胀紧程度不同，因此，各个胀套的承载能力有别，所以计算时要引入载荷系数 m 来考虑这一因素的影响。

（2）ZJ1 型胀套在串联使用时，由于夹紧力的传递受到摩擦力的影响，使得内侧胀套和外侧胀套的胀紧程度相差比较大，因此，额定载荷系数 m 值较小。

ZJ2 型胀套在串联使用时，各个胀套分别自行胀紧，由于先后胀紧的原因，内侧胀套和外侧胀套的胀紧程度会有少量差别，因此，额定载荷系数 m 值较大。

6-4　在一直径 $d=80\text{mm}$ 的轴端，安装一钢制直齿圆柱齿轮（图 6-2-1），轮毂宽度 $L=1.5d$，工作时有轻微冲击。试确定平键连接的尺寸，并计算其允许传递的最大转矩。

解：由题图可知采用的键为 A 型普通平键。

（1）根据轴径查手册得 $b=22\text{mm}$，$h=14\text{mm}$，根据轮毂宽度：

$$L=1.5d=120\text{mm}$$

取键的公称长度 $L'=90\text{mm}$，则键标记为键 22 ×90 GB 1096—79。

根据齿轮材料为钢，且载荷有轻微冲击，查教材表 6-2，取许用挤压应力 $[\sigma_{bs}]=110\text{MPa}$。

该键的工作长度

$$l=L'-b=90-22=68\text{mm}$$

键与轮毂键槽的接触高度

$$k\approx h/2=7\text{mm}$$

（2）根据普通平键的挤压强度条件，得此键连接能传递的最大扭矩为：

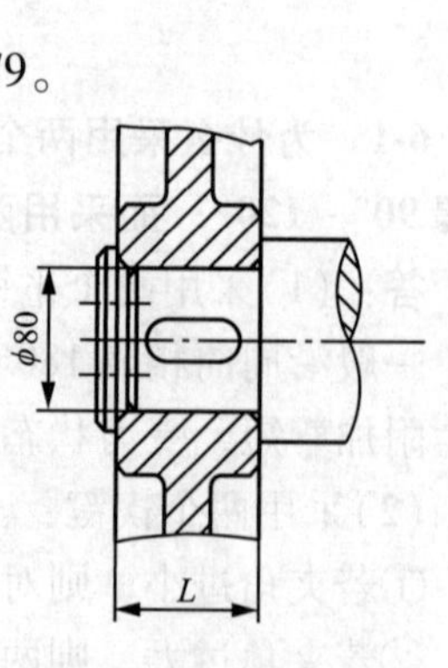

图 6-2-1　轴端键连接设计

$$T_{max} = \frac{kld[\sigma_{bs}]}{2000} = \frac{7 \times 68 \times 80 \times 110}{2000} \approx 2094\text{N} \cdot \text{m}$$

6-5 图 **6-2-2** 所示的凸缘半联轴器及圆柱齿轮，分别用键与减速器的低速轴相连接。试选择两处键的类型及尺寸，并校核其连接强度。已知：轴的材料为 **45** 钢，传递的转矩 $\boldsymbol{T} =$ **1000N · m**，齿轮用锻钢制成，半联轴器用灰铸铁制成，工作时有轻微冲击。

解：(1)确定联轴器轴段的键

①键的类型

选取 A 型平键。

②尺寸的确定

根据轴径 $d = 70$mm，查手册得 $b = 20$mm，$h = 12$mm，并取键的公称长度 $L = 110$mm，故键标记为键 20 × 110 GB 1096—79。

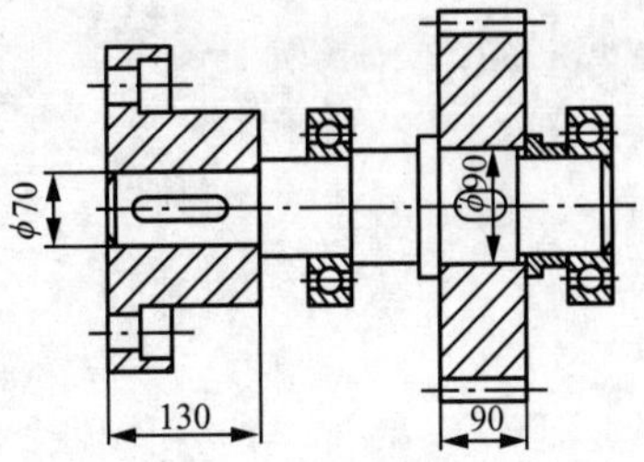

图 6-2-2 键连接设计

③挤压强度校核

根据联轴器材料为铸铁，载荷有轻微冲击，查教材表 6-2，取许用挤压应力 $[\sigma_{bs}] =$ 55MPa。

该键的工作长度

$$l = L - b = 110 - 20 = 90\text{mm}$$

键与轮毂槽的接触高度

$$k \approx h/2 = 6\text{mm}$$

故其挤压应力

$$\sigma_{bs} = \frac{2T \times 10^3}{kld} = \frac{2 \times 1000 \times 1000}{6 \times 90 \times 70} \approx 52.91\text{MPa} \leqslant 55\text{MPa} = [\sigma_{bs}]$$

满足强度要求。

(2)确定齿轮轴段的键

①键的类型

选取 A 型平键。

②尺寸的确定

根据轴径 $d = 90$mm，查手册得 $b = 25$mm，$h = 14$mm，并取键的公称长度 $L = 80$mm，故键标记为键 25 × 80 GB 1096—79。

③挤压强度校核

根据齿轮材料为钢，载荷有轻微冲击，查教材表 6-2，取许用挤压应力 $[\sigma_{bs}] = 110$MPa。

该键的工作长度

$$l = L - b = 80 - 25 = 55\text{mm}$$

键与轮毂键槽的接触高度

$$k \approx h/2 = 7\text{mm}$$

故其挤压应力

$$\sigma_{bs} = \frac{2T \times 10^3}{kld} = \frac{2 \times 1000 \times 1000}{7 \times 55 \times 90} \approx 57.72\text{MPa} \leqslant 110\text{MPa} = [\sigma_{bs}]$$

满足强度要求。

6-6　图 6-2-3 所示的灰铸铁 V 带轮，安装在直径 $d=45$mm 的轴端，带轮的基准直径 $d_d=250$mm，工作时的有效拉力 $F=2$kN，轮毂宽度 $L'=65$mm，工作时有轻微振动。设采用钩头楔键连接，试选择该楔键的尺寸，并校核连接的强度。

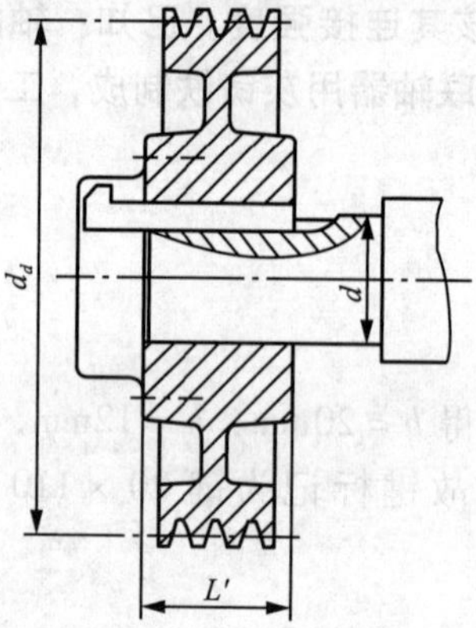

图 6-2-3　楔键连接设计

解：根据轴径 $d=45$mm 选取键的剖面尺寸，根据轮毂宽度选取键公称长度，则楔键标记为：键 14×70 GB 1565—79，且键的高度 $h=9$mm。

根据带轮材料为灰铸铁，查教材表 6-2，取许用挤压应力 $[\sigma_{bs}]=55$MPa，楔键的挤压应力为

$$\sigma_{bs}=\frac{12T\times10^3}{bl(b+6fd)}$$

其中转矩

$$T=Fd_d/2=2000\times0.25/2=250\text{N}\cdot\text{m}$$

键的工作长度

$$l=L-h=70-9=61\text{mm}$$

故

$$\sigma_{bs}=\frac{12T\times10^3}{bl(b+6fd)}=\frac{12\times250\times10^3}{14\times61\times(14+6\times0.15\times45)}\approx64.5\text{MPa}\geqslant[\sigma_{bs}]$$

连接的强度不能满足要求。

6-7　图 6-2-4 所示为变速箱中采用花键连接的双联滑移齿轮，传递的额定功率 $P=4$kW，转速 $n=250$r/min。齿轮在空载下移动，工作情况良好。试选择花键类型和尺寸，并校核连接的强度。

解：该滑移齿轮传递的转矩

$$T=9.55\times10^6\frac{P}{n}=9.55\times10^6\times\frac{4}{250}$$
$$=152800\text{N}\cdot\text{mm}=152.8\text{N}\cdot\text{m}$$

选用矩形花键。

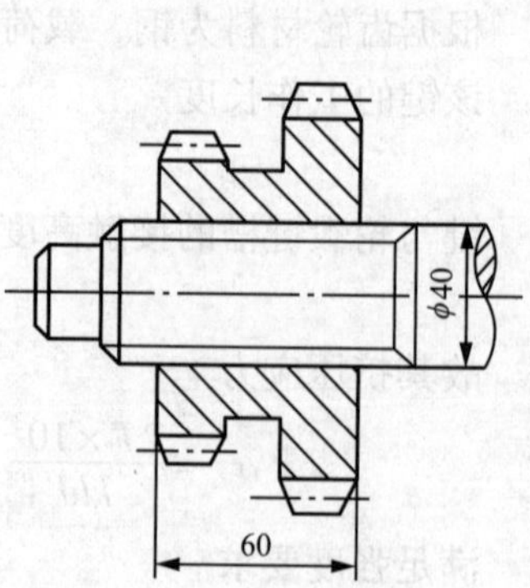

图 6-2-4　花键连接设计

根据外花键大径 $D=40$mm，查手册选取内花键小径 $d=36$mm，则选取矩形花键的标记：8×36×40×7 GB 1144—87，其中倒角 $C=0.3$mm，可得键的工作高度

$$h=\frac{D-d}{2}-2C=\frac{40-36}{2}-2\times0.3=1.4\text{mm}$$

工作长度 $l=60\text{mm}$；

键的平均直径

$$d_m=\frac{D+d}{2}=\frac{40+36}{2}=38\text{mm}$$

根据其工况条件，查教材表6-3，取其许用压力$[p]=30\text{MPa}$。

取载荷分配不均匀系数 $\psi=0.7$，可得该花键连接的压力

$$p=\frac{2T\times10^3}{\psi zhld_m}=\frac{2000\times152.8}{0.7\times8\times1.4\times60\times38}\approx17.1\text{MPa}\leqslant[p]=30\text{MPa}$$

满足强度要求。

6-8　图6-2-5所示为套筒式联轴器，分别用平键及半圆键与两轴相连接。已知：轴径 $d=38\text{mm}$，联轴器材料为灰铸铁，外径 $D_1=90\text{mm}$。试分别计算两种连接允许传递的转矩，并比较其优、缺点。

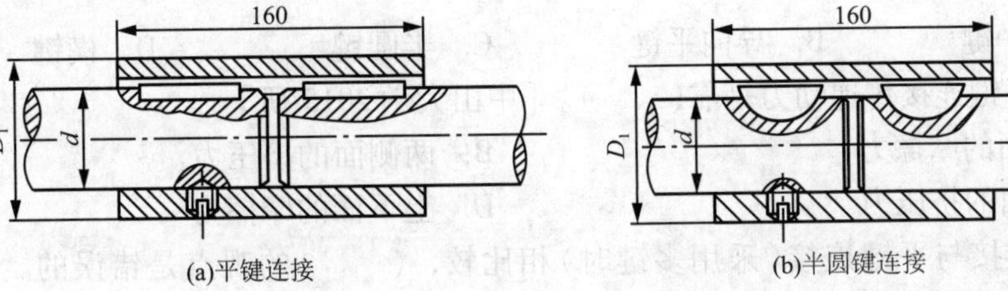

图6-2-5　平键连接与半圆键连接对比

解：根据联轴器材料为灰铸铁，查教材表6-2，取许用挤压应力$[\sigma_{bs}]=55\text{MPa}$。

(1)平键连接计算：

由图6-2-5(a)可知采用的为A型平键。

①确定尺寸：

根据轴径查手册得键尺寸 $b=10\text{mm}$，$h=8\text{mm}$。根据轮毂宽取键的公称长度 $L=63\text{mm}$，故键标记为键 10×63 GB 1096—79。

②强度校核：

键的工作长度 $l=L-b=53\text{mm}$，键与轮毂键槽接触高度 $k\approx h/2=4\text{mm}$，根据挤压强度条件得允许传递的最大转矩

$$T_{\max}=\frac{kld[\sigma_{bs}]}{2000}=\frac{4\times53\times38\times55}{2000}\approx222\text{N}\cdot\text{m}$$

(2)半圆键连接计算：

①根据轴径查手册，取键的尺寸 $b=10\text{mm}$，$h=13\text{mm}$，$d_1=32\text{mm}$，键长 $L\approx31.4\text{mm}$，故键标记为：键 10×32 GB 1096—79。

②强度校核：键的工作长度 $l=L=31.4\text{mm}$，键与轮毂槽接触高度 $k=13-10=3\text{mm}$，则根据挤压强度条件可得允许传递的最大转矩：

$$T_{\max}=\frac{kld[\sigma_{bs}]}{2000}=\frac{3\times31.4\times38\times55}{2000}\approx98\text{N}\cdot\text{m}$$

(3)两种连接的优、缺点：

①平键连接：

承载能力较高，半圆键对轴削弱较大，承载能力较低。

②半圆键连接：

a. 该连接有自定位作用，而平键不具备。

b. 采用半圆键的套筒式联轴器可允许两轴有一定的角度误差。

6.3 名校考研真题

一、选择题

1. 对于定心精度较高的轴毂连接，不宜选用(　　)。[河海大学 2025 研]

A. 普通平键　　B. 楔键　　C. 半圆键　　D. 花键

2. 轴的键槽通常是由(　　)加工而得的。[扬州大学 2022 研]

A. 插削　　B. 拉削　　C. 钻及铰　　D. 铣削

3. 轴向移动量不大的滑移齿轮与轴相连接，宜采用的键连接是(　　)。[沈阳工业大学 2018 研]

A. 普通平键　　B. 导向平键　　C. 半圆键　　D. 楔键

4. 普通平键连接传递动力是靠(　　)。[中山大学 2015 研]

A. 两侧面的摩擦力　　B. 两侧面的挤压力

C. 上下面的挤压力　　D. 上下面的摩擦力

5. 花键连接与平键连接(采用多键时)相比较，(　　)的观点是错误的。[四川大学 2013 研]

A. 承载能力比较大

B. 旋转零件在轴上有良好的对中性和沿轴移动的导向性

C. 对轴的削弱比较重

D. 可采用研磨加工来提高连接质量和加工精度

6. 为了不过于严重削弱轴和轮毂的强度，两个切向键最好布置成(　　)。[浙江理工大学 2019 研]

A. 在轴的同一母线上　　B. 180°

C. 120°～130°　　D. 90°

二、填空题

1. 半圆键连接通常按______进行强度校核计算，渐开线花键的定心方式为______。[长安大学 2025 研]

2. 标准平键的承载能力通常取决于______，花键具有定心好和导向性能好等优点，它适合______和______场合下的连接。[厦门大学 2012 研]

3. 销的主要用途是______。[中山大学 2013 研]

4. 平键连接如不能满足强度条件要求时，可在轴上安装一对平键，使它们沿圆周相隔______。[四川大学 2013 研]

5. 平键连接的主要失效形式是______(静连接)和______(动连接)。[湘潭大学 2016 研]

相关真题：

(1)普通平键连接工作时，键的主要失效形式为______。[西北工业大学 2015 研]

(2)平键连接的主要失效形式是______和______。[长安大学 2024 研]

6. 楔键、半圆键、导向平键和切向键四种键中，能构成紧连接的两种键是______和______。[武汉理工大学 2017 研]

三、判断题

1. 键的剖面尺寸通常是根据传递转矩的大小按标准选择。(　　)［四川大学 2013 研］

2. 切向键用于定心精度要求高、传递载荷大的轴、毂连接。(　　)［浙江大学 2012 研］

四、简答题

如果传递转矩大需采用两个普通平键时，通常如何布置？为什么？［武汉理工大学 2017 研］

五、计算题

一带轮与轴的连接采用普通平键，已知轴径 $d=40\text{mm}$，传递功率 $P=10\text{kW}$，转速 $n=970\text{r/min}$，选用 A 型平键，键的尺寸 $b=12\text{mm}$，$h=8\text{mm}$，键长度取标准长度 $l=63\text{mm}$，键连接的许用挤压强度 $[\sigma_p]=50\sim60\text{MPa}$，试校核该键强度是否满足要求。［浙江大学 2013 研］

相关真题：某法轮与轴由 A 型普通平键 $(b\times h\times L)$ 连接，键与轮毂、轴的接触高度取 $k=h/2$，传递的转矩为 T，轴的直径为 d，许用挤压应力为 $[\sigma_p]$。试校核此键连接强度。［浙江科技学院 2019 研］

6.4　名校考研真题详解

一、选择题

1. 对于定心精度较高的轴毂连接，不宜选用(　　)。［河海大学 2025 研］

A. 普通平键　　B. 楔键　　C. 半圆键　　D. 花键

【答案】B

【解析】楔键连接的缺点是键楔紧后，轴和轮毂的配合产生偏心和偏斜，因此主要用于毂类零件的定心精度要求不高和低转速的场合。

2. 轴的键槽通常是由(　　)加工而得的。［扬州大学 2022 研］

A. 插削　　B. 拉削　　C. 钻及铰　　D. 铣削

【答案】D

【解析】轴上的键槽俗称轴槽，轴槽多用铣削的方法加工。

3. 轴向移动量不大的滑移齿轮与轴相连接，宜采用的键连接是(　　)。［沈阳工业大学 2018 研］

A. 普通平键　　B. 导向平键　　C. 半圆键　　D. 楔键

【答案】B

【解析】当被连接件必须在轴上作轴向运动时，需采用导向平键或滑键。轴向滑移量不大时，可采用导向平键。当零件滑移的距离较大时，宜采用滑键。

4. 普通平键连接传递动力是靠(　　)。［中山大学 2015 研］

A. 两侧面的摩擦力　　B. 两侧面的挤压力

C. 上下面的挤压力　　D. 上下面的摩擦力

【答案】B

【解析】普通平键的工作面是两侧面，工作时两侧面受挤压，承受挤压力。

5. 花键连接与平键连接(采用多键时)相比较，(　　)的观点是错误的。［四川大学 2013 研］

A. 承载能力比较大

B. 旋转零件在轴上有良好的对中性和沿轴移动的导向性

C. 对轴的削弱比较重

D. 可采用研磨加工来提高连接质量和加工精度

【答案】C

【解析】与平键连接比较，花键连接有下列特点：①连接受力较为均匀；②对轴的强度削弱较少；③承载能力强，可承受较大的载荷；④对中性好；⑤导向性好；⑥可采用研磨加工来提高连接质量和加工精度；⑦制造工艺较复杂，成本较高。故选 C 项。

6. 为了不过于严重削弱轴和轮毂的强度，两个切向键最好布置成(　　)。[浙江理工大学 2019 研]

A. 在轴的同一母线上　　B. 180°

C. 120°～130°　　D. 90°

【答案】C

【解析】切向键只能传递单向转矩，当要传递双向转矩时，必须用两个切向键，且为了不过于严重削弱轴和轮毂的强度，两个切向键间的夹角为 120°～130°。

二、填空题

1. 半圆键连接通常按______进行强度校核计算，渐开线花键的定心方式为______。[长安大学 2025 研]

【答案】工作面的挤压应力；齿形定心

【解析】半圆键连接因其只用于静连接，故主要失效形式是工作面被压溃。通常按工作面的挤压应力进行强度校核计算。渐开线花键的定心方式为齿形定心。当齿受载时，齿上的径向力能起到自动定心作用，有利于各齿均匀承载。

2. 标准平键的承载能力通常取决于______，花键具有定心好和导向性能好等优点，它适合______和______场合下的连接。[厦门大学 2012 研]

【答案】键、轮毂和轴中较弱者的挤压强度；定心精度要求高、载荷大；经常滑移

【解析】平键连接的失效形式有：较弱零件工作表面被压溃(静连接)、磨损(动连接)、键的剪断(一般极少出现)。因此，对于普通平键连接只需进行挤压强度计算。

3. 销的主要用途是______。[中山大学 2013 研]

【答案】固定零件间的相对位置，传递不大载荷

【解析】销根据不同功用分为 3 种：①定位销：固定零件间的相对位置；②安全销：作为安全装置中的过载剪断元件；③连接销：连接及传递不大的载荷。销的主要用途为固定零件间的相对位置，传递不大载荷。

4. 平键连接如不能满足强度条件要求时，可在轴上安装一对平键，使它们沿圆周相隔______。[四川大学 2013 研]

【答案】180°

【解析】两个平键连接，一般沿周向相隔 180°布置，对轴的削弱均匀，并且两键的挤压力对轴平衡，对轴不产生附加弯矩，受力状态好。

5. 平键连接的主要失效形式是______(静连接)和______(动连接)。[湘潭大学 2016 研]

相关真题：

(1)普通平键连接工作时，键的主要失效形式为______。[西北工业大学 2015 研]

(2)平键连接的主要失效形式是______和______。[长安大学 2024 研]

【答案】工作面被压溃；工作面过度磨损

【解析】本题考查平键连接的失效形式。普通平键连接的主要失效形式是较弱零件工作表面被压溃(静连接)、过度磨损(动连接)、键的剪断(一般极少出现)。

6. 楔键、半圆键、导向平键和切向键四种键中，能构成紧连接的两种键是______和______。[武汉理工大学 2017 研]

【答案】楔键；切向键

【解析】楔键和切向键工作时均是楔紧在轴和轮毂之间。

三、判断题

1. 键的剖面尺寸通常是根据传递转矩的大小按标准选择。(　　)[四川大学 2013 研]

【答案】错

【解析】平键的剖面尺寸 $b \times h$ 按轴的直径 d 由标准中选定。

2. 切向键用于定心精度要求高、传递载荷大的轴、毂连接。(　　)[浙江大学 2012 研]

【答案】错

【解析】切向键用于低速、重载、定心精度要求不高的场合，在重型机械中常采用切向键连接。

四、简答题

如果传递转矩大需采用两个普通平键时，通常如何布置？为什么？[武汉理工大学 2017 研]

答：(1)采用两个普通平键时应布置在沿周向相隔 180°；

(2)对轴的削弱均匀，并且两键的挤压力对轴平衡，对轴不产生附加弯矩，受力状态好。

五、计算题

一带轮与轴的连接采用普通平键，已知轴径 $d=40$mm，传递功率 $P=10$kW，转速 $n=970$r/min，选用 A 型平键，键的尺寸 $b=12$mm，$h=8$mm，键长度取标准长度 $l=63$mm，键连接的许用挤压强度 $[\sigma_p]=50\sim60$MPa，试校核该键强度是否满足要求。[浙江大学 2013 研]

相关真题：某法轮与轴由 A 型普通平键($b \times h \times L$)连接，键与轮毂、轴的接触高度取 $k=h/2$，传递的转矩为 T，轴的直径为 d，许用挤压应力为 $[\sigma_p]$。试校核此键连接强度。[浙江科技学院 2019 研]

解：由题意得

$$T=\frac{9550 \cdot P}{n}=\frac{9550 \times 10}{970} \approx 98.45\text{N} \cdot \text{m}$$

A 型键的计算长度为

$$l_c=63-12=51\text{mm}$$

根据平键连接挤压强度条件得

$$\sigma_p=\frac{4T}{dhl_c}=\frac{4 \times 98.45}{0.04 \times 0.008 \times 0.051}\text{Pa} \approx 24.13\text{MPa}<[\sigma_p]$$

该键的强度满足要求。

第七章　铆接、焊接、胶接和过盈连接

7.1　复习笔记

【知识框架】

- 铆接、焊接、胶接和过盈连接
  - 铆接
    - 铆接的种类、特性及应用
    - 铆接的主要类型和标准
    - 铆接的受力、破坏形式及设计计算要点
  - 焊接
    - 电弧焊缝的基本形式、特性及应用实例
    - 焊接件常用材料及焊条
    - 焊缝的受力及破坏形式
    - 焊缝的强度计算
    - 焊接件的工艺及设计注意要点
  - 胶接
    - 胶接及其应用
    - 常用胶黏剂及其主要性能与选择原则
    - 胶接的基本工艺过程
    - 胶接接头的结构形式、受力状况及设计要点
  - 过盈连接
    - 过盈连接的特点及应用
    - 过盈连接的工作原理及装配方法
    - 过盈连接的设计计算：6 项参数计算
      - 最小径向压力
      - 最小有效过盈量
      - 强度计算
      - 最大压入力、压出力
      - 包容件加热及被包容件冷却温度
      - 包容件外径胀大量及被包容件内径缩小量

【通关提要】

本章介绍了铆接、焊接、胶接和过盈连接，主要阐述了焊缝的强度计算和过盈连接的设计计算。学习时需要牢记相关计算公式。本章多以填空题和计算题的形式出现，但是在考研中本章出现的几率较小，复习时需酌情删减内容，重点记忆。

【重点难点归纳】

一、铆接(见表 7-1-1)

表 7-1-1　铆接的主要内容

要点	主要内容
铆钉的主要类型	①按钉头形状不同分为半圆头、小半圆头、平锥头等。 ②按工作要求不同，分为实心、空心和半空心。 ③特殊结构的铆钉，如抽芯铆钉
铆缝的分类	①根据接头情况可分为搭接缝、单盖板对接缝和双盖板对接缝。 ②根据铆钉排数的不同，分为单排、双排与多排。 ③根据铆缝性能的不同，分为：强固铆缝、强密铆缝和紧密铆缝

续表

要点	主要内容
铆缝的破坏形式	铆钉被剪断、板边被剪坏、钉孔接触面被压坏、板沿钉孔被拉断和板边被撕裂
单排搭接铆缝的静强度分析	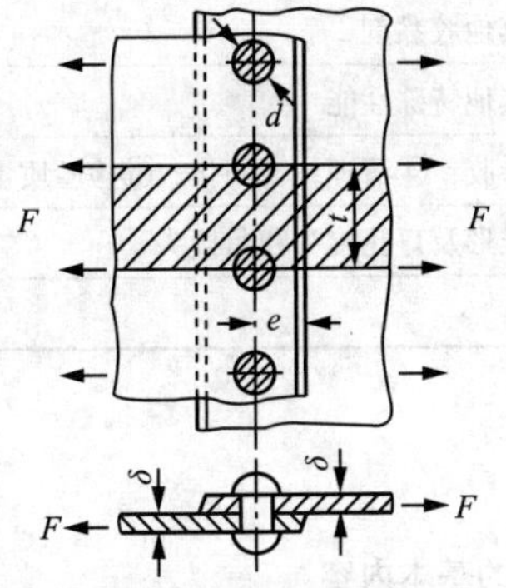 ①允许铆缝承受的静载荷为：$F_1=(t-d)\delta[\sigma]$。 ②被铆件允许承受的压力：$F_2=d\delta[\sigma_{bs}]$。 ③铆钉允许承受的横向载荷：$F_3=\pi d^2[\tau]/4$。 ④铆缝的强度系数 $\varphi=\dfrac{(t-d)\delta[\sigma]}{t\delta[\sigma]}=\dfrac{t-d}{t}<1$

二、焊接

1. 焊接的基本内容(见表 7-1-2)

表 7-1-2　焊接的基本内容

要点	主要内容
常见焊接方法	电焊、气焊与电渣焊；电焊又分为电阻焊与电弧焊两种
电弧焊常用形式	可分为对接焊缝、角焊缝和塞焊缝
焊接件的常用材料	①焊接的金属结构常用材料为 Q215、Q235。 ②焊接的零件常用 Q275、15 ~ 50 碳钢以及合金钢
焊条型号	常用的焊条型号为 E4301、E4303、E5001、E5003 等
焊缝破坏形式	①对接焊缝：沿焊缝断裂。②角焊缝：由于剪切而破坏

2. 焊缝的强度计算

(1)常用焊缝的强度计算

常用的焊缝受拉(压)或弯曲时，其强度计算公式见教材表 7 - 2。

(2)不对称侧面角焊缝及混合角焊缝的强度计算

①不对称侧面角焊缝

两侧焊缝分别承担的载荷为 F_1 及 F_2，则 $F_1=Fa/(a+b)$，$F_2=Fb/(a+b)$，两侧所需的焊缝长度分别为

$$\left.\begin{aligned} l_1&=\frac{F_1}{0.7k[\tau']}=\frac{Fa}{0.7k[\tau'](a+b)}\\ l_2&=\frac{F_2}{0.7k[\tau']}=\frac{Fb}{0.7k[\tau'](a+b)}\end{aligned}\right\}$$

②混合角焊缝

当混合角焊缝受弯矩时，强度校核公式为

$$\tau=\frac{6M}{0.7k[6l(h+k)+h^2]}\leqslant[\tau']$$

当焊接件承受变载荷时，焊缝及被焊件的许用应力均应乘上降低系数 γ。

三、胶接(见表 7-1-3)

表 7-1-3　胶接的要点及主要内容

要点	主要内容
胶黏剂的分类	①结构胶黏剂；②非结构胶黏剂；③其他胶黏剂
胶黏剂的主要性能	胶接强度、固化条件、工艺性能以及其他特殊性能
胶接的基本工艺过程	①制备胶接表面；②配制胶黏剂；③涂胶；④清理；⑤固化；⑥检验质量
胶接接头的结构形式	典型结构为板件接头、圆柱形接头、锥形及盲孔接头和角接头
胶接接头的受力状况	包括拉伸、剪切、剥离与扯离等

四、过盈连接

1. 过盈连接的基本内容(见表 7-1-4)

表 7-1-4　过盈连接的基本内容

要点	主要内容
特点	可以承受载荷和冲击，但不宜多次拆装
工作原理	利用过盈配合产生的摩擦阻力或摩擦阻力矩承受和传递外载荷
装配方法	压入法和胀缩法

2. 过盈连接的设计计算(见表 7-1-5)

表 7-1-5　过盈连接的设计计算

要点	主要内容
传递载荷所需的最小径向压力 p_{min}	①传递轴向力 F 时，$p_{min} \geqslant F/(\pi dlf)$。 ②连接传递转矩 T 时，$p_{min} \geqslant 2T(\pi d^2 lf)$。 ③$F$ 和 T 联合作用，$p_{min} \geqslant \dfrac{\sqrt{F^2+\left(\dfrac{2T}{d}\right)^2}}{\pi dlf}$
最小有效过盈量 Δ_{min}	①胀缩法：$\Delta_{min} = p_{min} d(C_1/E_1 + C_2/E_2) \times 10^3$。 C_1、C_2 为被包容件、包容件的刚性系数；E_1、E_2 为弹性模量。 ②压入法：$\delta_{min} = \Delta_{min} + 2(S_1 + S_2)$；$S_i = 1.6Ra_i (i=1,\ 2)$。 Ra_1、Ra_2 为被包容件、包容件配合表面粗糙度轮廓算术平均偏差
最大径向压力 p_{max}	$p_{max} = \dfrac{\delta_{max}}{d\left(\dfrac{C_1}{E_1} + \dfrac{C_2}{E_2}\right) \times 10^3}$
脆性材料强度校核	对被包容件：$p_{max} \leqslant \dfrac{d^2 - d_1^2}{2d^2} \dfrac{\sigma_{B1}}{2\sim3}$。 对包容件：$p_{max} \leqslant \dfrac{d_2^2 - d^2}{d_2^2 + d^2} \dfrac{\sigma_{B2}}{2\sim3}$
不出现塑性变形的检验公式	对被包容件内表层：$p_{max} \leqslant (d^2 - d_1^2)\sigma_{S1}/(2d^2)$。 对包容件内表层：$p_{max} \leqslant \dfrac{d_2^2 - d^2}{\sqrt{3d_2^4 + d^4}} \sigma_{S2}$
最大压入力、压出力	最大压入力 $F_i = f\pi dlp_{max}$。 最大压出力 $F_0 = (1.3\sim1.5)F_i = (1.3\sim1.5)f\pi dlp_{max}$

续表

要点	主要内容
包容件加热及被包容件冷却温度	包容件的加热温度 $t_2=(\delta_{max}+\Delta_0)/(\alpha_2 d\times10^3)+t_0$。 被包容件的冷却温度 $t_1=-(\delta_{max}+\Delta_0)/(\alpha_1 d\times10^3)+t_0$
包容件外径胀大量及被包容件内径缩小量	包容件外径最大胀大量：$\Delta d_{2max}=\dfrac{2p_{max}d_2d^2}{E_2(d_2^2-d^2)}$。 被包容件内径最大缩小量：$\Delta d_{1max}=\dfrac{2p_{max}d_1d^2}{E_1(d^2-d_1^2)}$

7.2 课后习题详解

7-1 现有图7-2-1所示的焊接接头，被焊件材料均为Q235，$b=170$mm，$b_1=80$mm，$\delta=12$mm，承受静载荷$F=0.4\times10^6$N，设采用E4303焊条手工焊接。试校核该接头的强度。

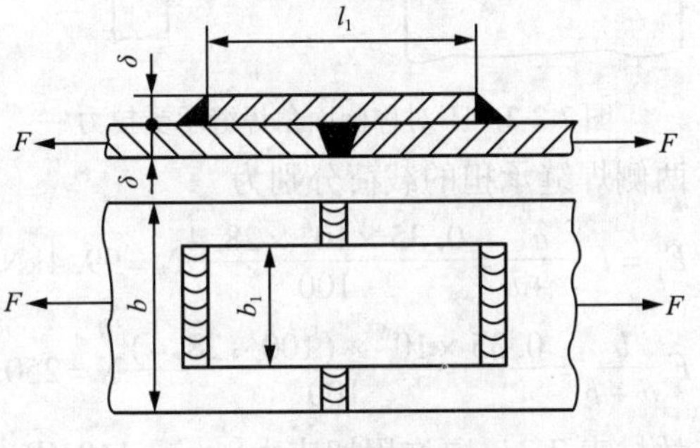

图7-2-1 单盖板对接焊接接头

解：根据被焊接件的材料为Q235，查教材表7-3得焊缝的静载许用拉应力$[\sigma']=180$MPa，许用切应力$[\tau']=140$MPa。

根据强度条件可得对接焊缝能承受的静载荷为

$$F_1\leqslant b\delta[\sigma']=170\times12\times180\text{N}=367.2\text{kN}$$

搭接焊缝能承受的静载荷为

$$F_2\leqslant2\times0.7\times b_1\delta[\tau']=2\times0.7\times80\times12\times140\text{N}=188.16\text{kN}$$

焊缝能承受的最大静载荷为

$$F_\Sigma=F_1+F_2=367.2+188.16=555.36\text{kN}>F=400\text{kN}$$

故该接头满足强度要求。

7-2 上题的接头如承受变载荷$F_{max}=0.4\times10^6$N，$F_{min}=0.2\times10^6$N，其他条件不变，接头强度能否满足要求?

解：对于承受变载荷的焊接件，焊缝及被焊件的许用应力应乘上降低系数γ，且

$$\gamma=\frac{1}{a-b\dfrac{F_{min}}{F_{max}}}$$

如果计算得到的$\gamma\geqslant1$，取$\gamma=1$。

对于对接焊缝，查教材表7-4取$a=1$，$b=0.5$，得

$$\gamma=\frac{1}{a-b\dfrac{F_{min}}{F_{max}}}=\frac{1}{1-0.5\times\dfrac{0.2\times10^6}{0.4\times10^6}}=1.33\approx1$$

对于搭接焊缝，查教材表 7-4 取 $a=1.5$，$b=1$，得

$$\gamma=\frac{1}{a-b\dfrac{F_{\min}}{F_{\max}}}=\frac{1}{1.5-1\times\dfrac{0.2\times10^6}{0.4\times10^6}}=1$$

综上可知，许用应力并无变化，该接头强度仍满足要求。

7-3　试设计图 7-2-2 所示的不对称侧面角焊缝，已知被焊件材料均为 Q235，角钢尺寸为 100mm×100mm×10mm，截面形心 c 到两边外侧的距离 $z_0=a=28.4$mm，用 E4303 焊条手工焊接，焊缝焊脚 $k=\delta=10$mm，静载荷 $F=0.35\times10^6$N。

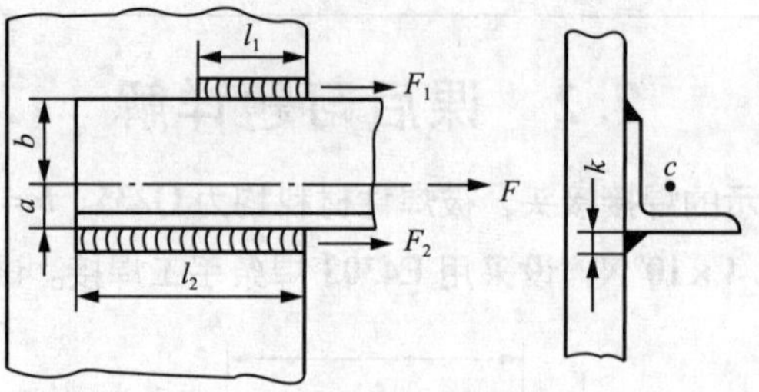

图 7-2-2　不对称侧面角焊缝承受拉力

解：根据题意可得，两侧焊缝承担的载荷分别为

$$F_1=F\frac{a}{a+b}=\frac{0.35\times10^6\times28.4}{100}\text{N}=99.4\text{kN}$$

$$F_2=F\frac{b}{a+b}=\frac{0.35\times10^6\times(100-28.4)}{100}\text{N}=250.6\text{kN}$$

根据被焊件材料，查教材表 7-3，取许用切应力 $[\tau']=140$MPa，又 $k=10$mm，故可得两侧所需的焊缝长度

$$l_1=\frac{F_1}{0.7k[\tau']}=\frac{99.4\times10^3}{0.7\times10\times140}\approx101\text{mm}$$

$$l_2=\frac{F_2}{0.7k[\tau']}=\frac{250.6\times10^3}{0.7\times10\times140}\approx256\text{mm}$$

7-4　现有 45 钢制的实心轴与套筒采用过盈连接，轴径 $d=80$mm，套筒外径 $d_2=120$mm，配合长度 $l=80$mm，材料的屈服极限 $\sigma_S=360$MPa，配合面上的摩擦系数 $f=0.085$，轴与孔配合表面的粗糙度分别为 Ra_1 及 Ra_2，$Ra_1=1.6\mu$m，$Ra_2=3.2\mu$m，传递的转矩 $T=1600$N·m，试设计此过盈连接。

解：(1) 确定压力 p

$$p\geqslant\frac{2T}{\pi d^2lf}=\frac{2\times1.6\times10^6}{\pi\times80^2\times80\times0.085}\approx23.42\text{MPa}$$

(2) 确定最小有效过盈量，选定配合种类

已知轴材料为 45 钢，则 $\mu=0.3$，$E_1=E_2=2\times10^5$MPa，且 $d_1=0$，故有

$$C_1=\frac{d^2+d_1^2}{d^2-d_1^2}-\mu_1=1-0.3=0.7$$

$$C_2=\frac{d_2^2+d^2}{d_2^2-d^2}+\mu_2=\frac{120^2+80^2}{120^2-80^2}+0.3=2.9$$

则最小过盈量

$$\Delta_{min} = p_{min} d\left(\frac{C_1}{E_1} + \frac{C_2}{E_2}\right) \times 10^3 = 23.42 \times 80 \times \frac{0.7 + 2.9}{2 \times 10^5} \times 10^3 \approx 33.72\mu m$$

由 $S_i = 1.6Ra_i$，得 $S_1 = 2.56\mu m$，$S_2 = 5.12\mu m$。则最小有效过盈量

$$\delta_{min} = \Delta_{min} + 2(S_1 + S_2) = 33.72 + 2 \times (2.56 + 5.12) = 49.08\mu m$$

由公差配合表选配合 H7/u6，其孔的公差 $\phi 80_0^{+0.030}$，轴的公差 $\phi 80_{+0.102}^{+0.121}$，此标准配合可能产生的最大过盈量 $\delta_{max} = 121\mu m$。

最小过盈量

$$(102 - 30)\mu m = 72\mu m > \delta_{min} = 49.08\mu m$$

合用。

(3)校核过盈连接的强度

因所选标准配合可以产生足够的径向压力，故连接强度已保证，只需校核连接零件本身的强度。

由于采用压入法装配，考虑配合表面微观峰尖被擦去 $2(S_1 + S_2)$，因此，装配后的最大径向压力

$$p_{max} = \frac{\delta_{max} - 2(S_1 + S_2)}{d\left(\frac{C_1}{E_1} + \frac{C_2}{E_2}\right) \times 10^3} = \frac{121 - 2 \times (2.56 + 5.12)}{80 \times \left(\frac{0.7}{2 \times 10^5} + \frac{2.9}{2 \times 10^5}\right) \times 10^3} \approx 73.36 MPa$$

对于被包容件内表层

$$\frac{d^2 - d_1^2}{2d^2}\sigma_{S1} = \frac{1}{2} \times 360 = 180 MPa > p_{max}$$

对包容件内表层

$$\frac{d_2^2 - d^2}{\sqrt{3d_2^4 + d^4}}\sigma_{S2} = \frac{120^2 - 80^2}{\sqrt{3 \times 120^4 + 80^4}} \times 360 \approx 111.85 MPa > p_{max}$$

综上可知，连接零件本身强度足够。

7-5　图 7-2-3 所示的铸锡磷青铜蜗轮轮圈与铸铁轮芯采用过盈连接，所选用的标准配合为 $\frac{\mathbf{H8}}{\mathbf{t7}}$，配合表面的表面粗糙度均为 3.2μm，设连接零件本身的强度足够，试求此连接允许传递的最大转矩(摩擦系数 $f = 0.10$)。

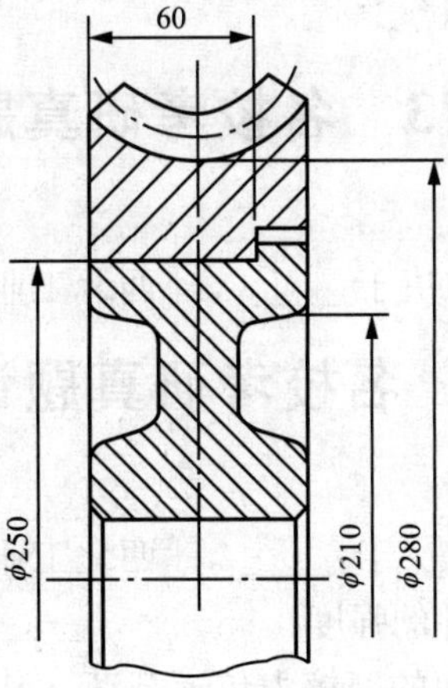

图 7-2-3　组合蜗轮

解：根据所选标准配合，查手册得孔的公差 $\phi 250_{0}^{+0.072}$，轴的公差 $\phi 250_{+0.196}^{+0.242}$，故该配合的最小有效过盈量

$$\delta_{\min}=196-72=124\mu\text{m}$$

又根据已知粗糙度，得 $S_1=S_2=5.12\mu\text{m}$。

根据已知零件材料得

$$E_1=1.3\times10^5\text{MPa},\ \mu_1=0.25$$

$$E_2=1.13\times10^5\text{MPa},\ \mu_2=0.35$$

故刚度系数分别为

$$C_1=\frac{d^2+d_1^2}{d^2-d_1^2}-\mu_1=\frac{250^2+210^2}{250^2-210^2}-0.25\approx5.54$$

$$C_2=\frac{d_2^2+d^2}{d_2^2-d^2}+\mu_2=\frac{280^2+250^2}{280^2-250^2}+0.35\approx9.21$$

(1)采用压入法装配时，最小过盈量

$$\Delta_{\min}=\delta_{\min}-2(S_1+S_2)=124-2\times(5.12+5.12)=103.52\mu\text{m}$$

最小径向压力

$$p_{\min}=\frac{\Delta_{\min}}{d\left(\frac{C_1}{E_1}+\frac{C_2}{E_2}\right)\times10^3}=\frac{103.52}{250\times\left(\frac{5.54}{1.3\times10^5}+\frac{9.21}{1.13\times10^5}\right)\times10^3}\approx3.34\text{MPa}$$

此时能传递的最大转矩

$$T=(1/2)\pi p_{\min}d^2lf=(1/2)\times\pi\times3.34\times250^2\times60\times0.1\text{N}\cdot\text{mm}\approx1966\text{N}\cdot\text{m}$$

(2)采用胀缩法装配时，最小过盈量

$$\Delta_{\min}=\delta_{\min}=124\mu\text{m}$$

最小径向压力

$$p_{\min}=\frac{124}{250\times\left(\frac{5.54}{1.3\times10^5}+\frac{9.21}{1.13\times10^5}\right)\times10^3}\approx4.0\text{MPa}$$

此时能传递的最大转矩

$$T=\frac{1}{2}\pi p_{\min}d^2lf=\frac{1}{2}\times\pi\times4.0\times250^2\times60\times0.1\text{N}\cdot\text{mm}\approx2355\text{N}\cdot\text{m}$$

7.3 名校考研真题

填空题

过盈连接的承载能力最主要取决于______。[西北工业大学 2015 研]

7.4 名校考研真题详解

填空题

过盈连接的承载能力最主要取决于______。[西北工业大学 2015 研]

【答案】连接的摩擦力和各零件的强度

【解析】过盈连接通过配合面间的摩擦力传递载荷，其承载能力主要取决于连接的摩擦力和各零件的强度。

第三篇　机械传动

第八章　带传动

8.1　复习笔记

【知识框架】

- 带传动
  - 概述
    - 带传动的类型：平带、圆带、V 带、多楔带传动
    - V 带的类型与结构
  - 带传动工作情况的分析
    - 带传动的受力分析
    - 带传动的最大有效拉力及其影响因素
    - 带传动的应力分析：拉应力、弯曲应力、离心拉应力
    - 带的弹性滑动和打滑
  - 普通 V 带传动的设计计算
    - 设计准则和单根 V 带的基本额定功率
    - 单根 V 带的额定功率
    - 带传动的参数选择：中心距、传动比、带轮的基本直径、带速
    - 带传动的设计计算
  - V 带轮的设计
    - V 带轮的设计内容
    - 带轮的材料
    - 带轮的结构形式
    - V 带轮的轮槽
    - V 带轮的技术要求
  - V 带传动的张紧、安装与防护
    - V 带传动的张紧
    - V 带传动的安装
    - V 带传动的防护

【通关提要】

本章详细介绍了带传动的受力分析和应力分析、带的弹性滑动和打滑、V 带传动的设计计算及张紧轮的布置等。学习时需要重点掌握以上内容。关于带传动的受力分析及计算，多以选择题和计算题的形式出现；关于带的弹性滑动和打滑，多以选择题和简答题的形式出现；关于 V 带传动的设计计算及张紧轮的布置，多以选择题和填空题的形式出现。复习时需重点理解记忆。

【重点难点归纳】

一、概述（见表 8-1-1）

表 8-1-1　带传动的概述

要点	主要内容
带传动的组成	由带轮（主动带轮和从动带轮）和传动带组成

续表

要点	主要内容	
带传动的类型 ［按工作原理分类］	摩擦型带传动	根据横截面形状的不同，分为平带传动、圆带传动、V 带传动和多楔带传动
	啮合型带传动	
V 带的类型	主要类型有普通 V 带和窄 V 带。普通 V 带具有对称的梯形横截面，带型分为 Y、Z、A、B、C、D、E7 种	
V 带的结构参数	带的节宽 b_p 和基准长度 L_d	

二、带传动工作情况的分析

1. 带传动的受力分析及计算(见表 8-1-2)

表 8-1-2　带传动的受力分析及计算

要点	主要内容
松边、紧边、有效拉力	$F_1-F_0=F_0-F_2$；$F_e=F_f=F_1-F_2$ F_1 为紧边拉力；F_2 为松边拉力；F_0 为初拉力；F_f 为总摩擦力；F_e 为有效拉力
功率 P 的计算	$P=F_e v/1000$
最大有效拉力	$F_{ec}=2F_0\dfrac{e^{f\alpha}-1}{e^{f\alpha}+1}=2F_0\dfrac{1-1/e^{f\alpha}}{1+1/e^{f\alpha}}$ F_{ec} 为最大(临界)有效拉力；α 取小带轮包角。从上式知： ①F_{ec} 与初拉力 F_0 成正比。 ②F_{ec} 随包角 α 的增大而增大。 ③F_{ec} 随摩擦因数 f 的增大而增大

2. 带的应力分析(见表 8-1-3)

表 8-1-3　带的应力分析

要点	主要内容
应力分布图	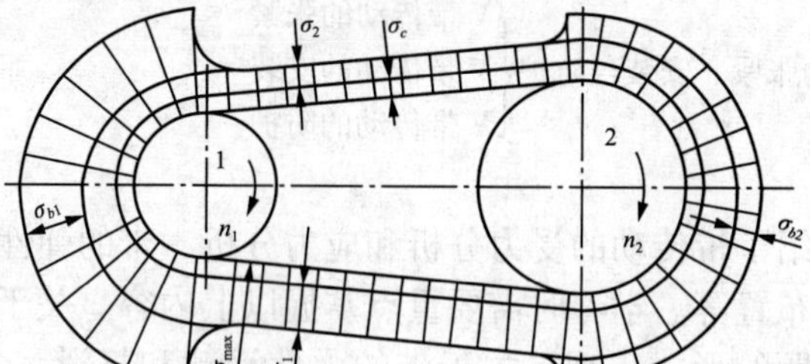 带传动工作时的带中应力分布
拉应力	$\sigma_1=F_1/A$　　$\sigma_2=F_2/A$
弯曲应力	$\sigma_{b1}\approx Eh/d_{d1}$　　$\sigma_{b2}\approx Eh/d_{d2}$ h 为传动带的高度；E 为传动带的弹性模量
离心拉应力	存在于带的全长范围内，为 $\sigma_c=qv^2/A$。q 为传动带单位长度的质量；v 为带的线速度
瞬时最大应力	发生在带的紧边开始绕上小带轮处，为：$\sigma_{max}\approx\sigma_1+\sigma_{b1}+\sigma_c$

3. 带的弹性滑动和打滑(见表 8-1-4)

表 8-1-4　带的弹性滑动和打滑

要点	弹性滑动	打滑
定义	由于带的弹性引起的带与带轮间的相对滑动	带与带轮间发生显著的相对滑动
图示	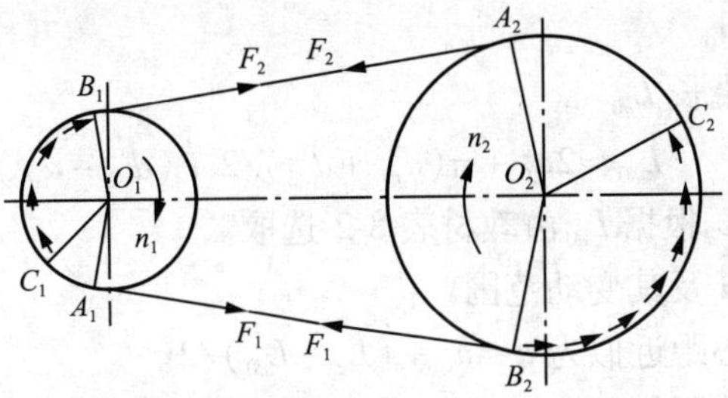 弹性滑动只发生在带离开主、从动轮之前的那一段接触弧上	
产生原因	带两边拉力不等以及带的弹性变形，使得带的速度低于小带轮的线速度 v_1，而大于大带轮的线速度 v_2	带传动的功率超过带与带轮间的总摩擦力
是否能避免	因为紧边和松边总是存在的，所以弹性滑动无法避免	打滑会加剧带的磨损，降低传动寿命，应极力避免
计算	滑动率 $\varepsilon = [(v_1 - v_2)/v_1] \times 100\%$	—

三、普通 V 带传动的设计计算

1. 单根 V 带的额定功率及带传动的参数选择(见表 8-1-5)

表 8-1-5　单根 V 带的额定功率及带传动的参数选择

要点	主要内容
单根 V 带的额定功率	$P_r = (P_0 + \Delta P_0) \times K_\alpha \times K_L$ P_0为带的基本额定功率；ΔP_0为传动比不等于 1 时，单根 V 带额定功率的增量；K_α为当包角不等于 180°时的修正系数；K_L为当带长不等于试验规定的特定带长时的修正系数
中心距 a	初选带传动的中心距 a_0：$0.7(d_{d1} + d_{d2}) \leqslant a_0 \leqslant 2(d_{d1} + d_{d2})$
传动比 i	一般为 $i \leqslant 7$，推荐 $i = 2 \sim 5$
带轮的基准直径	一般情况下，应保证 $d_d \geqslant (d_d)_{\min}$
带速 v	一般推荐 $v = 5 \sim 25m/s$，最高带速 $v_{\max} < 30m/s$

2. 带传动的设计计算

(1)确定计算功率

计算功率 $P_{ca} = K_A P$。

式中，P_{ca}为计算功率；K_A为工作情况系数；P 为所需传递的额定功率。

(2)选择 V 带的带型

根据计算功率 P_{ca}和小带轮转速 n_1，选取带型。

(3)确定带轮的基准直径 d_d并验算带速 v

①初选小带轮的基准直径 d_{d1}

根据 V 带的带型，以及 $d_{d1} \geqslant (d_d)_{\min}$确定 d_{d1}。

②验算带速 v

根据 $v=\frac{\pi d_{d1} n_1}{60\times 1000}$ 计算带的速度。一般 $v=5\sim 25\text{m/s}$，最高不超过 30m/s。

③计算大带轮的基准直径

由 $d_{d2}=id_{d1}$ 计算，并加以适当圆整。

(4)确定中心距 a，并选择 V 带的基准长度 L_d

①初定中心距 a_0

②计算相应的带长 L_{d0}

$$L_{d0}\approx 2a_0+\pi(d_{d1}+d_{d2})/2+(d_{d2}-d_{d1})^2/(4a_0)$$

带的基准长度 L_d 根据 L_{d0} 由教材表 8-2 选取。

③计算中心距 a 及其变动范围

传动的实际中心距近似为 $a\approx a_0+(L_d-L_{d0})/2$。

中心距的变动范围如下

$$\left.\begin{array}{l} a_{\min}=a-0.015L_d \\ a_{\max}=a+0.03L_d \end{array}\right\}$$

(5)验算小带轮上的包角 α_1

应保证：

$$\alpha_1\approx 180°-(d_{d2}-d_{d1})(57.3°/a)\geqslant 120°$$

(6)确定带的根数 z

$$z=P_{ca}/P_r=K_AP/[(P_0+\Delta P_0)K_\alpha K_L]$$

带的根数一般应少于 10 根。

(7)确定带的初拉力 F_0

单根 V 带的初拉力：$F_0=500(2.5-K_\alpha)P_{ca}/(K_\alpha zv)+qv^2$。

(8)计算带传动的压轴力 F_p

$$F_p=2zF_0\sin(\alpha_1/2)$$

四、V 带轮的设计(见表 8-1-6)

表 8-1-6 V 带轮的设计

要点	主要内容
带轮的材料	常用的带轮材料为 HT150 或 HT200
带轮的结构形式	①根据轮辐结构的不同，V 带轮可以分为实心式、腹板式、孔板式、椭圆轮辐式。 ②根据带轮基准直径的大小，采用不同的结构形式
V 带轮的轮槽	轮槽工作面的夹角应小于 40°，以保证其与 V 带的工作面紧密贴合

五、V 带传动的张紧、安装与防护(见表 8-1-7)

表 8-1-7 V 带传动的张紧、安装与防护

要点	主要内容
V 带传动的张紧	①定期张紧装置。 ②自动张紧装置。 ③采用张紧轮的张紧装置： a. 放在松边的内侧靠近大带轮处。 b. 若中心距过小，张紧轮设置在松边外侧靠近小带轮处

续表

要点	主要内容
V 带传动的安装	各带轮的轴线相互平行
V 带传动的防护	置于铁丝网或保护罩之内，不能外露

8.2 课后习题详解

8-1 某 V 带传动中，$n_1 = 1450\mathrm{r/min}$，带与带轮的当量摩擦系数 $f_v = 0.51$，包角 $\alpha_1 = 180°$，初拉力 $F_0 = 360\mathrm{N}$。试问：(1)该传动所能传递的最大有效拉力为多少？(2)若 $d_{d1} = 100\mathrm{mm}$，其传递的最大转矩为多少？(3)若传动效率为 0.95，弹性滑动忽略不计，从动轮输出功率为多少？

解：(1)最大有效拉力：

$$F_{ec} = 2F_0 \frac{1 - 1/e^{f_v \alpha}}{1 + 1/e^{f_v \alpha}} = 2 \times 360 \times \frac{1 - 1/e^{0.51\pi}}{1 + 1/e^{0.51\pi}} \approx 478.55\mathrm{N}$$

(2)传递的最大转矩：

$$T = F_{ec} \cdot \frac{d_{d1}}{2} = 478.55 \times \frac{100}{2} = 23927.5\mathrm{N \cdot mm}$$

(3)由 $P = \eta \frac{F_{ec} v}{1000}$，其中带速 $v = \frac{\pi d_{d1} n_1}{60 \times 1000} = \frac{\pi \times 100 \times 1450}{60 \times 1000} \approx 7.59\mathrm{m/s}$，可得输出功率：

$$P = \eta \frac{F_{ec} v}{1000} = 0.95 \times \frac{478.55 \times 7.59}{1000} \approx 3.45\mathrm{kW}$$

8-2 V 带传动传递的功率 $P = 7.5\mathrm{kW}$，带速 $v = 10\mathrm{m/s}$，紧边拉力是松边拉力的两倍，即 $F_1 = 2F_2$，试求紧边拉力 F_1、有效拉力 F_e 和初拉力 F_0。

解：(1)由 $P = \frac{F_e v}{1000}$，可得有效拉力：

$$F_e = \frac{1000P}{v} = \frac{1000 \times 7.5}{10} = 750\mathrm{N}$$

(2)由 $F_e = F_1 - F_2$，且 $F_1 = 2F_2$，可得紧边拉力：

$$F_1 = 2F_e = 2 \times 750 = 1500\mathrm{N}$$

(3)由 $F_1 = F_0 + \frac{F_e}{2}$，可得初拉力：

$$F_0 = F_1 - \frac{F_e}{2} = 1500 - \frac{750}{2} = 1125\mathrm{N}$$

8-3 已知一 V 带传动的 $n_1 = 1450\mathrm{r/min}$，$n_2 = 400\mathrm{r/min}$，$d_{d1} = 180\mathrm{mm}$，中心距 $a = 1600\mathrm{mm}$，V 带为 B 型，根数 $z = 2$，工作时有振动，一天运转 16h(即两班制)，试求带能传递的功率。

解：(1)计算大带轮直径

根据题意可得，大带轮的直径

$$d_{d2} = \frac{d_{d1} n_1 (1 - \varepsilon)}{n_2} = \frac{180 \times 1450 \times (1 - 0.02)}{400} = 639.45\mathrm{mm}$$

查教材表 8-9，圆整为 $d_{d2} = 630\mathrm{mm}$。

(2)验算小带轮包角

$$\alpha_1 \approx 180° - \frac{d_{d2} - d_{d1}}{a} \times 57.3° = 180° - \frac{630 - 180}{1600} \times 57.3° \approx 163.9° > 120°$$

故小带轮包角合适。

(3)计算带的基准长度

$$L_{d0} \approx 2a + \frac{\pi}{2}(d_{d1} + d_{d2}) + \frac{(d_{d2} - d_{d1})^2}{4a}$$

$$= 2 \times 1600 + \frac{\pi}{2} \times (630 + 180) + \frac{(630 - 180)^2}{4 \times 1600}$$

$$\approx 4503.3\text{mm}$$

查教材表8-2，取基准长度 $L_d = 4430\text{mm}$。

(4)计算功率

根据式 $z = \frac{K_A P}{(P_0 + \Delta P_0) K_\alpha K_L}$，可得带能传递的功率

$$P = \frac{z(P_0 + \Delta P_0) K_\alpha K_L}{K_A} \quad ①$$

根据小带轮的直径和转速，查教材表8-4得 $P_0 = 4.39\text{kW}$，根据小带轮转速、传动比 $i = \frac{n_1}{n_2} = \frac{1450}{400} \approx 3.6$ 及B型带，查教材表8-5得 $\Delta P_0 = 0.46\text{kW}$，查教材表8-6得 $K_\alpha \approx 0.96$，查教材表8-2得 $K_L = 1.15$，查教材表8-8得工况系数 $K_A = 1.3$，将各数据代入①式得

$$P = \frac{z(P_0 + \Delta P_0) K_\alpha K_L}{K_A} = \frac{2 \times (4.39 + 0.46) \times 0.96 \times 1.15}{1.3} \approx 8.24\text{kW}$$

8-4　有一带式输送装置，其异步电动机与齿轮减速器之间用普通V带传动，电动机功率 $P = 7\text{kW}$，转速 $n_1 = 960\text{r/min}$，减速器输入轴的转速 $n_2 = 330\text{r/min}$，允许误差为 ±5%，运输装置工作时有轻度冲击，两班制工作。试设计此带传动。

解：(1)确定计算功率

查教材表8-8得工况系数 $K_A = 1.2$，故

$$P_{ca} = K_A P = 1.2 \times 7 = 8.4\text{kW}$$

(2)选择V带型号

根据 $P_{ca} = 8.4\text{kW}$，$n_1 = 960\text{r/min}$，查教材图8-11选用B型。

(3)确定带轮直径并验算带速

由教材表8-7和表8-9初选小带轮基准直径 $d_{d1} = 180\text{mm}$。

验算带速

$$v = \frac{\pi d_{d1} n_1}{60 \times 1000} = \frac{\pi \times 180 \times 960}{60 \times 1000} \approx 9.04\text{m/s}$$

带速在 5m/s ~ 30m/s 之间，故带速合适。

取滑动率 $\varepsilon = 0.02$，可得大带轮的直径

$$d_{d2} = \frac{n_1 d_{d1}(1 - \varepsilon)}{n_2} = \frac{960 \times 180 \times (1 - 0.02)}{330} \approx 513.2\text{mm}$$

故查教材表8-9，圆整 $d_{d2} = 500\text{mm}$。

大带轮实际转速

$$n_2 = \frac{n_1 d_{d1}(1-\varepsilon)}{d_{d2}} = \frac{960 \times 180 \times (1-0.02)}{500} \approx 338.7\text{r/min}$$

误差

$$\delta = \frac{338.7-330}{330} \times 100\% \approx 2.6\% < 5\%$$

故 $d_{d1} = 180\text{mm}$，$d_{d2} = 500\text{mm}$ 合适。

(4)确定中心距和基准长度

根据 $0.7(d_{d1}+d_{d2}) < a_0 < 2(d_{d1}+d_{d2})$，初定中心距 $a_0 = 550\text{mm}$。

计算带的基准长度

$$L_{d0} \approx 2a_0 + \frac{\pi}{2}(d_{d1}+d_{d2}) + \frac{(d_{d2}-d_{d1})^2}{4a_0}$$

$$= 2 \times 550 + \frac{\pi}{2} \times (500+180) + \frac{(500-180)^2}{4 \times 550}$$

$$\approx 2214.1\text{mm}$$

查教材表 8-2，取基准长度 $L_d = 2300\text{mm}$。

实际中心距为

$$a \approx a_0 + \frac{L_d - L_{d0}}{2} = 550 + \frac{2300-2214.1}{2} \approx 593\text{mm}$$

$$a_{\min} = a - 0.015L_d = 593 - 0.015 \times 2300 = 558.5\text{mm}$$

$$a_{\max} = a + 0.03L_d = 593 + 0.03 \times 2300 = 662\text{mm}$$

中心距的变化范围为 558.5 ~ 662mm，圆整中心距为 $a = 600\text{mm}$。

(5)验算小带轮包角

$$\alpha_1 \approx 180° - \frac{d_{d2}-d_{d1}}{a} \times 57.3° = 180° - \frac{500-180}{600} \times 57.3° \approx 149° > 120°$$

合适。

(6)计算 V 带根数

由 $d_{d1} = 180\text{mm}$，$n_1 = 960\text{r/min}$，查教材表 8-4 得 $P_0 \approx 3.25\text{kW}$。根据 $n_1 = 960\text{r/min}$，传动比 $i = \frac{n_1}{n_2} = \frac{960}{330} \approx 2.9$ 及 B 型带，查教材表 8-5 得 $P_0 \approx 0.31\text{kW}$。查教材表 8-6 得 $K_\alpha \approx 0.918$，查教材表 8-2 得 $K_L = 1.01$，则单根 V 带的额定功率

$$P_r = (P_0 + \Delta P_0)K_\alpha K_L = (3.25+0.31) \times 0.918 \times 1.01 \approx 3.3\text{kW}$$

故根数

$$z = \frac{P_{ca}}{P_r} = \frac{8.4}{3.3} \approx 2.55$$

取 3 根。

(7)计算单根 V 带上的初拉力

查教材表 8-3，B 型带的单位长度质量 $q = 0.17\text{kg/m}$，故

$$F_0 = 500\frac{(2.5-K_\alpha)P_{ca}}{K_\alpha zv} + qv^2$$

$$= 500 \times \frac{(2.5-0.918) \times 8.4}{0.918 \times 3 \times 9.04} + 0.17 \times 9.04^2$$

$$\approx 280.8\text{N}$$

(8)计算压轴力

$$F_p = 2zF_0\sin\frac{\alpha_1}{2} = 2\times3\times280.8\times\sin\frac{149^\circ}{2}\approx1624\text{N}$$

8.3　名校考研真题

一、选择题

1．带传动采用张紧轮张紧时，通常张紧轮应安装在(　　)。[浙江理工大学2019研]

A．松边内侧靠近大带轮处　　B．紧边内侧靠近小带轮处

C．松边外侧靠近大带轮处　　D．紧边外侧靠近小带轮处

2．V带传动设计中，限制小带轮的最小直径主要是为了(　　)。[长沙理工大学2019研]

A．使结构紧凑带　　B．限制弯曲应力

C．限制小带轮上的包角　　D．保证带和带轮接触面间有足够摩擦力

3．带传动中，主动轮圆周速度 v_l，从动轮圆周速度 v_2，带速 v，它们之间的关系是(　　)。[武汉纺织大学2017研；中山大学2014研]

A．$v_l = v_2 = v$　　B．$v_l > v > v_2$　　C．$v_l < v < v_2$　　D．$v > v_l > v_2$

4．下列V带传动中，(　　)图的张紧轮位置是最合理的。[四川大学2013研]

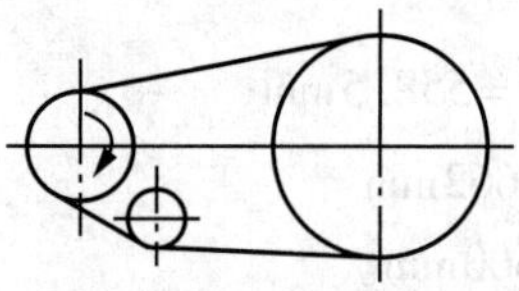
A.

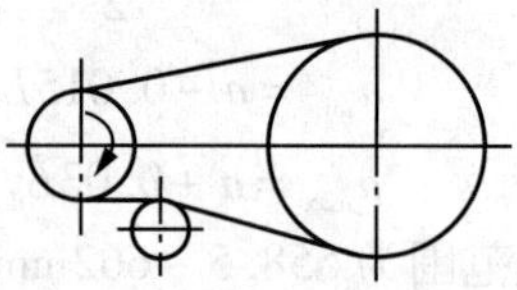
B.

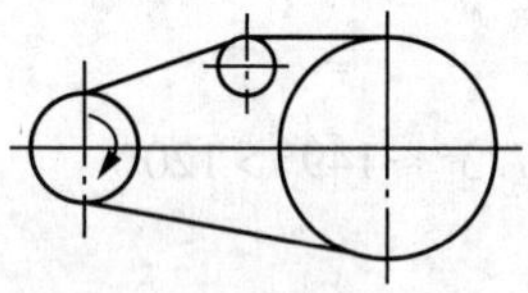
C.

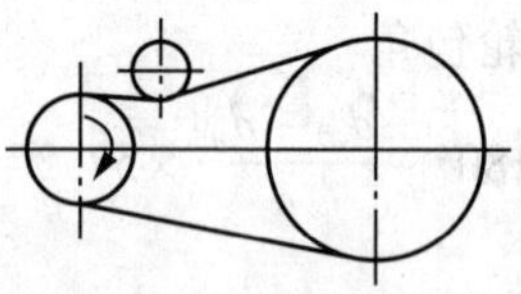
D.

5．在V带设计中，取 $d_{d1} \geqslant d_{d\min}$，主要是为了考虑(　　)的影响。[中山大学2013研]

A．弯曲应力　　B．离心拉应力

C．小带轮包角　　D．初拉力

6．带传动是依靠(　　)来传递动力的。[广东工业大学2014研]

A．带与带轮接触面之间的正压力　　B．带与带轮接触面之间的摩擦力

C．带的紧边拉力　　D．带的松边拉力

7．V带传动中，带截面楔角为40°，带轮的轮槽角应(　　)40°。[扬州大学2022研]

A．大于　　B．等于　　C．小于　　D．大于等于

二、填空题

1．带传动工作时产生弹性滑动的主要原因是______和______。[华中科技大学2012研]

2．带传动在工作过程中，带内所受的应力有______、______和______，最大应力发生在______。[中山大学2014研；华中科技大学2012研]

3．带传动中，用______方法可以使小带轮的包角 α 加大。带传动不能保证精确的传动比，其原因是______。[厦门大学2012研]

4．在设计V带传动时，V带的型号是根据______和______选取的。[扬州大学2022研]

5．V带的根数不能过多，通常应少于10根，限制根数的目的是______。[沈阳工业大

学 2019 研]

6. 若带所需传递的圆周力超过带与带轮间的______时，带与带轮将发生显著的相对滑动，这种现象称为______。[湘潭大学 2016 研]

7. 带传动中，在预紧力相同的条件下，V 带比平带能传递较大的功率，是因为 V 带具有______作用。[四川大学 2013 研]

8. 平带与 V 带传动中，最大有效拉力的影响因素有______、______和______。[中国科学院大学 2013 研]

9. 摩擦型带传动中，由于工作带与带轮之间存在______现象，使带传动不能保持准确的______。[中山大学 2013 研]

10. V 带的工作面是______。[广东工业大学 2014 研]

11. 在两带轮直径一定时，V 带传动的中心距增大，则小轮的包角______，因而承载能力______。[武汉理工大学 2017 研]

12. 某 V 带传动，带横截面 $A=142\text{mm}^2$，由预紧力产生的应力 $\sigma_0=1.5\text{MPa}$，有效拉力 $F=300\text{N}$，不计离心力影响，则紧边拉力 F_1 和松边拉力 F_2 分别为______ N 和______ N。[长安大学 2025 研]

三、判断题

1. 中心距一定的带传动，传动比增大，则小轮包角减小。(　　)[浙江大学 2012 研]

2. 带传动的设计准则是在带传动不打滑的条件下使带具有一定的疲劳强度和寿命。(　　)[中山大学 2015 研]

3. 窄 V 带与普通 V 带相比，其传动承载能力较高。(　　)[浙江大学 2012 研]

4. 带传动正常工作时不能保证准确的传动比是因为带容易变形和磨损。(　　)[四川大学 2013 研]

5. 带传动由于工作中存在打滑，造成转速比不能保持准确。(　　)[浙江大学 2013 研]

6. 配对的大小带轮的轮槽角必须相等。(　　)[广东工业大学 2014 研]

四、简答题

1. 试分析影响带传动工作能力的因素有哪些？这些因素怎样影响带传动工作能力？[中山大学 2014 研]

相关真题：

(1) 影响带传动工作能力的因素有哪些，并阐明原因？[浙江理工大学 2019 研]

(2) 影响带传动工作能力的因素有哪些？[中国科学技术大学 2013 研]

2. 带传动中，什么是弹性滑动和打滑现象？各会产生什么后果？[常州大学 2015 研]

相关真题：

(1) 何为带传动的弹性滑动？这种滑动对带传动有什么影响？[浙江科技学院 2019 研]

(2) 试解释带传动中弹性滑动和打滑现象。弹性滑动和打滑会引起什么后果？二者都可以避免吗？[中山大学 2015 研]

3. 带传动弹性滑动是如何产生的，它和打滑有什么区别？能否通过正确设计来消除弹性滑动？打滑首先发生在哪个带轮上？为什么？[上海交通大学 2007 研]

4. 由电动机驱动 V 带传动时，如果电动机可能工作在两个不同的转速状况下，此时电动机的输出功率不变，请问此时 V 带传动应该按照哪种转速进行设计？为什么？[中国科学技术大学 2014 研]

5. 带传动中松边拉力是否可以减小到0？为什么？[武汉理工大学2017研]

6. 带传动设计时为何规定带速在5～25m/s范围内？[山东大学2017研]

五、计算题

1. V带传动传递的功率$P=12\text{kW}$，主动带轮的基准直径$d_1=300\text{mm}$，转速$n_1=900\text{r/min}$，紧边拉力是松边拉力的1.5倍$F_1=1.5F_2$，试求：(1)V带有效拉力F_e；(2)紧边拉力F_1和初拉力F_0。[三峡大学2017研]

2. 单根V带(三角带)传动的初拉力$F_0=354\text{N}$，主动带轮的基准直径$d_{d1}=160\text{mm}$，主动轮转速$n_1=1500\text{r/min}$，主动带轮上的包角$\alpha_1=150°$，带与带轮之间的摩擦系数$f=0.485$。求：

(1)V带(三角带)满载传动时，紧边、松边的拉力F_1、F_2；

(2)V带(三角带)传动能传递的最大有效圆周力F_e及最大功率P。[沈阳工业大学2018研]

8.4 名校考研真题详解

一、选择题

1. 带传动采用张紧轮张紧时，通常张紧轮应安装在(　　)。[浙江理工大学2019研]

A. 松边内侧靠近大带轮处　　B. 紧边内侧靠近小带轮处

C. 松边外侧靠近大带轮处　　D. 紧边外侧靠近小带轮处

【答案】A

【解析】张紧轮常布置在松边内侧靠近大带轮处，其原因是为避免反向弯曲应力降低带的寿命，同时又不使小带轮上的包角减小太多。

2. V带传动设计中，限制小带轮的最小直径主要是为了(　　)。[长沙理工大学2019研]

A. 使结构紧凑带　　B. 限制弯曲应力

C. 限制小带轮上的包角　　D. 保证带和带轮接触面间有足够摩擦力

【答案】B

【解析】带的弯曲应力与带轮的基准直径成反比。带轮越小，带的弯曲应力越大，因此小带轮的直径不能太小。

3. 带传动中，主动轮圆周速度v_l，从动轮圆周速度v_2，带速v，它们之间的关系是(　　)。[武汉纺织大学2017研；中山大学2014研]

A. $v_l=v_2=v$　　B. $v_l>v>v_2$　　C. $v_l<v<v_2$　　D. $v>v_l>v_2$

【答案】B

【解析】带绕过主动轮时，将逐渐缩短并沿轮面滑动，使带速落后于轮速。带经过从动轮时，将逐渐被拉长并沿轮面滑动，使带速超前于轮速。并且，总有$v_2<v_1$。因而，有$v_l>v>v_2$。

4. 下列V带传动中，(　　)图的张紧轮位置是最合理的。[四川大学2013研]

A. 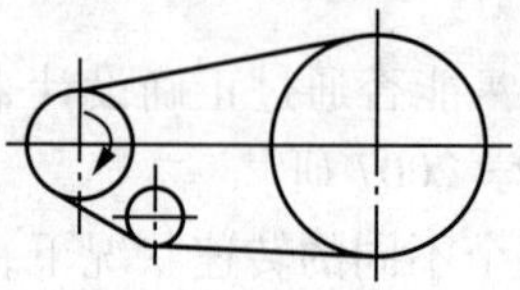

B. 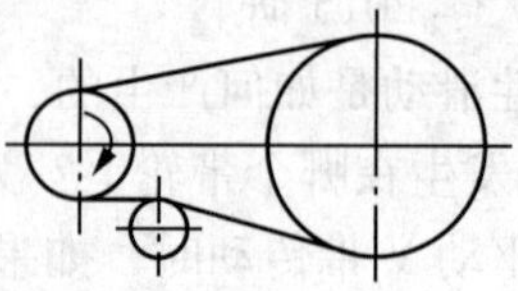

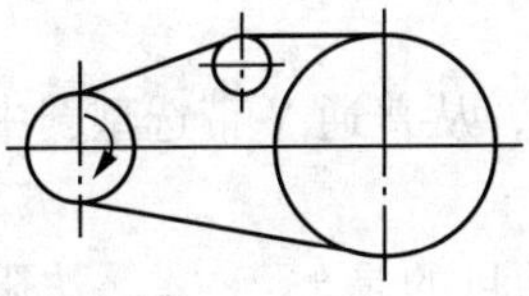

C.

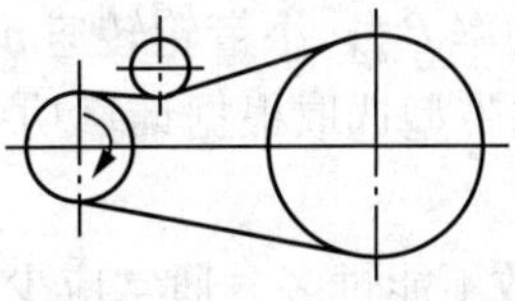

D.

【答案】C

【解析】设置张紧轮应注意：①一般应放在松边内侧靠近大带轮处；②如果中心距过小，张紧轮设置在带的松边外侧靠近小带轮处。故选C项。

5．在V带设计中，取$d_{d1} \geqslant d_{dmin}$，主要是为了考虑(　　)的影响。[中山大学2013研]

A．弯曲应力　　B．离心拉应力　　C．小带轮包角　　D．初拉力

【答案】A

【解析】V带传动中，减小带轮直径，则带的弯曲应力增大。为了避免弯曲应力过大，寿命降低，小带轮的基准直径就不能过小。一般情况下，在V带设计时，应保证$d_{d1} \geqslant d_{dmin}$。

6．带传动是依靠(　　)来传递动力的。[广东工业大学2014研]

A．带与带轮接触面之间的正压力　　B．带与带轮接触面之间的摩擦力

C．带的紧边拉力　　D．带的松边拉力

【答案】B

【解析】一般地，带传动通过带轮与带之间的摩擦力传递动力。

7．V带传动中，带截面楔角为40°，带轮的轮槽角应(　　)40°。[扬州大学2022研]

A．大于　　B．等于　　C．小于　　D．大于等于

【答案】C

【解析】V带绕在带轮上以后发生弯曲变形，使V带工作面的夹角发生变化。为了使V带的工作面与带轮的轮槽工作面紧密贴合，所以将V带轮轮槽的工作面的夹角做成小于40°。

二、填空题

1．带传动工作时产生弹性滑动的主要原因是______和______。[华中科技大学2012研]

【答案】带的紧边和松边存在拉力差；带为弹性体

【解析】本题考查带的弹性滑动的产生原因。需要区分带的弹性滑动和打滑，带的弹性滑动是由于紧松边的拉力差产生的弹性变形导致的。对于带传动，弹性滑动是不可避免的。而打滑是由于超过带传动的极限功率，使带与带轮间发生相对滑动，是可以避免的。

2．带传动在工作过程中，带内所受的应力有______、______和______，最大应力发生在______。[中山大学2014研；华中科技大学2012研]

【答案】松紧边拉力产生的拉应力；弯曲应力；离心拉应力；紧边进入小带轮处

【解析】本题考查带的应力分析。需要注意的是带的拉应力和离心拉应力存在于带的全长范围内，而弯曲应力只限于绕在带轮上的带长范围。

3．带传动中，用______方法可以使小带轮的包角α加大。带传动不能保证精确的传动比，其原因是______。[厦门大学2012研]

【答案】增大小带轮直径；带传动中带的弹性滑动是不可避免的

【解析】带的弹性滑动是由于紧松边的拉力差导致的。对于带传动，弹性滑动是不可避免的，故对于要求精确传动比的场合，是不可以采用带传动的(同步带除外)。

4．在设计V带传动时，V带的型号是根据______和______选取的。[扬州大学2022研]

【答案】计算功率 P_{ca}；小带轮转速 n_1

【解析】V 带的带型选取根据计算功率 P_{ca} 和小带轮转速 n_1，从普通 V 带选型图中选取普通 V 带的带型。

5. V 带的根数不能过多，通常应少于 10 根，限制根数的目的是______。［沈阳工业大学 2019 研］

【答案】使各根 V 带受力均匀

【解析】为了使各根 V 带受力均匀，带的根数不宜过多，通常应少于 10 根。否则，应选择承载能力较大的带型，以减少带的根数。

6. 若带所需传递的圆周力超过带与带轮间的______时，带与带轮将发生显著的相对滑动，这种现象称为______。［湘潭大学 2016 研］

【答案】极限摩擦力；打滑

【解析】本题考查带打滑的原因。打滑是失效方式之一，应极力避免，但是，当带传动所传递的功率突然增大而超过设计功率时，打滑可以起到过载保护的作用。

7. 带传动中，在预紧力相同的条件下，V 带比平带能传递较大的功率，是因为 V 带具有______作用。［四川大学 2013 研］

【答案】楔形增压

【解析】V 带有楔形增压作用，工作时产生的摩擦力相对较大，故在同等条件下 V 带传动比平带传动传递的功率大。

8. 平带与 V 带传动中，最大有效拉力的影响因素有______、______和______。［中国科学院大学 2013 研］

【答案】初拉力；包角；摩擦因数

【解析】由带传动有效拉力的计算公式 $F_{ec}=2F_0\left(1-\dfrac{2}{e^{f\alpha}+1}\right)$ 可知，平带与 V 带传动中，影响最大有效拉力的有：①初拉力。初拉力越大有效拉力越大，但初拉力太大会加速磨损，降低带的寿命。②包角。包角越大有效拉力越大。③摩擦因数。摩擦因数越大有效拉力越大。

9. 摩擦型带传动中，由于工作带与带轮之间存在______现象，使带传动不能保持准确的______。［中山大学 2013 研］

【答案】弹性滑动；传动比

【解析】由于带的弹性滑动，带的速度低于小带轮的线速度 v_1，而高于大带轮的线速度 v_2。因此，带传动的平均传动比为 $i=d_{d2}/[(1-\varepsilon)d_{d1}]$，其中 ε 为滑动率，即带轮线速度的相对变化量。

10. V 带的工作面是______。［广东工业大学 2014 研］

【答案】两侧面

【解析】V 带的横剖面呈等腰梯形，传动时两侧面为工作面。

11. 在两带轮直径一定时，V 带传动的中心距增大，则小轮的包角______，因而承载能力______。［武汉理工大学 2017 研］

【答案】增大；增大

【解析】小带轮上的包角 $\alpha_1\approx 180°-57.3°(d_{d2}-d_{d1})/a$，由公式可知，两带轮直径一定时，V 带传动的中心距增大，则小轮的包角增大。而 α 越大，带和带轮的接触面上所产生的总摩擦力就越大，最大有效拉力 F_{ec} 就越大。

12．某 V 带传动，带横截面 $A=142\text{mm}^2$，由预紧力产生的应力 $\sigma_0=1.5\text{MPa}$，有效拉力 $F=300\text{N}$，不计离心力影响，则紧边拉力 F_1 和松边拉力 F_2 分别为______ N 和______ N。［长安大学 2025 研］

【答案】363；63

【解析】初拉力 $F_0=\sigma_0 A=1.5\text{MPa}\times142\text{mm}^2=213\text{N}$，有效拉力 $F_e=F=300\text{N}$。

由 $F_1+F_2=2F_0=426\text{N}$，$F_1-F_2=F_e=300\text{N}$，解得：$F_1=363\text{N}$，$F_2=63\text{N}$。

三、判断题

1．中心距一定的带传动，传动比增大，则小轮包角减小。（　　）［浙江大学 2012 研］

【答案】对

【解析】传动比 $i=\dfrac{n_1}{n_2}=\dfrac{\omega_1}{\omega_2}=\dfrac{\frac{v}{r_1}}{\frac{v}{r_2}}=\dfrac{d_2}{d_1}$，传动比变大，而中心距不变，则小轮直径 d_1 变小，大轮直径 d_2 变大。小轮的包角为 $\alpha_1=180°-\dfrac{d_2-d_1}{a}\cdot\dfrac{180°}{\pi}$，$d_1$ 变小，d_2 变大，α_1 减小。

2．带传动的设计准则是在带传动不打滑的条件下使带具有一定的疲劳强度和寿命。（　　）［中山大学 2015 研］

【答案】对

【解析】带传动的主要失效形式是打滑和疲劳破坏。因此，带传动的设计准则是：在保证带传动不打滑的条件下，使带具有一定的疲劳强度和寿命。

3．窄 V 带与普通 V 带相比，其传动承载能力较高。（　　）［浙江大学 2012 研］

【答案】对

【解析】与普通 V 带相比，当顶宽相同时，窄 V 带的高度较大，摩擦面较大，且用合成纤维绳或钢丝作抗拉体，故承载能力显著的高于普通 V 带，适用于传递大功率且要求结构紧凑的场合。

4．带传动正常工作时不能保证准确的传动比是因为带容易变形和磨损。（　　）［四川大学 2013 研］

【答案】错

【解析】由于带传动具有不可避免的弹性滑动，所以带传动正常工作时不能保证准确的传动比。

5．带传动由于工作中存在打滑，造成转速比不能保持准确。（　　）［浙江大学 2013 研］

【答案】错

【解析】在带传动中不能保持准确的传动比是由于存在弹性滑动，这是不可避免的，而打滑会致使传动失效，是带传动中必须避免的。

6．配对的大小带轮的轮槽角必须相等。（　　）［广东工业大学 2014 研］

【答案】对

【解析】V 带轮的轮槽与所选用的 V 带的型号相对应。为了使 V 带的工作面与带轮的轮槽工作面紧密贴合，将 V 带轮轮槽的工作面的夹角做成小于 40°，且配对的大小带轮的轮槽角相等。

四、简答题

1. 试分析影响带传动工作能力的因素有哪些？这些因素怎样影响带传动工作能力？［中山大学 2014 研］

相关真题：

（1）影响带传动工作能力的因素有哪些，并阐明原因？［浙江理工大学 2019 研］

（2）影响带传动工作能力的因素有哪些？［中国科学技术大学 2013 研］

答：由公式 $F_{ec}=2F_0\left(1-\frac{1}{e^{f\alpha}}\right)/\left(1+\frac{1}{e^{f\alpha}}\right)$，可得影响带传动工作能力的因素有：

（1）初拉力：初拉力越大，带与带轮的正压力越大，最大有效拉力越大，但若初拉力过大，带的磨损加剧，带内应力增大而造成带的松弛和寿命降低。

（2）包角：最大有效拉力随包角增大而增大。

（3）摩擦系数：摩擦系数越大则最大有效拉力越大。

（4）带轮的基准直径 d_{d1}：当带传动的 F_{ec} 相同时，转速一定时，d_{d1} 越大，带速越大，带传动所传递的功率越大。

（5）带速：当带传动的 F_{ec} 相同时，带速越大，带传动所传递的功率越大。

2. 带传动中，什么是弹性滑动和打滑现象？各会产生什么后果？［常州大学 2015 研］

相关真题：

（1）何为带传动的弹性滑动？这种滑动对带传动有什么影响？［浙江科技学院 2019 研］

（2）试解释带传动中弹性滑动和打滑现象。弹性滑动和打滑会引起什么后果？二者都可以避免吗？［中山大学 2015 研］

答：（1）弹性滑动的概念：

在带传送中，传动带在受到拉力作用时会发生弹性变形，带的松边和紧边产生拉力差。由于带的弹性变形而引起的带与带轮间的微量滑动称为带的弹性滑动。

（2）打滑的概念：

打滑就是当外载荷所需的有效拉力大于带与主动轮轮缘间的极限摩擦力时，带与轮缘表面产生显著的相对滑动。

（3）弹性滑动产生的后果：带传动的弹性滑动会导致在小带轮上，带的速度低于小带轮的线速度 v_1；在大带轮上，带的速度高于大带轮的线速度 v_2。

（4）打滑现象产生的后果：带传动的打滑会使带的磨损加剧，从动带轮的转速降低，甚至使传动失效；某些情况下，打滑可以起到过载保护的作用。

3. 带传动弹性滑动是如何产生的，它和打滑有什么区别？能否通过正确设计来消除弹性滑动？打滑首先发生在哪个带轮上？为什么？［上海交通大学 2007 研］

答：（1）①带传动的弹性滑动的产生：

带传动在工作时，传动带受到拉力后要产生弹性变形，但由于紧边和松边拉力不同，所以两边的弹性变形不同，从而导致带与带轮之间产生相对滑动，称为带传动的弹性滑动。

②弹性滑动和打滑的区别：

打滑是由于工作载荷过大，带传动需要传递的有效拉力超过了临界值，而引起的在整个带与带轮的接触面上发生的显著滑动。

（2）弹性滑动是带传动正常工作时的固有特性，故不能通过正确设计来消除。

(3)打滑首先发生在小带轮上，因为小带轮的包角总是小于大带轮的包角，故小带轮上的临界摩擦力小于大带轮上的临界摩擦力。

4. 由电动机驱动V带传动时，如果电动机可能工作在两个不同的转速状况下，此时电动机的输出功率不变，请问此时V带传动应该按照哪种转速进行设计？为什么？［中国科学技术大学2014研］

答：由电动机驱动V带传动时，如果电动机可能工作在两个不同的转速情况下，应按照较低速度进行V带传动设计。由公式 $P=F_e v/1000$ 可知，当输出功率不变时，转速较低的带受力会相对大，按受力较大的带进行选择，便于保证带的强度。

5. 带传动中松边拉力是否可以减小到0？为什么？［武汉理工大学2017研］

答：(1)带传动中松边拉力不可以减小到0。

(2)带传动中的有效拉力为：

$$F_e=2F_0\frac{e^{f\alpha}-1}{e^{f\alpha}+1}$$

式中 α 为有限值，故

$$F_e<2F_0$$

故松边拉力

$$F_2=\left(F_0-\frac{F_e}{2}\right)>0$$

6. 带传动设计时为何规定带速在5～25m/s范围内？［山东大学2017研］

答：因 $P=F_e v/1000$，在一定力下，提高带速，单根V带所能传递的功率会有一定程度的增大，可以减少带的使用根数或者减小V带的尺寸；但是，提高带速，带中的离心应力增大，使得单根V带所能传递的功率降低。相反的，若减小带速，单根V带所能传递的功率减小，带的使用根数增多。所以带速不宜过高或过低，一般在 $v=5\sim25\text{m/s}$ 范围内。

五、计算题

1. V带传动传递的功率 $P=12\text{kW}$，主动带轮的基准直径 $d_1=300\text{mm}$，转速 $n_1=900\text{r/min}$，紧边拉力是松边拉力的1.5倍 $F_1=1.5F_2$，试求：(1)V带有效拉力 F_e；(2)紧边拉力 F_1 和初拉力 F_0。［三峡大学2017研］

解：(1)传动带速度 v 为：

$$v=\frac{\pi d_1 n_1}{60\times1000}=\frac{\pi\times300\times900}{60\times1000}\approx14.13\text{m/s}$$

由 $P=F_e v/1000$，得有效拉力 F_e 为

$$F_e=1000P/v=1000\times12\div14.13\approx849\text{N}$$

(2)由 $F_e=F_1-F_2=1.5F_2-F_2=0.5F_2$，得：

$$F_2=2F_e=2\times849=1698\text{N}$$

故 $$F_1=1.5F_2=1.5\times1698=2547\text{N}$$

则初拉力 $F_0=(F_1+F_2)/2=(2547+1698)/2=2122.5\text{N}$。

2. 单根V带(三角带)传动的初拉力 $F_0=354\text{N}$，主动带轮的基准直径 $d_{d1}=160\text{mm}$，主动轮转速 $n_1=1500\text{r/min}$，主动带轮上的包角 $\alpha_1=150°$，带与带轮之间的摩擦系数 $f=0.485$。求：

(1)V带(三角带)满载传动时，紧边、松边的拉力 F_1、F_2；

(2) V 带(三角带)传动能传递的最大有效圆周力 F_e 及最大功率 P。[沈阳工业大学 2018 研]

解：(1)最大有效拉力 $F_{ec}=2F_0(1-1/e^{f\alpha})/(1+1/e^{f\alpha})$。

将 $F_0=354\text{N}$，$\alpha_1=150°$，$f=0.485$ 代入上式，求得 $F_{ec}\approx397.3\text{N}$。

则紧边拉力 F_1 为

$$F_1=F_{ec}\,e^{f\alpha}/(e^{f\alpha}-1)\approx552.6\text{N}$$

松边拉力 F_2 为

$$F_2=F_{ec}/(e^{f\alpha}-1)\approx155.3\text{N}$$

(2)传动带速度 v 为：

$$v=\frac{\pi d_1 n_1}{60\times1000}=\frac{\pi\times160\times1500}{60\times1000}\approx12.56\text{m/s}$$

最大功率为

$$P=F_{ec}v/1000\approx4.99\text{kW}$$

第九章 链传动

9.1 复习笔记

【知识框架】

- 链传动
  - 链传动的特点及应用：优缺点、应用及分类
  - 链传动的结构特点
    - 滚子链：结构、参数及标记
    - 齿形链：结构及优缺点
  - 滚子链链轮的结构和材料
    - 链轮齿形
    - 链轮的基本参数和主要尺寸
    - 链轮的结构
    - 链轮的材料
  - 链传动的工作情况分析
    - 链传动的运动特性：链的平均速度、传动比及多边形效应
    - 链传动的动载荷
    - 链传动的受力分析
  - 滚子链传动的设计计算
    - 链传动的失效形式：疲劳破坏、磨损、胶合和静力破坏
    - 链传动的额定功率
    - 链传动的参数选择：链轮齿数、传动比、中心距和节距
    - 滚子链传动的设计计算
  - 链传动的布置、张紧、润滑与防护
    - 链传动的布置
    - 链传动的张紧
    - 链传动的润滑
    - 链传动的防护

【通关提要】

本章详细介绍了滚子链传动的受力分析和设计计算以及链传动的布置等。学习时需要重点掌握以上内容。关于滚子链传动的受力分析和设计计算，多以选择题、填空题和计算题的形式出现；关于链传动的布置，多以选择题和简答题的形式出现；其余细节内容，如链传动的多边形效应，多以选择题、填空题和简答题的形式出现。复习时需重点理解记忆。

【重点难点归纳】

一、链传动的特点及应用(见表 9-1-1)

表 9-1-1 链传动的特点及应用

要点	主要内容	
结构	由链条和链轮组成	
优点	结构较紧凑，平均传动比准确	
缺点	瞬时传动比不恒定	
应用	适用于两轴相距较远，低速重载，工作环境恶劣的场合	
分类	传动链	可以分为滚子链、齿形链等类型。
	输送链和起重链	

二、传动链的结构特点

1. 滚子链（见表 9-1-2）

表 9-1-2 滚子链的主要内容

要点	主要内容
结构	组成部分有滚子、套筒、销轴、内链板和外链板
链排数	功率较大时，可使用双排或多排链；但各排链承受的载荷不同
链节数	链节数为偶数，避免使用过渡链节，避免过渡链节的链板受附加弯矩的作用
节距 p	①节距增大，可传递的功率也增大，但链条尺寸也增大。 ② p = 链号数 ×25.4/16mm
标记	链号—排数—链节数　标准编号

2. 齿形链（见表 9-1-3）

表 9-1-3 齿轮链的主要内容

要点	主要内容
齿楔角	链板两个外侧直边的夹角
导板	有内导板和外导板，当链轮宽度较大时，采用内导板齿形链；当链轮宽度较小时，可采用外导板齿形链
优点	传动平稳、噪声小，效率高，常用于高速、冲击载荷、大传动比和小中心距等场合
缺点	结构复杂，制造困难，成本较高

三、滚子链链轮的结构和材料

1. 链轮的基本参数和主要尺寸

链轮的基本参数包括配用链条的节距 p，套筒的最大外径 d_1，排距 p_t 和齿数 z。

2. 链轮的结构

可根据链轮的直径大小选择不同的结构。小直径，选择整体式；中等尺寸，选择孔板式；大直径，可将齿圈用螺栓连接或焊接在轮毂上。

3. 链轮的材料

链轮轮齿要满足耐磨和强度条件。一般小链轮的材料比大链轮好。常用的材料有碳钢、合金钢和灰铸铁等。

四、链传动的工作情况分析（见表 9-1-4）

表 9-1-4 链传动的工作情况分析

要点	主要内容
平均速度 v	$v = z_1 n_1 p/(60\times1000) = z_2 n_2 p/(60\times1000)$
平均传动比	$i = n_1/n_2 = z_2/z_1$
多边形效应	瞬时传动比为 $i=\dfrac{\omega_1}{\omega_2}=\dfrac{R_2\cos\gamma}{R_1\cos\beta}$。 瞬时传动比与链条绕在链轮上的多边形特征有关，故称之为多边形效应
惯性力	①主动轮：$F_{d1}=ma_c$。 m 为紧边链条的质量；a_c 为链条变速运动的加速度。 ②从动轮：$F_{d2}=(J/R_2)(\mathrm{d}\omega_2/\mathrm{d}t)$。 J 为从动链轮轴上的转动惯量；ω_2 为从动链轮的角速度。 ③减小链传动的运动不均匀性和动载荷：减小节距，增多齿数

续表

要点	主要内容
紧边拉力和松边拉力 $F_1 = F_e + F_c + F_f$ $F_2 = F_c + F_f$	①有效圆周力 $F_e = 1000P/v$，P 为传递的功率；v 为链速。 ②离心力引起的拉力 $F_c = qv^2$，q 为链条单位长度的质量。 ③悬垂拉力 $F_f = \max(F'_f,\ F''_f)$ $\left.\begin{aligned} F'_f &= K_f qa \times 10^2 \\ F''_f &= (K_f + \sin\alpha) qa \times 10^2 \end{aligned}\right\}$ a 为链传动的中心距；K_f为垂度系数

五、滚子链传动的设计计算

1. 链传动的失效形式和参数选择（见表 9-1-5）

表 9-1-5　链传动的失效形式和参数选择

要点	主要内容
失效形式	链的疲劳破坏、链条铰链的磨损、链条铰链的胶合及链条的过载破坏
参数选择	①链轮齿数：不宜过少，也不宜过多；一般为 17～114，$z_{\max} \leqslant 150$。常取奇数，并尽可能与链节数互质。 ②传动比 i：一般取 $i \leqslant 6$，常取 $i = 2 \sim 3.5$。 ③中心距 a：一般取 $a_0 = (30 \sim 50)p$，最大取 $a_{0\max} = 80p$。 ④链的节距和排数：尽量选取较小节距的单排链；高速、大功率，宜用小节距的多排链

2. 滚子链传动的设计计算

(1)选择链轮齿数 z_1、z_2和确定传动比 i

一般链轮齿数为 17～114。传动比 i 按 $i = z_2/z_1$计算。

(2)计算当量的单排链计算功率 P_{ca}

当量的单排链计算功率 $P_{ca} = K_A K_z P/K_p$。

式中，K_A为工况系数；K_z为主动链轮齿数系数；K_p为多排链系数。

(3)确定链条型号和节距 p

根据 P_{ca}、单排链额定功率 P_c和主动链轮转速 n_1由教材图 9-11 选择链条型号。链条节距 p 由教材表 9-1 确定。

(4)计算链节数和中心距

初选中心距 $a_0 = (30 \sim 50)p$，链节数 L_{p0}

$$L_{p0} = 2\frac{a_0}{p} + \frac{z_1 + z_2}{2} + \left(\frac{z_2 - z_1}{2\pi}\right)\frac{p}{a_0}$$

将计算出的链节数 L_{p0}圆整为偶数 L_p。

链传动的最大中心距为 $a_{\max} = f_1 p[2L_p - (z_1 + z_2)]$。

(5)计算链速 v，确定润滑方式

润滑方式根据平均链速，由教材图 9-14 得到。

(6)计算链传动作用在轴上的压轴力 F_p

压轴力 $F_p \approx K_{Fp} F_e$。其中，F_e为有效圆周力；K_{Fp}为压轴力系数。

六、链传动的布置、张紧、润滑与防护

1. 链传动的布置

(1)链传动的布置原则

链轮必须位于铅垂面内，且两链轮共面；避免中心线处于铅垂位置；一般紧边在上，松边在下。

(2)链传动的具体布置(见教材表9-8)

2. 链传动的张紧、润滑和防护(见表9-1-6)

表9-1-6　链传动的张紧、润滑和防护

要点	主要内容
张紧方法	通过去掉磨损的链条来调节中心距；设置张紧轮
张紧轮	包括自动张紧和定期张紧
润滑	推荐采用黏度等级为32、46、68的润滑油；润滑脂应定期清洗和更换
防护	用防护罩封闭链传动装置

9.2　课后习题详解

9-1　如图9-2-1所示的几种链传动，小链轮为主动链轮，中心距 $a=(30\sim50)p$。它在图9-2-1(a)、(b)所示布置中应按哪个方向回转算合理？两轮轴线布置在同一竖直面内(图9-2-1c)有什么缺点？应采取什么措施？

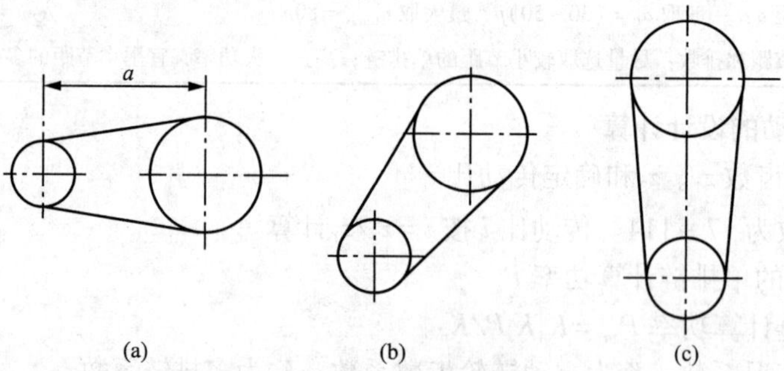

图9-2-1　几种链传动

答：(1)图中链轮的方向：

图9-2-1(a)，(b)所示布置中链轮按逆时针方向旋转合理。

(2)两轮轴线布置在同一铅垂面内的缺点：

下垂量增大，下链轮的有效啮合齿数减少，降低了传动能力。

(3)应采取的措施：①调整中心距；②加张紧轮；③两轮偏置。

9-2　某链传动传递的功率 $P=1\text{kW}$，主动链轮转速 $n_1=48\text{r/min}$，从动链轮转速 $n_2=14\text{r/min}$，载荷平稳，定期人工润滑，试设计此链传动。

解：(1)选择链轮齿数

由题意可得，该链传动的传动比

$$i=\frac{n_1}{n_2}=\frac{48}{14}\approx3.4$$

选取小链轮齿数 $z_1=19$。

则大链轮齿数

$$z_2=iz_1=3.4\times19=64.6$$

取 $z_2=65$。

(2)确定计算功率

查教材表 9-6 得 $K_A=1.0$，由 $K_z=\left(\frac{19}{z_1}\right)^{1.08}$，得 $K_z=1$，单排链，则计算功率为

$$P_{ca}=K_AK_zP=1.0\times1\times1=1\text{kW}$$

(3)选择链条型号和节距

根据 $P_{ca}=1\text{kW}$ 和 $n_1=48\text{r/min}$，查教材图 9-11，选取 12A 型，查教材表 9-1 得链条节距 $p=19.05\text{mm}$。

(4)计算链节数和中心距

初选中心距

$$a=(30\sim50)p=(30\sim50)\times19.05=571.5\sim952.5\text{mm}$$

取 $a_0=800\text{mm}$。

则相应的链长节数为

$$L_{p0}=2\frac{a_0}{p}+\frac{(z_2+z_1)}{2}+\left(\frac{z_2-z_1}{2\pi}\right)^2\frac{p}{a_0}=2\times\frac{800}{19.05}+\frac{(65+19)}{2}+\left(\frac{65-19}{2\pi}\right)^2\times\frac{19.05}{800}\approx127.27$$

取链长节数 $L_p=128$ 节。

由 $\frac{L_p-z_1}{z_2-z_1}=\frac{128-19}{65-19}\approx2.37$，查教材表 9-7 插值得，中心距计算系数 $f_1\approx0.24626$。

则链传动的最大中心距

$$a_{\max}=f_1p[2L_p-(z_1+z_2)]=0.24626\times19.05\times[2\times128-(19+65)]\approx807\text{mm}$$

(5)计算链速

$$v=\frac{n_1z_1p}{60\times1000}=\frac{48\times19\times19.05}{60\times1000}\approx0.29\text{m/s}$$

根据链速和链号查教材图 9-13 可知，其润滑方式符合题中已知的人工润滑，合适。

(6)计算压轴力

有效圆周力

$$F_e=\frac{1000P}{v}=\frac{1000\times1}{0.29}\approx3448\text{N}$$

按水平传动，取压轴系数 $K_{Fp}=1.15$，则压轴力

$$F_p\approx K_{Fp}F_e=1.15\times3448=3965.2\text{N}\approx3.97\text{kN}$$

9-3　已知主动链轮转速 $n_1=850\text{r/min}$，齿数 $z_1=21$，从动链轮齿数 $z_2=99$，中心距 $a=900\text{mm}$，滚子链极限拉伸载荷为 55.6kN，工作情况系数 $K_A=1$。试求链条所能传递的功率。

解：查教材表 9-1 可知，满足滚子链极限拉伸载荷 55.6kN 的链节距为 $p=25.4\text{mm}$，链号为 16A 的滚子链。查教材图 9-11 得 $P_c=32\text{kW}$，由 $K_z=\left(\frac{19}{z_1}\right)^{1.08}$，得 $K_z\approx0.898$，单排链 $K_p=1$，则

根据

$$P_{ca}=K_AK_zP/K_p\leqslant P_c$$

得传递的功率

$$P\leqslant K_pPca/(K_AK_z)=32/0.898\approx35.96\text{kW}$$

9-4　选择并验算一输送装置用的传动链。已知：链传动传递的功率 $P=7.5\text{kW}$，主动链轮的转速 $n_1=960\text{r/min}$，传动比 $i=3$，工作情况系数 $K_A=1.5$，中心距 $a\leqslant650\text{mm}$(可以调节)。

解：(1)选择链轮齿数

选取小链轮齿数 $z_1=23$，则大链轮齿数

$$z_2=iz_1=3\times23=69$$

(2)确定计算功率

由 $K_z=\left(\frac{19}{z_1}\right)^{1.08}$，得 $Kz\approx0.814$，单排链，则计算功率

$$P_{ca}=K_AK_zP=1.5\times0.814\times7.5\approx9.16\text{kW}$$

(3)选择链条型号和中心距

根据 $P_{ca}\approx9.16\text{kW}$ 和 $n_1=960\text{r/min}$，查教材图 9-11，选取 12A 型，查教材表 9-1 得链条节距 $p=19.05\text{mm}$。

(4)计算链节数和中心距

初选中心距

$$a=(30\sim50)p=(30\sim50)\times19.05=571.5\sim952.5\text{mm}$$

取 $a_0=650\text{mm}$。

则相应的链长节数为

$$L_{p0}=2\frac{a_0}{p}+\frac{(z_2+z_1)}{2}+\left(\frac{z_2-z_1}{2\pi}\right)^2\frac{p}{a_0}=2\times\frac{650}{19.05}+\frac{(69+23)}{2}+\left(\frac{69-23}{2\pi}\right)^2\times\frac{19.05}{650}\approx115.8$$

取链长节数 $L_p=116$ 节。

查教材表 9-7 得，中心距计算系数 $f_1=0.24425$，则链传动的最大中心距

$$a_{\max}=f_1p[2L_p-(z_1+z_2)]=0.24425\times19.05\times[2\times116-(23+69)]\approx651.4\text{mm}$$

符合题目要求。

(5)计算链速

$$v=\frac{n_1z_1p}{60\times1000}=\frac{960\times23\times19.05}{60\times1000}\approx7.0\text{m/s}$$

根据链速和链号，查教材图 9-14 可知其润滑方式采用压力供油润滑。

(6)计算压轴力

有效圆周力

$$F_e=\frac{1000P}{v}=\frac{1000\times7.5}{7.0}\approx1071\text{N}$$

按水平传动，取压轴系数 $K_{Fp}=1.15$，则压轴力

$$F_p=K_{Fp}F_e=1.15\times1071=1231.65\text{N}$$

9.3 名校考研真题

一、选择题

1. 与齿轮传动相比，链传动的劣势在于(　　)。[河海大学 2025 研]

A. 噪声大　　B. 安装精度高

C. 制造成本高　　D. 适合较大中心距传动

2. 在一定转速下，要减轻链传动的速度不均匀性和动载荷，应(　　)。[长沙理工大学 2019 研；浙江大学 2010 研]

A. 增大链条的节距和链轮齿数

B. 增大链条的节距，减少链轮齿数

C. 减少链条的节距和链轮齿数

D. 减少链条的节距，增大链轮齿数

3. 链传动通常布置在传动系统中的(　　)。[湘潭大学 2016 研]

A. 低速级　　B. 中间级　　C. 高速级　　D. 任意一级

4. 链传动中尽量避免采用过渡链节的主要原因是(　　)。[广东工业大学 2014 研]

A. 制造困难　　B. 链板受到附加弯曲作用

C. 价格贵

5. 大链轮的齿数 Z_2 不宜过多的原因是(　　)。[浙江理工大学 2019 研]

A. 齿数 Z_2 越多，链条的磨损越大

B. 齿数 Z_2 越多，传动的动载荷越大

C. 齿数 Z_2 越多，传动越不平稳

D. 齿数 Z_2 越多，链条磨损后越容易发生掉链现象

6. 低速链传动中($v<0.6m/s$)，这时链的主要破坏是(　　)。[重庆大学 2015 研]

A. 冲击破坏　　B. 过载拉断

C. 胶合　　D. 链条铰链的磨损

二、填空题

1. 链轮齿数选择奇数是为了______，链传动的各种失效形式都与______有关。[长安大学 2025 研]

2. 多排链排数一般不超过 3 或 4 排，主要是为了______。[四川大学 2013 研]

3. 设计时，为改善滚子链传动的运动不均匀性，可______节距 p 或______齿数 z。[华中科技大学 2012 研]

4. 链传动能保证______传动比为定值。[广东工业大学 2014 研]

5. 链传动中，链板受到的应力类型属于______。[武汉理工大学 2017 研]

6. 链条的磨损主要发生在______的接触面上。[西北工业大学 2015 研]

7. 链传动通常布置在传动系统中的______，低速链转动中($v<0.6m/s$)，链的主要破坏形式是______。[长安大学 2024 研]

8. 滚子链与链轮啮合属于______，已知滚子链链轮节距 $p=12.7mm$，齿数 $z=19$，该链轮的分度圆直径是______。[长安大学 2024 研]

三、判断题

1. 链传动为啮合传动，和齿轮传动一样，理论上瞬时角速度之比为常数。(　　)[浙江大学 2013 研]

2. 链传动人工润滑时，润滑油应加在紧边上。(　　)[四川大学 2013 研]

3. 设计滚子链传动时，链节数一般应取偶数。(　　)[中山大学 2015 研]

4. 水平放置的链传动其紧边应设置在上边。(　　)[浙江大学 2013 研]

四、简答题

1. 如图 9-3-1 所示，链传动的布置形式，小链轮为主动轮，中心距 $a=(30\sim50)p$。

(1)确定 a 和 b 中小链轮的转向；

(2)图 c 的布置形式是否合理？为什么？如何改进？[广东工业大学 2018 研]

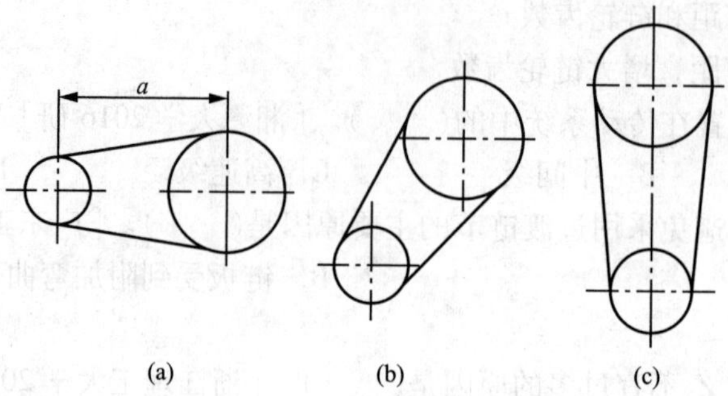

图 9-3-1

2．链传动中为什么会产生运动不均匀现象？如何减轻链传动的运动不均匀现象？［山东大学 2017 研；扬州大学 2021 研］

相关真题：

(1)链传动产生运动不均匀的原因是什么？小链轮的齿数对运动不均匀性有何影响？［扬州大学 2019 研］

(2)链传动为什么会产生不均匀现象？如何缓解这种现象？［长安大学 2025 研］

3．设计滚子链传动时，为什么中心距不宜取得过大或过小？［湘潭大学 2016 研］

相关真题：链传动的中心距为什么不宜太小，也不能过大？［扬州大学 2022 研］

4．与齿轮传动、带传动相比，链传动具有哪些优点？适用于哪些场合？［中国科学院大学 2013 研］

相关真题：与齿轮传动和带传动相比，链传动有什么特点？适用于什么场合？［中国地质大学(北京)2023 研］

5．简述齿形链的特点及相对于滚子链的优缺点。［长安大学 2024 研］

9.4　名校考研真题详解

一、选择题

1．与齿轮传动相比，链传动的劣势在于(　　)。［河海大学 2025 研］

A．噪声大　　B．安装精度高

C．制造成本高　　D．适合较大中心距传动

【答案】A

【解析】链传动的主要缺点是：只能实现平行轴间链轮的同向传动，运转时不能保持恒定的瞬时传动比，磨损后易发生跳齿，工作时有噪声，不宜用在载荷变化很大、高速和急速反向的传动中。

2．在一定转速下，要减轻链传动的速度不均匀性和动载荷，应(　　)。［长沙理工大学 2019 研；浙江大学 2010 研］

A．增大链条的节距和链轮齿数　　B．增大链条的节距，减少链轮齿数

C．减少链条的节距和链轮齿数　　D．减少链条的节距，增大链轮齿数

【答案】D

【解析】链的转速越高，节距越大，齿数越少，则惯性力就越大，相应的动载荷也就越大。设计时应尽可能选用小节距的链；为改善链传动的运动不均匀性，可选用较小的链节距，增加链轮齿数和限制链轮转速。

3．链传动通常布置在传动系统中的(　　)。［湘潭大学 2016 研］

A．低速级　　B．中间级　　C．高速级　　D．任意一级

【答案】A

【解析】由于链传动的多边形效应，其瞬时链速和瞬时传动比不是常数，传动平稳性差，故常布置在传动系统中的低速级。

4．链传动中尽量避免采用过渡链节的主要原因是(　　)。［广东工业大学 2014 研］

A．制造困难　　B．链板受到附加弯曲作用

C．价格贵

【答案】B

【解析】当链节数为奇数节时需采用过渡链节，而过渡链节的链板要受附加弯矩的作用，减小链条的强度。

5．大链轮的齿数 Z_2 不宜过多的原因是(　　)。［浙江理工大学 2019 研］

A．齿数 Z_2 越多，链条的磨损越大

B．齿数 Z_2 越多，传动的动载荷越大

C．齿数 Z_2 越多，传动越不平稳

D．齿数 Z_2 越多，链条磨损后越容易发生掉链现象

【答案】D

【解析】大链轮齿数过多，不仅增大了传动的总体尺寸，而且当磨损量一定时，链轮的齿数越多，链轮上每一个链节对应的圆心角就越小，铰链所在圆的直径的增加量越大，铰链越接近齿顶，跳链和脱链的可能性越大。

6．低速链传动中($v<0.6$m/s)，这时链的主要破坏是(　　)。［重庆大学 2015 研］

A．冲击破坏　　B．过载拉断　　C．胶合　　D．链条铰链的磨损

【答案】B

【解析】胶合和冲击破坏发生在链速较高的情况下，链条铰链的磨损是铰链中的销轴和套筒间承受较大的压力，以及发生相对转动所导致的。当链速较低时，若不增加链条负载而变形依然持续增加，即认为链条静力破坏。若负载超过导致链条变形持续增加的最小负载，链条就可能被拉断，即过载拉断。

二、填空题

1．链轮齿数选择奇数是为了______，链传动的各种失效形式都与______有关。［长安大学 2025 研］

【答案】使链条和链轮磨损均匀；链速

【解析】由于链节数通常是偶数，为使链条和链轮磨损均匀，常取链轮齿数为奇数，并尽可能与链节数互质。链传动的失效形式包括：链的疲劳破坏、链条铰链的磨损、链条铰链的胶合及链条的过载破坏。链传动的各种失效形式都与链速有关。

2．多排链排数一般不超过 3 或 4 排，主要是为了______。［四川大学 2013 研］

【答案】使各排受力均匀

【解析】多排链结构可以传递较大功率，但由于精度的影响，各排链承受的载荷不均匀，故排数不宜过多，一般不超过 3 或 4 排。

3．设计时，为改善滚子链传动的运动不均匀性，可______节距 p 或______齿数 z。［华中科技大学 2012 研］

【答案】减小；增大

【解析】链轮的转速越高，节距越大，齿数越少，则惯性力就越大，运动不均匀性和相应的动载荷也就越大。所以设计时，为改善滚子链传动的运动不均匀性，可减小节距，增大齿数。

4．链传动能保证______传动比为定值。［广东工业大学2014研］

【答案】平均

【解析】由于链传动具有多边形效应，故不能保持恒定的瞬时传动比，但能保证平均传动比为定值。

5．链传动中，链板受到的应力类型属于______。［武汉理工大学2017研］

【答案】非对称循环变应力

【解析】在链传动过程中，由于传动比不恒定且链板受力一直在变化，链板受到的应力为非对称循环变应力。

6．链条的磨损主要发生在______的接触面上。［西北工业大学2015研］

【答案】销轴和套筒

【解析】链条在正常工作时，铰链中的销轴与套筒间承受的压力较大，且具有相对转动，容易发生铰链磨损，导致链节距增大，链条总长度增加，从而使松边垂度变化，增大了运动的不均匀性和动载荷，容易引起跳齿。

7．链传动通常布置在传动系统中的______，低速链转动中（$v<0.6\mathrm{m/s}$），链的主要破坏形式是______。［长安大学2024研］

【答案】低速级；链条的静力破坏

【解析】传动链又可以分为短节距精密滚子链（简称滚子链）、齿形链等类型。其中滚子链常用于传动系统的低速级，一般传递的功率在100kW以下，链速不超过15m/s，推荐使用的最大传动比$i_{\max}=6$。齿形链应用较少。

链条的静力破坏：当链速较低时（$v<0.6\mathrm{m/s}$），如果链条负载不增加而变形持续增加，即认为链条正在被破坏。导致链条变形持续增加的最小负载将限制链条能够承受的最大载荷。

8．滚子链与链轮啮合属于______，已知滚子链链轮节距$p=12.7\mathrm{mm}$，齿数$z=19$，该链轮的分度圆直径是______。［长安大学2024研］

【答案】非共轭啮合；77.16mm

【解析】滚子链与链轮的啮合属于非共轭啮合，其链轮齿形的设计比较灵活。

滚子链链轮的分度圆直径为：$d=\dfrac{p}{\sin\left(\dfrac{180^\circ}{z}\right)}=\dfrac{12.7}{\sin\left(\dfrac{180^\circ}{19}\right)}=77.16\mathrm{mm}$。

三、判断题

1．链传动为啮合传动，和齿轮传动一样，理论上瞬时角速度之比为常数。（　）［浙江大学2013研］

【答案】错

【解析】平均角速度之比为常数，但由于多边形效应，瞬时角速度之比不为常数。瞬时角速度之比为$i=\dfrac{\omega_1}{\omega_2}=\dfrac{R_2\cos\gamma}{R_1\cos\beta}$，其中角$\beta$和角$\gamma$随时间变化而变化，故瞬时传动比不为常数。

2. 链传动人工润滑时，润滑油应加在紧边上。(　　)［四川大学 2013 研］

【答案】错

【解析】链传动人工润滑时，润滑油应加在链条松边内，外链板间隙中。

3. 设计滚子链传动时，链节数一般应取偶数。(　　)［中山大学 2015 研］

【答案】对

【解析】当选用奇数链节时需要增加过渡链节，但是过渡链节的链板要承受额外的弯矩，所以一般选择偶数链节。

4. 水平放置的链传动其紧边应设置在上边。(　　)［浙江大学 2013 研］

【答案】对

【解析】链传动的布置一般应遵守下列原则：两链轮轴线应平行，两链轮应位于同一平面内，尽量采用水平或接近水平的布置，原则上应使紧边在上，否则松边下垂量增大后，链条易与链轮卡死。

四、简答题

1. 如图 9-4-1 所示，链传动的布置形式，小链轮为主动轮，中心距 $a=(30\sim50)p$。

(1) 确定 a 和 b 中小链轮的转向；

(2) 图 c 的布置形式是否合理？为什么？如何改进？［广东工业大学 2018 研］

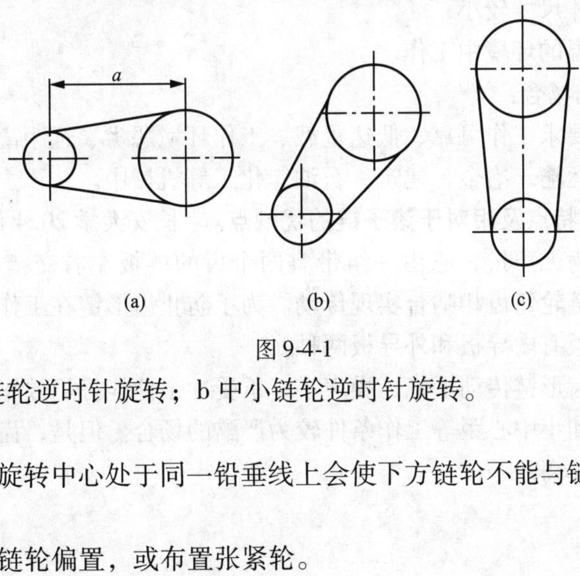

图 9-4-1

答：(1) a 中小链轮逆时针旋转；b 中小链轮逆时针旋转。

(2) ①不合理；

②原因：两链轮旋转中心处于同一铅垂线上会使下方链轮不能与链条很好地啮合，对工作不利；

③改进：可将小链轮偏置，或布置张紧轮。

2. 链传动中为什么会产生运动不均匀现象？如何减轻链传动的运动不均匀现象？［山东大学 2017 研；扬州大学 2021 研］

相关真题：

(1) 链传动产生运动不均匀的原因是什么？小链轮的齿数对运动不均匀性有何影响？［扬州大学 2019 研］

(2) 链传动为什么会产生不均匀现象？如何缓解这种现象？［长安大学 2025 研］

答：(1) 链传动的不均匀现象是由于链传动的多边形效应。

(2) 可采用以下措施：①增加小链轮齿数；②在满足传动的情况下，尽量用较小的链节距；③限制链速，在多级传动中，链传动宜用于低速级。

3．设计滚子链传动时，为什么中心距不宜取得过大或过小？［湘潭大学 2016 研］

相关真题：链传动的中心距为什么不宜太小，也不能过大？［扬州大学 2022 研］

答：链传动设计时，中心距过小，链速不变时，单位时间内链条绕转和循环次数增多，加剧了链的磨损和疲劳。同时小链轮包角变小，包角范围内，每个轮齿所承受的载荷增大，易出现跳齿和脱链现象；中心距过大时会引起松边垂度过大，链条易与链轮卡死。

4．与齿轮传动、带传动相比，链传动具有哪些优点？适用于哪些场合？［中国科学院大学 2013 研］

相关真题：与齿轮传动和带传动相比，链传动有什么特点？适用于什么场合？［中国地质大学（北京）2023 研］

答：(1)链传动与齿轮传动相比，其优点有：

①链传动的安装精度要求较低；

②链传动的成本低廉；

③适用于远距离传动。

链传动与带传动相比，其优点有：

①链传动能保持恒定的平均传动比；

②承受的径向压力较小；

③结构紧凑，整体尺寸较小；

④能在潮湿和高温的环境中工作。

(2)链传动适用的场合：

链传动主要用在要求工作可靠、低速重载、工作环境恶劣、远距离传动的场合。多应用于农业、矿山、起重运输、冶金、建筑、石油、化工等机械中。

5．简述齿形链的特点及相对于滚子链的优缺点。［长安大学 2024 研］

答：齿形链又称为无声链，它由一组带有两个齿的链板左右交错并列铰链而成。工作时，链齿外侧直边与链轮轮齿相啮合实现传动。为了防止齿形链在工作时发生侧向窜动，齿形链上设有导板。导板有内导板和外导板两种。

与滚子链相比，齿形链传动平稳、噪声小、承受冲击性能好、效率高，工作可靠，故常用于高速、大传动比和小中心距等工作条件较为严酷的场合。但是，齿形链比滚子链结构复杂，难于制造，价格较高。

第十章　齿轮传动

10.1　复习笔记

【知识框架】

- 齿轮传动
  - 概述：特点及类型
  - 齿轮传动的失效形式及设计准则
    - 失效形式：轮齿折断、齿面磨损、点蚀和胶合
    - 设计准则
      - 齿根弯曲疲劳强度
      - 齿面接触疲劳强度
  - 齿轮的材料及其选择原则
    - 常用的齿轮材料：钢、铸铁、非金属材料
    - 齿轮材料的选择原则
  - 齿轮传动的计算载荷
    - 使用系数
    - 动载系数
    - 齿间载荷分配系数
    - 齿向载荷分布系数
  - 标准直齿圆柱齿轮传动的强度计算
    - 齿轮的受力分析
    - 齿根弯曲疲劳强度计算
    - 齿面接触疲劳强度计算
    - 齿轮传动的强度计算说明
  - 齿轮传动的精度、设计参数与许用应力
    - 齿轮传动的精度及其选择
    - 齿轮传动设计参数的选择
      - 压力角
      - 齿数
      - 齿宽系数
    - 齿轮的许用应力
  - 标准斜齿圆柱齿轮传动的强度计算
    - 轮齿的受力分析
    - 斜齿圆柱齿轮强度的计算原理
    - 齿根弯曲疲劳强度计算
    - 齿面接触疲劳强度计算
  - 标准直齿锥齿轮传动的强度计算
    - 设计参数
    - 轮齿的受力分析
    - 齿根弯曲疲劳强度计算
    - 齿面接触疲劳强度计算
    - 曲齿锥齿轮传动简介
  - 变位齿轮传动强度计算概述
  - 齿轮的结构设计
  - 齿轮传动的润滑
    - 齿轮传动的润滑方式
    - 润滑剂的选择
  - 圆弧齿圆柱齿轮传动简介

【通关提要】

本章主要介绍了标准直齿圆柱齿轮传动、标准斜齿圆柱齿轮传动及标准直齿锥齿轮传动的强度计算。学习时需要掌握齿轮传动的失效形式及设计准则、计算载荷及参数选择，多以选择题、填空题和简答题的形式出现。针对三种齿轮传动的强度计算，由于计算难度较大，通常以选择题和简答题的方式考查其中的重难点，比如设计计算中，许用应力的计算和选取，齿轮的受力分析等。复习本章时不应以计算为重点，需理解记忆其中要点。

【重点难点归纳】

一、齿轮传动的类型(见表10-1-1)

表10-1-1　齿轮传动的类型

分类依据	主要内容
装置形式不同	可分为：①开式齿轮传动；②半开式齿轮传动；③闭式齿轮传动
使用情况	按使用情况可分为低速、高速及轻载、重载
齿轮材料的性能及热处理工艺	可分为轮齿较脆或较韧，齿面有较硬(齿轮工作面的硬度大于350HBW或38HRC，称为硬齿面齿轮)或较软(称为软齿面齿轮)等

二、齿轮传动的失效形式及设计准则(见表10-1-2)

表10-1-2　齿轮传动的失效形式及设计准则

失效形式	主要内容
轮齿折断	①轮齿过载折断；②齿轮严重磨损导致的折断；③整齿折断；④局部折断；⑤齿轮接触线倾斜导致的局部折断
齿面磨损	开式齿轮的主要失效形式之一
齿面点蚀	节线附近啮合齿数频率小，接触应力大；齿轮间相对滑动速度小，齿轮间油膜不易形成，所以容易出现点蚀
齿面胶合	①齿面热胶合；②齿面冷胶合
塑性变形	提高轮齿齿面硬度，采用高黏度的或加有极压添加剂的润滑油
设计准则	闭式齿轮传动，以保证齿面接触疲劳强度为主；开式(半开式)齿轮传动，以保证齿根弯曲疲劳强度为主

三、齿轮的材料及其选择原则

常用材料分为：①钢：包括制造齿轮的锻钢和铸钢；②铸铁；③非金属材料。

选择原则：①齿轮材料必须满足工作条件的要求；②小齿轮与大齿轮的硬度差应保持为30～50HBW或更多。

四、齿轮传动的计算载荷

计算载荷 $F_{ca}=KF_n$。其中，K 为载荷系数，$K=K_AK_vK_\alpha K_\beta$。

K_A为使用系数，K_v为动载系数，K_α为齿间载荷分配系数，K_β为齿向载荷分布系数。

五、标准直齿圆柱齿轮传动的强度计算(见表10-1-3)

表 10-1-3　标准直齿圆柱齿轮传动的强度计算

要点	主要内容	
受力分析	力的大小 $$\left.\begin{aligned}F_{t1}&=2T_1/d_1\\F_{r1}&=F_{t1}\tan\alpha\\F_n&=F_{t1}/\cos\alpha\end{aligned}\right\}$$ T_1为小齿轮传递的转矩；α为压力角	力的方向 主动轮的圆周力 F_{t1} 与转向相反，从动轮与转向相同；径向力 F_{r1} 指向轴心
齿根弯曲疲劳强度计算	校核及设计公式 $$\sigma_F=\frac{2K_FT_1Y_{Fa}Y_{Sa}Y_\varepsilon}{\varphi_d m^3 z_1^2}\leqslant[\sigma_F]$$ $$m\geqslant\sqrt[3]{\frac{2K_FT_1Y_\varepsilon}{\varphi_d z_1^2}\cdot\left(\frac{Y_{Fa}Y_{Sa}}{[\sigma_F]}\right)}$$	系数含义 K_F为弯曲疲劳强度计算的载荷系数，$K_F=K_AK_vK_{F\alpha}K_{F\beta}$；$Y_{Fa}$为齿形系数；$Y_{Sa}$为载荷作用于齿顶时的应力修正系数；$Y_\varepsilon$为弯曲疲劳强度计算的重合度系数，$Y_\varepsilon=0.25+0.75/\varepsilon_\alpha$（$\varepsilon_\alpha$为直齿圆柱齿轮的重合度）
齿面接触疲劳强度计算	校核及设计公式 $$\sigma_H=\sqrt{\frac{2K_HT_1}{\varphi_d d_1^3}\cdot\frac{u\pm1}{u}}Z_HZ_EZ_\varepsilon\leqslant[\sigma_H]$$ $$d_1\geqslant\sqrt[3]{\frac{2K_HT_1}{\varphi_d}\cdot\frac{u\pm1}{u}\cdot\left(\frac{Z_HZ_EZ_\varepsilon}{[\sigma_H]}\right)^2}$$	系数含义 K_H为接触疲劳强度计算的载荷系数，$K_H=K_AK_vK_{H\alpha}K_{H\beta}$。 Z_H为区域系数，$Z_H=\sqrt{\frac{2}{\cos\alpha\sin\alpha}}$。 Z_E为弹性影响系数。Z_ε为接触疲劳强度计算的重合度系数，$Z_\varepsilon=\sqrt{\frac{4-\varepsilon_\alpha}{3}}$
强度计算说明	①根据弯曲疲劳强度设计计算时，取 $Y_{Fa1}Y_{Sa1}/[\sigma_F]_1$ 和 $Y_{Fa2}Y_{Sa2}/[\sigma_F]_2$ 中的较大者代入计算。 ②根据齿面接触疲劳强度计算时，取$[\sigma_H]_1$和$[\sigma_H]_2$中的较小者代入计算。 ③修正公式：$d_1=d_{1t}\sqrt[3]{K_H/K_{Ht}}$，$m=m_t\sqrt[3]{K_F/K_{Ft}}$	

六、标准斜齿圆柱齿轮传动的强度计算（见表 10-1-4）

表 10-1-4　标准斜齿圆柱齿轮传动的强度计算

要点	主要内容	
受力分析	力的大小 $$\left.\begin{aligned}F_{t1}&=\frac{2T_1}{d_1}\\F_{r1}&=F_{t1}\tan\alpha_t=F_{t1}\tan\alpha_n/\cos\beta\\F_{a1}&=F_{t1}\tan\beta\\F_{n1}&=F_{t1}/(\cos\alpha_n\cos\beta)=F_{t1}/(\cos\alpha_t\cos\beta_b)\end{aligned}\right\}$$ β为螺旋角；α_t为端面压力角；α_n为法面压力角，$\tan\alpha_n=\tan\alpha_t\cos\beta$；$\beta_b$为基圆螺旋角，$\tan\beta_b=\tan\beta\cos\alpha_t$	力的方向 主动轮的圆周力 F_{t1} 与转向相反，从动轮与转向相同；径向力 F_{r1} 指向轴心；主动轮的轴向力 F_a 方向根据齿轮的旋向利用右（左）手法则确定，从动轮的轴向力方向与之相反
齿根弯曲疲劳强度计算	校核及设计公式 $$\sigma_F=\frac{2K_FT_1Y_{Fa}Y_{Sa}Y_\varepsilon Y_\beta\cos^2\beta}{\varphi_d m_n^3 z_1^2}\leqslant[\sigma_F]$$ $$m_n\geqslant\sqrt[3]{\frac{2K_FT_1Y_\varepsilon Y_\beta\cos^2\beta Y_{Fa}Y_{Sa}}{\varphi_d z_1^2\qquad[\sigma_F]}}$$	系数含义 Y_{Fa}和Y_{Sa}均按当量齿轮的齿数查表获得；Y_ε为弯曲疲劳强度计算的重合度系数，$Y_\varepsilon=0.25+0.75/\varepsilon_{\alpha v}$；$Y_\beta$为螺旋角系数，$Y_\beta=1-\varepsilon_\beta\cdot\beta/120°$。 当量齿轮的重合度 $\varepsilon_{\alpha v}=\varepsilon_\alpha/\cos^2\beta_b$；斜齿圆柱齿轮的轴向重合度 $\varepsilon_\beta=\phi_d z_1\tan\beta/\pi$

续表

要点	主要内容	
齿面接触疲劳强度计算	校核及设计公式 $\sigma_H=\sqrt{\frac{2K_HT_1}{\varphi_d d_1^3}\cdot\frac{u\pm1}{u}}Z_HZ_EZ_\varepsilon Z_\beta\leqslant[\sigma_H]$ $d_1\geqslant\sqrt[3]{\frac{2K_HT_1}{\varphi_d}\cdot\frac{u\pm1}{u}\cdot\left(\frac{Z_HZ_EZ_\varepsilon Z_\beta}{[\sigma_H]}\right)^2}$	系数含义 Z_ε为重合度系数， $Z_\varepsilon=\sqrt{\frac{4-\varepsilon_\alpha}{3}(1-\varepsilon_\beta)+\frac{\varepsilon_\beta}{\varepsilon_\alpha}}$ Z_β为螺旋角系数，$Z_\beta=\sqrt{\cos\beta}$ Z_H为区域系数，$Z_H=\sqrt{\frac{2\cos\beta_b}{\cos\alpha_t\sin\alpha_t}}$

七、标准直齿锥齿轮传动的强度计算(见表10-1-5)

表10-1-5　标准直齿锥齿轮传动的强度计算

要点	主要内容
几何参数关系	$m_m=m(1-0.5\phi_R)$，$d_m=d(1-0.5\phi_R)$，$h_m=h(1-0.5\phi_R)$ $d_{mv}=\frac{d_m}{\cos\delta}=\frac{d(1-0.5\phi_R)}{\cos\delta}$，$z_v=\frac{z}{\cos\delta}$，$u_v=\frac{z_{v2}}{z_{v1}}=u^2$
受力分析	$\left.\begin{aligned}F_{t1}&=\frac{2T_1}{d_{m1}}\\F_{r1}&=F_{t1}\tan\alpha\cos\delta_1\\F_{a1}&=F_{t1}\tan\alpha\sin\delta_1\\F_n&=F_{t1}/\cos\alpha\end{aligned}\right\}$
齿根弯曲疲劳强度计算	$\sigma_F=\frac{4K_FT_1Y_{Fa}Y_{Sa}Y_\varepsilon}{\phi_R(1-0.5\phi_R)^2m^3z_1^2\sqrt{u^2+1}}\leqslant[\sigma_F]$ $m\geqslant\sqrt[3]{\frac{4K_FT_1Y_\varepsilon}{\phi_R(1-0.5\phi_R)^2z_1^2\sqrt{u^2+1}}\frac{Y_{Fa}Y_{Sa}}{[\sigma_F]}}$
齿面接触疲劳强度计算	$\sigma_H=\sqrt{\frac{4K_HT_1}{\phi_R(1-0.5\phi_R)^2d_1^3u}}Z_HZ_EZ_\varepsilon\leqslant[\sigma_H]$ $d_1\geqslant\sqrt[3]{\frac{4K_HT_1}{\phi_R(1-0.5\phi_R)^2u}\left(\frac{Z_HZ_EZ_\varepsilon}{[\sigma_H]}\right)^2}$

八、齿轮的结构设计和润滑方式(见表10-1-6)

表10-1-6　齿轮的结构设计和润滑方式

要点	主要内容
结构设计	齿轮结构与齿轮的尺寸有关：小尺寸，可以做成实心式齿轮；中等尺寸，可做成腹板式齿轮；当尺寸较大时，可做成轮辐式齿轮或组装齿圈式齿轮
润滑方式	①开式及半开式齿轮传动，采用人工定期润滑。 ②闭式齿轮传动，低速时，采用浸油润滑；高速时，应采用喷油润滑

九、圆弧齿圆柱齿轮传动简介

本章非重点内容，在此不再赘述。

10.2 课后习题详解

10-1　试分析图 10-2-1 所示的齿轮传动各齿轮所受的力(用受力图表示各力的作用位置及方向)。

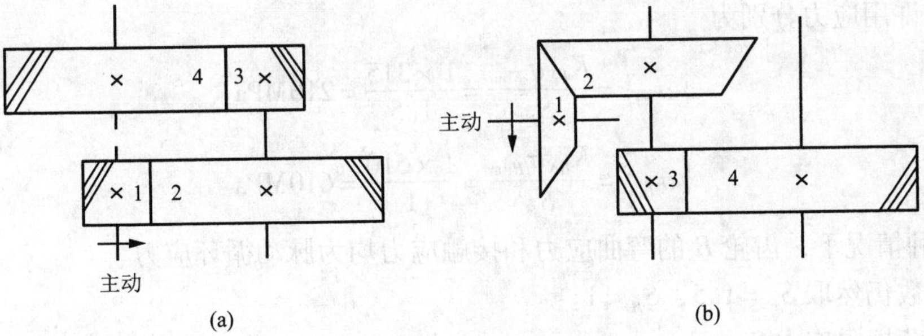

图 10-2-1　齿轮传动力分析

答：该传动的受力图如图 10-2-2 所示。

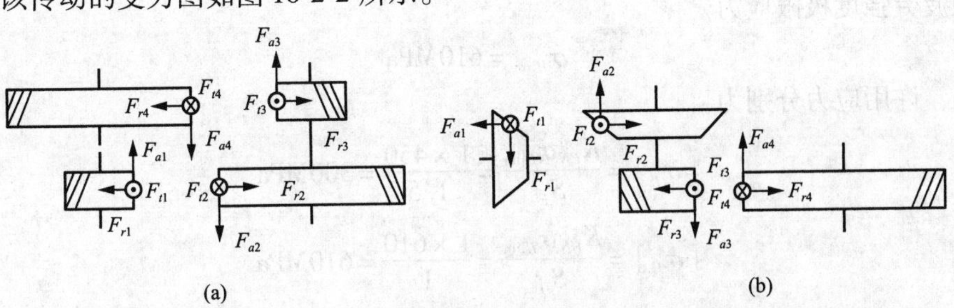

图 10-2-2

(1)对于主动轮，圆周力 F_t 的方向总是和转向相反，从动轮的圆周力 F_t 的方向和转向一致。

(2)径向力 F_r 的方向总是指向轴心。

(3)主动轮的轴向力 F_a 方向根据齿轮的旋向利用右(左)手法则确定，与之啮合的从动轮的轴向力方向与之相反。

10-2　如图 10-2-3 所示的齿轮传动，齿轮 *A*、*B* 和 *C* 的材料都是中碳钢调质，其硬度：齿轮 *A* 为 240HBW，齿轮 *B* 为 260HBW，齿轮 *C* 为 220HBW，试确定齿轮 *B* 的许用接触应力[σ_H]和许用弯曲应力[σ_F]。假定：

1)齿轮 *B* 为“隋轮”(中间轮)，齿轮 *A* 为主动轮，齿轮 *C* 为从动轮，设 $K_{FN}=K_{HN}=1$；

2)齿轮 *B* 为主动，齿轮 *A* 和齿轮 *C* 均为从动，设 $K_{FN}=K_{HN}=1$。

若齿轮的工作寿命不是无限的，问在上述两种情况下对各齿轮的许用应力有何影响？

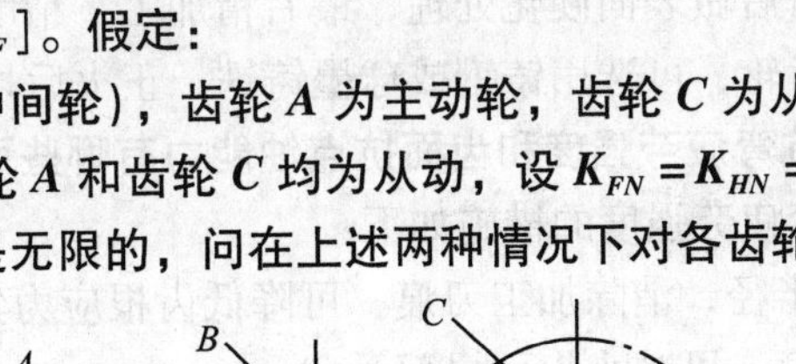

图 10-2-3　齿轮传动许用应力分析

解：(1)此种情况下，齿轮 *B* 的弯曲应力为对称循环应力，接触应力为脉动循环应力。

取弯曲强度和接触强度的安全系数分别为 $S_F=1.5$，$S_H=1$。

查教材图 10-20(c)得其弯曲疲劳极限应力

$$\sigma_{F\lim}=0.7\sigma_{FE}=0.7\times450=315\text{MPa}$$

查教材图 10-21(d)得其接触疲劳强度极限应力 $\sigma_{H\lim}=610\text{MPa}$。

因此，许用应力分别为

$$[\sigma_F]=\frac{K_{FN}\sigma_{F\lim}}{S_F}=\frac{1\times315}{1.5}=210\text{MPa}$$

$$[\sigma_H]=\frac{K_{HN}\sigma_{H\lim}}{S_H}=\frac{1\times610}{1}=610\text{MPa}$$

(2)此种情况下，齿轮 B 的弯曲应力和接触应力均为脉动循环应力。

安全系数仍然取 $S_F=1.5$，$S_H=1$。

弯曲疲劳极限应力

$$\sigma_{F\lim}=\sigma_{FE}=450\text{MPa}$$

接触疲劳强度极限应力

$$\sigma_{H\lim}=610\text{MPa}$$

因此，许用应力分别为

$$[\sigma_F]=\frac{K_{FN}\sigma_{F\lim}}{S_F}=\frac{1\times450}{1.5}=300\text{MPa}$$

$$[\sigma_H]=\frac{K_{HN}\sigma_{H\lim}}{S_H}=\frac{1\times610}{1}=610\text{MPa}$$

10-3　对于双向传动的齿轮来说，它的齿面接触应力和齿根弯曲应力各属于什么循环特性？在做强度计算时应怎样考虑？

答：(1)齿面接触应力是脉动循环，齿根弯曲应力是对称循环。

(2)在作弯曲强度计算时，应将图中查出的极限应力值乘以 0.7。

10-4　齿轮的精度等级与齿轮的选材及热处理方法有什么关系？

答：一般用锻钢制造齿轮(常用的是含碳量在 0.15% ~0.6% 的碳钢或合金钢)。

(1)对于精度要求不高的齿轮，将齿轮毛坯经正火或调质处理后切齿即为成品，这时精度一般为 8 级，精切可达 7 级。

(2)精加工的齿轮切齿后做表面硬化处理，最后精加工，精度可达 5 级或 4 级。

(3)对于尺寸较大的齿轮，可选用铸钢或球墨铸铁，正火后切齿也可达 8 级精度。

10-5　要提高轮齿的抗弯疲劳强度和齿面抗点蚀能力有哪些可能的措施？

答：(1)提高轮齿抗弯疲劳强度的措施如下：

①增大齿根过渡圆角半径，消除加工刀痕，可降低齿根应力集中；

②增大轴和支承的刚度，可减小齿面局部受载；

③采取合适的热处理方法使轮的芯部具有足够的韧性；

④在齿根部进行喷丸、滚压等表面强度处理，降低齿轮表面粗糙度，齿轮采用正变位等。

(2)提高齿面抗点蚀能力的措施如下：

①提高齿面硬度；

②降低表面粗糙度；

③增大润滑油黏度；

④提高加工、安装精度以减小动载荷；

⑤在许可范围内采用较大变位系数的正传动，可增大齿轮传动的综合曲率半径。

10-6 设计铣床中的一对圆柱齿轮传动。已知 $P_1 = 7.5\text{kW}$，$n_1 = 1450\text{r/min}$，$z_1 = 26$，$z_2 = 54$，寿命 $L_h = 12000\text{h}$，小齿轮相对其轴的支承为不对称布置。并画出大齿轮的结构图。

解：(1)选精度等级和材料。

选精度等级为 7 级。选大小齿轮均为 45 钢调质，查教材表 10-1 可得小齿轮硬度为 250HBW，大齿轮硬度为 220HBW。

(2)按齿面接触疲劳强度设计。

①根据设计计算公式 $d_{1t} \geqslant \sqrt[3]{\dfrac{K_H T_1}{\phi_d} \dfrac{u+1}{u} \left(\dfrac{Z_H Z_E Z_\varepsilon}{[\sigma_H]}\right)^2}$ 进行试算。

a. 初选载荷系数 $K_H = 1.8$。

b. 小齿轮传递的扭矩：

$$T_1 = 9.55 \times 10^6 \times \frac{P_1}{n_1} = 9.55 \times 10^6 \times \frac{7.5}{1450} \approx 49397\text{N} \cdot \text{mm}$$

c. 小齿轮做不对称布置，查教材表 10-8 得齿宽系数 $\phi_d = 1.0$。

d. 查教材表 10-6 得材料弹性影响系数 $Z_E = 189.8\ \sqrt{\text{MPa}}$。

e. 计算区域系数。

$$Z_H = \sqrt{\frac{2}{\cos\alpha \sin\alpha}} = \sqrt{\frac{2}{\cos 20° \sin 20°}} \approx 2.5$$

f. 计算接触疲劳强度用重合度系数。

$$\alpha_{a1} = \arccos \frac{z_1 \cos\alpha}{z_1 + 2h_a^*} = \arccos \frac{26 \times \cos 20°}{26 + 2 \times 1} \approx 29.241°$$

$$\alpha_{a2} = \arccos \frac{z_2 \cos\alpha}{z_2 + 2h_a^*} = \arccos \frac{54 \times \cos 20°}{54 + 2 \times 1} \approx 25.024°$$

$$\begin{aligned} \varepsilon_\alpha &= \frac{z_1(\tan\alpha_{a1} - \tan\alpha') + z_2(\tan\alpha_{a2} - \tan\alpha')}{2\pi} \\ &= \frac{z_1(\tan\alpha_{a1} - \tan\alpha) + z_2(\tan\alpha_{a2} - \tan\alpha)}{2\pi} \\ &= \frac{26 \times (\tan 29.241° - \tan 20°) + 54 \times (\tan 25.024° - \tan 20°)}{2\pi} \\ &\approx 1.695 \end{aligned}$$

$$Z_\varepsilon = \sqrt{\frac{4 - \varepsilon_\alpha}{3}} = \sqrt{\frac{4 - 1.695}{3}} \approx 0.877$$

g. 确定许用应力。

查教材图 10-21(d)得接触疲劳极限应力 $\sigma_{H\lim 1} = 600\text{MPa}$，$\sigma_{H\lim 2} = 570\text{MPa}$。

h. 计算应力循环次数。

$$N_1 = 60 n_1 j L_h = 60 \times 1450 \times 1 \times 12000 \approx 1.04 \times 10^9$$

$$N_2 = 60 n_2 j L_h = 60 \times 1450 \times 26/54 \times 1 \times 12000 \approx 5.03 \times 10^8$$

查教材图 10-19 得接触疲劳寿命系数 $K_{HN1} = 1.0$，$K_{HN2} = 1.05$。

取安全系数 $S_H=1.0$，即得许用应力分别为

$$[\sigma_{H1}]=\frac{K_{HN1}\sigma_{H\lim 1}}{S_H}=\frac{1.0\times 600}{1.0}=600\text{MPa}$$

$$[\sigma_{H2}]=\frac{K_{HN2}\sigma_{H\lim 2}}{S_H}=\frac{1.05\times 570}{1.0}\approx 599\text{MPa}$$

则 $[\sigma_H]=[\sigma_{H2}]=599\text{MPa}$。

i. 代入公式可得：

$$d_{1t}\geqslant\sqrt[3]{\frac{K_H T_1}{\phi_d}\frac{u+1}{u}\left(\frac{Z_H Z_E Z_\varepsilon}{[\sigma_H]}\right)^2}$$

$$=\sqrt[3]{\frac{1.8\times 49397}{1.0}\times\frac{(54/26)+1}{(54/26)}\times\left(\frac{2.5\times 189.8\times 0.877}{599}\right)^2}$$

$$\approx 39.9\text{mm}$$

②计算。

a. 圆周速度：

$$v=\pi d_{1t}n_1/(60\times 1000)=\pi\times 39.9\times 1450/(60\times 1000)\approx 3.03\text{m/s}$$

b. 计算齿宽。

$$b=\phi_d d_{1t}=1.0\times 39.9=39.9\text{mm}$$

c. 计算载荷系数。

根据 $v=3.03\text{m/s}$，7 级精度，查教材图 10-8 得动载系数 $K_v\approx 1.10$；

齿轮的使用系数载荷状况以轻微冲击为依据查表 10-2 得 $K_A=1.25$。

$$F_{t1}=\frac{2T_1}{d_{1t}}=\frac{2\times 49397}{39.9}\approx 2476\text{N}$$

$$\frac{K_A F_{t1}}{b}=\frac{1.25\times 2476}{39.9}\approx 77.57\text{N/mm}<100\text{N/mm}$$

计算齿宽与齿高之比

$$h=(2h_a^*+c^*)m=(2\times 1+0.25)\times 2=4.5\text{mm}$$

$$\frac{b}{h}=\frac{39.9}{4.5}\approx 8.87$$

软面直齿轮，查教材表 10-3 得 $K_{H\alpha}=K_{F\alpha}=1.2$；查教材表 10-4 并插值得 $K_{H\beta}\approx 1.315$；根据宽高比查教材图 10-13 得 $K_{F\beta}\approx 1.245$。

故载荷系数

$$K=K_A K_v K_{H\alpha} K_{H\beta}=1.25\times 1.10\times 1.2\times 1.315\approx 2.17$$

d. 校正直径。

$$d_1=d_{1t}\sqrt[3]{K/K_H}=39.9\times\sqrt[3]{2.17/1.8}\approx 42.5\text{mm}$$

模数

$$m=\frac{d_1}{z_1}=\frac{42.5}{26}\approx 1.63\text{mm}$$

取标准值 $m=2\text{mm}$。

e. 确定齿宽。

$$b=\phi_d d_1=1\times 42.5=42.5\text{mm}$$

圆整后，取 $b_2=45\text{mm}$，$b_1=50\text{mm}$。

(3)校核齿根弯曲强度。

①根据 $\sigma_F=\dfrac{2K_F T_1 Y_{Fa} Y_{Sa} Y_\varepsilon}{\phi_d m^3 z_1^2}\leqslant[\sigma_F]$进行校核。

a. 查教材图 10-20(c)得 $\sigma_{F\lim1}=440\text{MPa}$，$\sigma_{F\lim2}=425\text{MPa}$。

b. 查教材图 10-22 得弯曲疲劳寿命系数 $K_{FN1}=K_{FN2}=1$。

c. 弯曲疲劳许用应力确定。

取安全系数 $S_F=1.4$，则

$$[\sigma_{F1}]=0.7\times\frac{K_{FN1}\sigma_{F\lim1}}{\text{S}_\text{F}}=0.7\times\frac{1\times440}{1.4}=220\text{MPa}$$

$$[\sigma_{F2}]=0.7\times\frac{K_{FN2}\sigma_{F\lim2}}{S_F}=0.7\times\frac{1\times425}{1.4}\approx213\text{MPa}$$

d. 计算载荷系数。

由上述内容可知，$K_A=1.25$，$K_v=1.10$，$K_{F\alpha}=1.2$，$K_{F\beta}=1.245$，则

$$K_F=K_A K_V K_{F\alpha} K_{F\beta}=1.25\times1.10\times1.2\times1.245\approx2.05$$

e. 查教材表 10-5 得齿形系数和应力校正系数分别为：

$$Y_{Fa1}=2.6,\ Y_{sa1}=1.595,\ Y_{Fa2}=2.3,\ Y_{sa2}\approx1.712$$

f. 弯曲疲劳强度计算用重合度系数：

$$Y_\varepsilon=0.25+\frac{0.75}{\varepsilon_\alpha}=0.25+\frac{0.75}{1.695}\approx0.69$$

②强度计算。

$$\begin{aligned}\sigma_{F1}&=\frac{2K_F T_1 Y_{Fa1} Y_{Sa1} Y_\varepsilon}{\phi_d m^3 z_1^2}\\&=\frac{2\times2.05\times49397\times2.6\times1.595\times0.69}{1\times2^3\times26^2}\\&\approx107.16\text{MPa}<[\sigma_{F1}]\end{aligned}$$

$$\begin{aligned}\sigma_{F2}&=\frac{2K_F T_1 Y_{Fa2} Y_{Sa2} Y_\varepsilon}{\phi_d m^3 z_2^2}\\&=\frac{2\times2.05\times49397\times2.3\times1.712\times0.69}{1\times2^3\times54^2}\\&\approx23.57\text{MPa}<[\sigma_{F2}]\end{aligned}$$

满足弯曲强度要求。

(4)计算几何尺寸。

①分度圆直径：

$$d_1=mz_1=2\times26=52\text{mm}$$

$$d_2=mz_2=2\times54=108\text{mm}$$

②中心距：

$$a=\frac{d_1+d_2}{2}=\frac{52+108}{2}=80\text{mm}$$

10-7　某齿轮减速器的斜齿圆柱齿轮传动，已知 $n_1=750\mathrm{r/min}$，两轮的齿数分别为 $z_1=24$、$z_2=108$，$\beta=9°22'$，$m_n=6\mathrm{mm}$，$b=160\mathrm{mm}$，8 级精度，小齿轮材料为 38SiMnMo（调质），大齿轮材料为 45 钢（调质），寿命 20 年（设每年 250 个工作日），每日两班制，小齿轮相对其轴的支承为对称布置。试计算该齿轮传动所能传递的功率。

解：(1)选择精度等级和材料。

①齿轮精度等级为 8 级。

②根据齿轮的材料，查教材表 10-1 可得小齿轮硬度为 250HBW，大齿轮硬度为 220HBW。

(2)根据接触强度确定最大转矩。

由

$$\sigma_H=Z_E Z_\beta Z_\varepsilon\cdot Z_H\sqrt{\frac{2K_H T_1}{\phi_d d_1^3}\cdot\frac{u+1}{u}}\leqslant[\sigma_H]$$

得

$$T_1\leqslant\frac{\phi_d d_1^3}{2K_H}\frac{u}{u+1}\left(\frac{[\sigma_H]}{Z_E Z_\varepsilon Z_\beta Z_H}\right)^2$$

①确定载荷系数。

a. 查教材表 10-2 得使用系数 $K_A=1.25$。

b. 由题意可得，小齿轮分度圆直径为：

$$d_1=\frac{z_1 m_n}{\cos\beta}=\frac{24\times6}{\cos9°22'}\approx145.95\mathrm{mm}$$

c. 齿轮的圆周速度：

$$v=\frac{\pi d_1 n_1}{60\times1000}\approx\frac{3.141\times145.95\times750}{60\times1000}\approx5.73\mathrm{m/s}$$

查教材图 10-8 得动载系数 $K_v=1.21$。

d. 假设 $K_A F_t/b\geqslant100\mathrm{N/mm}$，查教材表 10-3 得齿间载荷分配系数 $K_{H\alpha}=1.4$。

e. 齿宽系数：

$$\phi_d=\frac{b}{d_1}=\frac{160}{145.95}\approx1.1$$

查教材表 10-4 得 $K_{H\beta}=1.34$，故接触强度载荷系数

$$K_H=K_A K_v K_{H\alpha}K_{H\beta}=1.25\times1.21\times1.4\times1.34\approx2.84$$

f. 查教材表 10-6 得材料的弹性影响系数 $Z_E=189.8\sqrt{\mathrm{MPa}}$。

g. 标准斜齿圆柱齿轮的区域系数：

$$\alpha_t=\arctan\frac{\tan\alpha_n}{\cos\beta}=\arctan\frac{\tan20°}{\cos9°22'}\approx20.248°$$

$$\beta_b=\arctan(\tan\beta\cos\alpha_t)=\arctan(\tan9°22'\cos\alpha_t)\approx8.797°$$

$$Z_H=\sqrt{\frac{2\cos\beta_b}{\cos\alpha_t\sin\alpha_t}}\approx2.467$$

h. 接触疲劳强度用重合度系数：

$$\alpha_{at1}=\arccos\frac{z_1\cos\alpha_t}{z_1+2h_{an}^*\cos\beta}=\arccos\frac{24\times\cos20.248°}{24+2\times\cos9°22'}\approx29.897°$$

$$\alpha_{at2}=\arccos\frac{z_2\cos\alpha_t}{z_2+2h_{an}^*\cos\beta}=\arccos\frac{108\times\cos20.248°}{108+2\times\cos9°22'}\approx22.873°$$

$$\varepsilon_\alpha=\frac{z_1(\tan\alpha_{at1}-\tan\alpha'_t)+z_2(\tan\alpha_{at2}-\tan\alpha'_t)}{2\pi}$$

$$=\frac{z_1(\tan\alpha_{at1}-\tan\alpha_t)+z_2(\tan\alpha_{at2}-\tan\alpha_t)}{2\pi}$$

$$=\frac{24\times(\tan29.897°-\tan20.248°)+108\times(\tan22.873°-\tan20.248°)}{2\pi}$$

$$\approx1.698$$

$$\varepsilon_\beta=\frac{\varphi_d z_1\tan\beta}{\pi}=\frac{1.1\times24\times\tan9°22'}{\pi}\approx1.386$$

$$Z_\varepsilon=\sqrt{\frac{4-\varepsilon_\alpha}{3}(1-\varepsilon_\beta)+\frac{\varepsilon_\beta}{\varepsilon_\alpha}}=\sqrt{\frac{4-1.698}{3}\times(1-1.386)+\frac{1.386}{1.698}}\approx0.721$$

i. 螺旋角系数：

$$Z_\beta=\sqrt{\cos\beta}=\sqrt{\cos9°22'}\approx0.993$$

②确定接触疲劳许用应力。

a. 计算循环次数。

$$N_1=60n_1jL_h=60\times750\times1\times20\times250\times2\times8=3.6\times10^9$$

$$N_2=60n_2jL_h=60\times750\times24/108\times1\times20\times250\times2\times8=8\times10^8$$

b. 查教材图 10-19 得 $K_{HN1}=1$，$K_{HN2}=1.02$。

c. 查教材图 10-21c 得 $\sigma_{H\lim1}=740\text{MPa}$，$\sigma_{H\lim2}=570\text{MPa}$。

d. 取安全系数 $S_H=1.0$，可得：

$$[\sigma_{H1}]=\frac{K_{HN1}\sigma_{H\lim1}}{S_H}=\frac{1\times740}{1.0}=740\text{MPa}$$

$$[\sigma_{H2}]=\frac{K_{HN2}\sigma_{H\lim2}}{S_H}=\frac{1.02\times570}{1.0}=581.4\text{MPa}$$

则有

$$[\sigma_H]=[\sigma_{H2}]=581.4\text{MPa}$$

③确定最大转矩。

$$T_1\leqslant\frac{bd_1^2}{2K_H}\frac{u}{u+1}\left(\frac{[\sigma_H]}{Z_EZ_HZ_\varepsilon Z_\beta}\right)^2=\frac{160\times145.95^2}{2\times2.84}\times\frac{108}{24+108}\left(\frac{581.4}{189.8\times2.467\times0.721\times0.993}\right)^2$$

$$\approx1476658\text{N}\cdot\text{mm}$$

(3)根据弯曲强度确定最大转矩。

由

$$\sigma_F=\frac{2K_FT_1Y_{Fa}Y_{Sa}Y_\varepsilon Y_\beta\cos^2\beta}{\phi_d m_n^3z_1^2}\leqslant[\sigma_F]$$

得

$$T_1 \leqslant \frac{\phi_d m_n^3 z_1^2}{2K_F Y_\varepsilon Y_\beta \cos^2\beta} \frac{[\sigma_F]}{Y_{Fa} Y_{Sa}}$$

①确定载荷系数。

a. 假设 $K_A F_t / b \geqslant 100\text{N/mm}$，查教材表 10-3 得齿间载荷分配系数 $K_{F\alpha} = 1.4$。

b. 齿宽与齿高比：

$$h = (2h_a^* + c^*) m_n = (2 \times 1 + 0.25) \times 6 = 13.5\text{mm}$$

$$\frac{b}{h} = \frac{160}{13.5} \approx 11.85$$

由宽高比查教材图 10-13 得 $K_{F\beta} = 1.26$，故弯曲强度载荷系数

$$K_F = K_A K_v K_{F\alpha} K_{F\beta} = 1.25 \times 1.21 \times 1.4 \times 1.26 \approx 2.67$$

c. 确定齿形系数和应力集中系数，其中当量齿数：

$$z_{v1} = \frac{z_1}{\cos^3\beta} = \frac{24}{\cos^3 9°22'} \approx 24.99$$

$$z_{v2} = \frac{z_2}{\cos^3\beta} = \frac{108}{\cos^3 9°22'} \approx 112.3$$

则查教材表 10-5 得齿形系数和应力校正系数分别为

$$Y_{Fa1} = 2.62,\ Y_{Fa2} = 1.59,\ Y_{sa1} = 2.17,\ Y_{sa2} = 1.80$$

d. 斜齿轮的纵向重合度：

$$\varepsilon_\beta = \frac{\phi_d z_1 \tan\beta}{\pi} = \frac{1.1 \times 24 \times \tan 9°22'}{\pi} \approx 1.386$$

则根据 $Y_\beta = 1 - \varepsilon_\beta \frac{\beta}{120°}$得到螺旋角影响系数 $Y_\beta = 0.892$。

e. 弯曲疲劳强度计算用重合度系数：

$$\varepsilon_{\alpha v} = \frac{\varepsilon_\alpha}{\cos^2\beta_b} = \frac{1.698}{\cos^2 8.797°} \approx 1.739$$

$$Y_\varepsilon = 0.25 + \frac{0.75}{\varepsilon_{\alpha v}} = 0.25 + \frac{0.75}{1.739} \approx 0.681$$

②确定弯曲疲劳许用应力。

a. 查教材图 10-18 得 $K_{FN1} = 0.89$，$K_{FN2} = 0.91$。

b. 查教材图 10-20(c)得 $\sigma_{F\lim 1} = 520\text{MPa}$，$\sigma_{F\lim 2} = 430\text{MPa}$。

c. 取安全系数 $S_F = 1.5$，得：

$$[\sigma_{F1}] = \frac{K_{FN1}\sigma_{F\lim 1}}{S_F} = \frac{0.89 \times 520}{1.5} \approx 309\text{MPa}$$

$$[\sigma_{F2}] = \frac{K_{FN2}\sigma_{F\lim 2}}{S_F} = \frac{0.91 \times 430}{1.5} \approx 261\text{MPa}$$

③确定最大转矩。

$$\frac{[\sigma_{F1}]}{Y_{Fa1} Y_{sa1}} = \frac{309}{2.62 \times 1.59} \approx 74.2$$

$$\frac{[\sigma_{F2}]}{Y_{Fa2} Y_{sa2}} = \frac{261}{2.17 \times 1.80} \approx 66.8$$

故

$$\frac{[\sigma_F]}{Y_{Fa}Y_{sa}}=\min\left\{\frac{[\sigma_{F1}]}{Y_{Fa1}Y_{sa1}},\ \frac{[\sigma_{F2}]}{Y_{Fa2}Y_{sa2}}\right\}=66.8$$

则最大转矩

$$T_1\leqslant\frac{\phi_d m_n^3 z_1^2}{2K_F Y_\varepsilon Y_\beta\cos^2\beta}\frac{[\sigma_F]}{Y_{Fa}Y_{Sa}}$$

$$=\frac{1.1\times 6^3\times 24^2}{2\times 2.67\times 0.681\times 0.892\times\cos^2 9°22'}\times 66.8$$

$$\approx 2895016\text{N}\cdot\text{mm}$$

(4)可传递的最大转矩：

$$T_1=2895016\text{N}\cdot\text{mm}$$

故传递的功率

$$P=\frac{T_1 n_1}{9.55\times 10^6}=\frac{2895016\times 750}{9.55\times 10^6}\approx 227\text{kW}$$

10-8　设计一对斜齿圆柱齿轮传动。已知传递功率 $P_1=130\text{kW}$，转速 $n_1=11460\text{r/min}$，$z_1=23$，$z_2=73$，寿命 $L_h=100\text{h}$，小齿轮做悬臂布置，使用系数 $K_A=1.25$。

解：(1)选精度等级和材料。

①选精度等级为6级。

②由教材表10-1，选大小齿轮均为20CrMnTi，渗碳淬火，小齿轮硬度为62HRC，大齿轮硬度为58HRC，芯部硬度达300HBW。

(2)按齿根弯曲疲劳强度设计。

①根据设计计算公式 $m_{nt}\geqslant\sqrt[3]{\frac{2K_F T_1 Y_\varepsilon Y_\beta\cos^2\beta}{\phi_d z_1^2}\frac{Y_{Fa}Y_{Sa}}{[\sigma_F]}}$进行设计。

a. 初选载荷系数 $K_F=1.60$。

b. 小齿轮传递的转矩：

$$T_1=9.55\times 10^6\times\frac{P_1}{n_1}=9.55\times 10^6\times\frac{130}{11460}\approx 108333\text{N}\cdot\text{mm}$$

c. 小齿轮做悬臂布置，查教材表10-8得齿宽系数 $\phi_d=0.5$。

d. 初选螺旋角 $\beta=14°$，法面压力角 $\alpha_n=20°$，则：

当量齿数

$$z_{v1}=\frac{z_1}{\cos^3\beta}=\frac{23}{\cos^3 14°}\approx 25.2$$

$$z_{v2}=\frac{z_2}{\cos^3\beta}=\frac{73}{\cos^3 14°}\approx 79.9$$

端面压力角

$$\alpha_t=\arctan\frac{\tan\alpha_n}{\cos\beta}=\arctan\frac{\tan 20°}{\cos 14°}\approx 20.562°$$

端面齿顶圆压力角

$$\alpha_{at1}=\arccos\frac{z_1\cos\alpha_t}{z_1+2h_{an}^*\cos\beta}=\arccos\frac{23\times\cos 20.562°}{23+2\times 1\times\cos 14°}\approx 30.295°$$

$$\alpha_{at2}=\arccos\frac{z_2\cos\alpha_t}{z_2+2h_{an}^*\cos\beta}=\arccos\frac{73\times\cos 20.562^\circ}{73+2\times1\times\cos 14^\circ}\approx 24.210^\circ$$

端面重合度

$$\varepsilon_\alpha=\frac{z_1(\tan\alpha_{at1}-\tan\alpha_t)+z_2(\tan\alpha_{at2}-\tan\alpha_t)}{2\pi}$$

$$=\frac{23\times(\tan 30.295^\circ-\tan 20.562^\circ)+73\times(\tan 24.210^\circ-\tan 20.562^\circ)}{2\pi}$$

$$\approx 1.632$$

轴面重合度

$$\varepsilon_\beta=\frac{\phi_d z_1\tan\beta}{\pi}=\frac{0.5\times23\times\tan 14^\circ}{\pi}\approx 0.913$$

查教材表 10-5 得齿形系数和应力校正系数分别为

$$Y_{Fa1}\approx 2.62,\ Y_{Fa2}\approx 2.22,\ Y_{sa1}\approx 1.59,\ Y_{sa2}\approx 1.77$$

e. 确定许用应力。

查教材图 10-20(d)得弯曲极限应力 $\sigma_{F\lim1}=\sigma_{F\lim2}=930\text{MPa}$。

计算应力循环次数

$$N_1=60jn_1L_h=60\times1\times11460\times100\approx 6.9\times10^7$$

$$N_2=60jn_2L_h=60\times\frac{23}{73}\times11460\times1\times100\approx 2.2\times10^7$$

查教材图 10-18 得弯曲疲劳寿命系数 $K_{FN1}=K_{FN2}=1$。

取安全系数 $S_F=1.5$，则许用应力

$$[\sigma_{F1}]=[\sigma_{F2}]=\frac{K_{FN1}\sigma_{F\lim1}}{S_F}=\frac{1\times930}{1.5}=620\text{MPa}$$

f. 确定重合度系数和螺旋角系数。

$$\beta_b=\arctan(\tan\beta\cos\alpha_t)=\arctan(\tan 14^\circ\times\cos 20.562^\circ)\approx 13.140^\circ$$

当量齿轮重合度

$$\varepsilon_{\alpha v}=\frac{\varepsilon_\alpha}{\cos^2\beta_b}=\frac{1.632}{\cos^2 13.140^\circ}\approx 1.721$$

则

$$Y_\varepsilon=0.25+\frac{0.75}{\varepsilon_{\alpha v}}=0.25+\frac{0.75}{1.721}\approx 0.686$$

$$Y_\beta=1-\frac{\varepsilon_\beta\beta}{120^\circ}=1-\frac{0.913\times14^\circ}{120^\circ}\approx 0.893$$

g. 由于 $Y_{Fa1}Y_{sa1}>Y_{Fa2}Y_{sa2}$，且$[\sigma_{F1}]=[\sigma_{F2}]$，所以按齿轮 1 计算。

$$m_{nt}=\sqrt[3]{\frac{2K_FT_1Y_\varepsilon Y_\beta\cos^2\beta}{\phi_d z_1^2}\frac{Y_{Fa}Y_{Sa}}{[\sigma_F]}}$$

$$=\sqrt[3]{\frac{2\times1.60\times108333\times0.686\times0.893\times\cos^2 14^\circ}{0.5\times23^2}\times\frac{2.62\times1.59}{620}}$$

$$\approx 1.72\text{mm}$$

取标准值 $m_n=2\text{mm}$

②计算。

a. 小齿轮分度圆直径：

$$d_1=\frac{z_1 m_n}{\cos\beta}=\frac{23\times2}{\cos14^\circ}\approx47.4\text{mm}$$

b. 圆周速度：

$$v=\frac{\pi d_1 n_1}{60\times1000}=\frac{\pi\times47.4\times11460}{60\times1000}\approx28.4\text{m/s}$$

c. 齿宽 $b=\phi_d d_1=0.5\times47.4=23.7\text{mm}$。

d. 计算齿宽与齿高之比：

$$h=(2h_{an}^*+c_n^*)m_n=(2\times1+0.25)\times2=4.5\text{mm}$$

$$\frac{b}{h}=\frac{23.7}{4.5}\approx5.3$$

e. 计算载荷系数。

查教材图 10-8 得动载荷 $K_v=1.16$；由 $F_{t1}=2T_1/d_1=2\times108333/40.77\approx5314.3N$，$K_A F_{t1}/b=1.25\times5314.3\div20.39\approx325.8\text{N/mm}>100\ \text{N/mm}$，查教材表 10-3 得 $K_{F\alpha}=K_{H\alpha}=1.1$；查教材表 10-4 得 $K_{H\beta}=1.26$；根据宽高比查教材图 10-13 得 $K_{F\beta}=1.19$，故载荷系数

$$K=K_A K_v K_{F\alpha} K_{F\beta}=1.25\times1.16\times1.1\times1.19\approx1.90$$

f. 校正模数。

$$m_n=m_{nt}\sqrt[3]{\frac{K}{K_F}}=1.72\times\sqrt[3]{\frac{1.90}{1.6}}\approx1.82\text{mm}$$

取标准值 $m_n=2\text{mm}$，合适。

(3)校核齿面接触强度。

根据 $\sigma_H=\sqrt{\frac{2K_H T_1}{\phi_d d_1^3}\cdot\frac{u+1}{u}}Z_H Z_E Z_\varepsilon Z_\beta\leqslant[\sigma_H]$进行校核。

①确定式中各参数的值。

a. 查教材图 10-21(d)得 $\sigma_{H\lim1}=\sigma_{H\lim2}=1500\text{MPa}$。

b. 查教材图 10-23，取接触疲劳寿命系数 $K_{HN1}=1.0$，$K_{HN2}=1.08$。

c. 确定接触疲劳许用应力。

取安全系数 $S_H=1.0$，可得

$$[\sigma_{H1}]=\frac{K_{HN1}\sigma_{H\lim1}}{S_H}=\frac{1.0\times1500}{1.0}=1500\text{MPa}$$

$$[\sigma_{H2}]=\frac{K_{HN2}\sigma_{H\lim2}}{S_H}=\frac{1.08\times1500}{1.0}=1620\text{MPa}$$

则$[\sigma_H]=[\sigma_{H1}]=1500\text{MPa}$。

d. 计算载荷系数。

$$K_H=K_A K_v K_{H\alpha} K_{H\beta}=1.25\times1.16\times1.1\times1.26\approx2.01$$

e. 查教材表 10-6 得材料的弹性影响系数 $Z_E=189.8\ \sqrt{\text{MPa}}$。

f. 区域载荷系数：

$$Z_H=\sqrt{\frac{2\cos\beta_b}{\cos\alpha_t\sin\alpha_t}}=\sqrt{\frac{2\times\cos13.140^\circ}{\cos20.562^\circ\times\sin20.562^\circ}}\approx2.434$$

g. 接触疲劳强度计算的重合度系数 Z_ε、螺旋角系数 Z_β：

$$Z_\varepsilon = \sqrt{\frac{4-\varepsilon_\alpha}{3}(1-\varepsilon_\beta)+\frac{\varepsilon_\beta}{\varepsilon_\alpha}} = \sqrt{\frac{4-1.632}{3}\times(1-0.913)+\frac{0.913}{1.632}} \approx 0.793$$

$$Z_\beta = \sqrt{\cos\beta} = \sqrt{\cos 14°} \approx 0.985$$

②强度计算。

$$\sigma_H = \sqrt{\frac{2K_H T_1}{\phi_d d_1^3}\cdot\frac{u+1}{u}} Z_H Z_E Z_\varepsilon Z_\beta$$

$$= \sqrt{\frac{2\times 2.01\times 108333}{0.5\times 47.4^3}\cdot\frac{3.17+1}{3.17}}\times 2.434\times 189.8\times 0.793\times 0.985$$

$$\approx 1183.61\text{MPa} < [\sigma_H]$$

满足强度要求。

(4)计算几何尺寸。

①中心距：

$$a = \frac{(z_1+z_2)m_n}{2\cos\beta} = \frac{(23+73)\times 2}{2\times\cos 14°} \approx 98.94\text{mm}$$

圆整为 $a = 100\text{mm}$。

②修正螺旋角：

$$\beta = \arccos\frac{(z_1+z_2)m_n}{2a} = \arccos\frac{(23+73)\times 2}{2\times 100} \approx 16.26°$$

由于 β 改变不多，因此不用修正参数 ε_α，K_β，Z_H。

③分度圆直径：

$$d_1 = \frac{z_1 m_n}{\cos\beta} = \frac{23\times 2}{\cos 16.26°} \approx 47.917\text{mm}$$

$$d_2 = \frac{z_2 m_n}{\cos\beta} = \frac{73\times 2}{\cos 16.26°} \approx 152.083\text{mm}$$

④齿宽 $b = \phi_d d_1 = 0.5\times 47.917 \approx 23.96\text{mm}$；

圆整为 $b_2 = 24\text{mm}$，$b_1 = 30\text{mm}$。

10-9　设计用于螺旋输送机的闭式直齿锥齿轮传动，轴夹角 $\Sigma = 90°$，传递功率 $P_1 = 1.8\text{kW}$，转速 $n_1 = 250\text{r/min}$，齿数比 $u = 2.3$，两班制工作，寿命 10 年（每年按 250 天计算），小齿轮作悬臂布置。

解：(1)选精度等级、材料和齿数。

①选精度等级为 8 级。

②查教材表 10-1，选大小齿轮均为 45 钢调质，小齿轮硬度为 250HBW，大齿轮硬度为 220HBW。

初选小齿轮齿数 $z_1 = 18$，则

$$z_2 = uz_1 = 2.3\times 18 = 41.4$$

取 $z_2 = 42$。

(2)按齿面接触疲劳强度设计。

①根据设计计算公式 $d_{1t} \geqslant \sqrt[3]{\left(\frac{Z_E Z_H Z_\varepsilon}{[\sigma_H]}\right)^2 \frac{4K_{Ht}T_1}{\phi_R(1-0.5\phi_R)^2 u}}$ 进行试算。

a. 初选载荷系数 $K_{Ht}=1.6$。

b. 小齿轮传递的扭矩：

$$T_1=9.55\times10^6\frac{P_1}{n_1}=9.55\times10^6\times\frac{1.8}{250}=68760\text{N}\cdot\text{mm}$$

c. 选取齿宽系数 $\phi_R=0.30$。

d. 查教材表 10-6 得材料弹性影响系数 $Z_E=189.8\ \sqrt{\text{MPa}}$。

e. 区域载荷系数：标准直齿圆锥齿轮传动 $Z_H=2.5$。

f. 计算重合度系数。

由分锥角
$$\delta_1=\arctan\frac{z_1}{z_2}=\arctan\frac{18}{42}\approx23.199°$$

$$\delta_2=90°-\delta_1=90°-23.199°=66.801°$$

可得当量齿数

$$z_{v1}=\frac{z_1}{\cos\delta_1}=\frac{18}{\cos23.199°}\approx19.583$$

$$z_{v2}=\frac{z_2}{\cos\delta_2}=\frac{42}{\cos66.801°}\approx106.619$$

由此得到当量齿轮的重合度

$$\alpha_{a1}=\arccos[z_{v1}\cos\alpha/(z_{v1}+2h_a^*)]=\arccos[19.583\times\cos20°/(19.583+2\times1)]\approx31.503°$$

$$\alpha_{a2}=\arccos[z_{v2}\cos\alpha/(z_{v2}+2h_a^*)]=\arccos[106.619\times\cos20°/(106.619+2\times1)]\approx22.722°$$

$$\varepsilon_{\alpha v}=\frac{z_{v1}(\tan\alpha_{a1}-\tan\alpha)+z_{v2}(\tan\alpha_{a2}-\tan\alpha)}{2\pi}$$

$$=\frac{19.583\times(\tan31.503°-\tan20°)+106.619\times(\tan22.722°-\tan20°)}{2\pi}$$

$$\approx1.706$$

重合度系数为

$$Z_\varepsilon=\sqrt{\frac{4-\varepsilon_{\alpha v}}{3}}=\sqrt{\frac{4-1.706}{3}}\approx0.874$$

g. 确定许用应力。

查教材图 10-21c 得接触疲劳极限应力 $\sigma_{H\lim1}=600\text{MPa}$，$\sigma_{H\lim2}=570\text{MPa}$。

计算应力循环次数

$$N_1=60n_1jL_h=60\times250\times1\times10\times250\times2\times8=6\times10^8$$

$$N_2=60n_2jL_h=N_1/u=6\times10^8/2.3\approx2.61\times10^8$$

查教材图 10-19 得接触疲劳寿命系数 $K_{HN1}=1.04$，$K_{HN2}=1.08$。

取安全系数 $S_H=1.0$，则许用应力分别为

$$[\sigma_{H1}]=\frac{K_{HN1}\sigma_{H\lim1}}{S_H}=\frac{1.04\times600}{1.0}=624\text{MPa}$$

$$[\sigma_{H2}]=\frac{K_{HN2}\sigma_{H\lim2}}{S_H}=\frac{1.08\times570}{1.0}=615.6\text{MPa}$$

故

$$[\sigma_H]=[\sigma_{H2}]=615.6\text{MPa}$$

h. 代入公式可得：

$$d_{1t} \geqslant \sqrt[3]{\left(\frac{Z_H Z_E Z_\varepsilon}{[\sigma_H]}\right)^2 \frac{4K_{Ht}T_1}{\phi_R(1-0.5\phi_R)^2 u}}$$

$$= \sqrt[3]{\left(\frac{2.5 \times 189.8 \times 0.874}{615.6}\right)^2 \times \frac{4 \times 1.6 \times 68760}{0.3 \times (1-0.5 \times 0.3)^2 \times (42/18)}}$$

$$\approx 73.37\text{mm}$$

②相关尺寸计算。

a. 由

$$d_{m1} = d_{1t}(1-0.5\phi_R) = 73.37 \times (1-0.5 \times 0.3) \approx 62.4\text{mm}$$

得圆周速度为：

$$v = \frac{\pi d_{m1} n_1}{60 \times 1000} = \frac{\pi \times 62.4 \times 250}{60 \times 1000} \approx 0.82\text{m/s}$$

b. 当量齿轮的齿宽系数：

$$b = \frac{\phi_R d_{1t}\sqrt{u^2+1}}{2} = \frac{0.3 \times 73.37 \times \sqrt{(42/18)^2+1}}{2} \approx 27.94\text{mm}$$

$$\phi_d = \frac{b}{d_{m1}} = \frac{27.94}{62.4} \approx 0.448$$

c. 计算载荷系数。

查教材图 10-8 得动载系数 $K_v = 1.05$；查教材表 10-4 得载荷分布系数 $K_{H\beta} \approx 1.185$。

直齿锥齿轮精度较低，取 $K_{H\alpha} = K_{F\alpha} = 1$。

由教材表 10-2 查得使用系数 $K_A = 1$。

故载荷系数

$$K = K_A K_v K_{H\alpha} K_{H\beta} = 1 \times 1.05 \times 1 \times 1.185 \approx 1.24$$

d. 校正直径。

$$d_1 = d_{1t}\sqrt[3]{K/K_t} = 73.37 \times \sqrt[3]{1.24/1.6} \approx 67.4\text{mm}$$

e. 模数：

$$m = \frac{d_1}{z_1} = \frac{67.4}{18} \approx 3.74\text{mm}$$

取标准值 $m = 4\text{mm}$。

则 $d_1 = mz_1 = 4 \times 18 = 72\text{mm}$。

f. 确定齿宽。

$$R = d_1 \frac{\sqrt{u^2+1}}{2} = 72 \times \frac{\sqrt{(42/18)^2+1}}{2} \approx 91.4\text{mm}$$

故

$$b = \phi_R R = 0.30 \times 91.4 = 27.42\text{mm}$$

圆整 $b_2 = 30\text{mm}$，$b_1 = 35\text{mm}$。

(3)按齿根弯曲强度进行校核。

①根据 $\sigma_F = \dfrac{4K_F T_1 Y_{Fa} Y_{Sa} Y_\varepsilon}{\phi_R(1-0.5\phi_R)^2 m^3 z_1^2 \sqrt{u^2+1}} \leqslant [\sigma_F]$ 进行校核。

a. 查教材图 10-20(c)得 $\sigma_{F\lim1}=440\text{MPa}$，$\sigma_{F\lim2}=425\text{MPa}$。

b. 查教材图 10-19，取弯曲疲劳寿命系数 $K_{FN1}=0.92$，$K_{FN2}=0.95$。

c. 弯曲疲劳许用应力确定。

取安全系数 $S_F=1.5$，按脉动循环变应力确定许用弯曲应力

$$[\sigma_{F1}]=\frac{K_{FN1}\sigma_{F\lim1}}{S_F}=\frac{0.92\times440}{1.5}\approx269.87\text{MPa}$$

$$[\sigma_{F2}]=\frac{K_{FN2}\sigma_{F\lim2}}{S_F}=\frac{0.95\times425}{1.5}\approx269.17\text{MPa}$$

d. 计算载荷系数。

齿宽与中点齿高之比

$$m_m=m(1-0.5\phi_R)=4\times(1-0.5\times0.3)=3.4\text{mm}$$

$$h_m=(2h_a^*+c^*)m_m=(2\times1+0.2)\times3.4=7.48\text{mm}$$

$$b/h_m=30\div7.48\approx4.01$$

由此查教材图 10-13，得 $K_{F\beta}=1.15$。

$$K_F=K_AK_vK_{F\alpha}K_{F\beta}=1.0\times1.05\times1.0\times1.15\approx1.21$$

e. 确定齿形系数和应力校正系数。

查教材表 10-5 得齿形系数和应力校正系数分别为

$$Y_{Fa1}=2.83，Y_{Sa1}=1.545，Y_{Fa2}=2.17，Y_{Sa2}=1.80$$

f. 重合度系数 Y_ε：

$$Y_\varepsilon=0.25+0.75/\varepsilon_{\alpha v}=0.25+0.75\div1.706\approx0.69$$

②强度计算：

$$\sigma_{F1}=\frac{4K_FT_1Y_{Fa1}Y_{Sa1}Y_\varepsilon}{\phi_R(1-0.5\phi_R)^2m^3z_1^2\sqrt{u^2+1}}$$

$$=\frac{4\times1.21\times68760\times2.83\times1.545\times0.69}{0.3\times(1-0.5\times0.3)^2\times4^3\times18^2\times\sqrt{(42/18)^2+1}}$$

$$\approx88.0\text{MPa}<[\sigma_{F1}]$$

$$\sigma_{F2}=\frac{4K_FT_1Y_{Fa2}Y_{Sa2}Y_\varepsilon}{\phi_R(1-0.5\phi_R)^2m^3z_1^2\sqrt{u^2+1}}$$

$$=\frac{4\times1.21\times68760\times2.17\times1.80\times0.69}{0.3\times(1-0.5\times0.3)^2\times4^3\times18^2\times\sqrt{(42/18)^2+1}}$$

$$\approx78.61\text{MPa}<[\sigma_{F2}]$$

满足弯曲强度要求。

(4)计算几何尺寸。

分度圆直径

$$d_1=mz_1=4\times18=72\text{mm}$$

$$d_2=mz_2=4\times42=168\text{mm}$$

10.3 名校考研真题

一、选择题

1. 下列措施中，(　　)不利于减轻和防止点蚀，不利于提高齿面接触强度。[四川大学 2013 研]

A. 提高齿面硬度　　B. 采用黏度低的润滑油

C. 降低齿面粗糙度值　　D. 采用较大的变位系数和

2. 轮齿弯曲强度计算中的齿形系数 Y_{Fa} 与(　　)无关。[扬州大学 2022 研]

A. 齿数 z_1　　B. 变位系数 x

C. 模数 m　　D. 斜齿轮的螺旋角 β

3. 一般开式齿轮的主要失效形式是(　　)。[浙江大学 2013 研]

A. 齿面胶合　　B. 齿面疲劳点蚀

C. 齿面磨损或轮齿疲劳折断　　D. 轮齿塑性变形

4. 一对圆柱齿轮传动时两轮齿接触应力(　　)。[湘潭大学 2016 研]

A. 大齿轮的更大　　B. 小齿轮的更大

C. 相等　　D. 不能确定哪个大

5. 在齿轮强度计算中，可靠性要求与安全系数取值之间的关系是(　　)。[四川大学 2013 研]

A. 可靠度要求越低，安全系数取值越大

B. 可靠度要求越高，安全系数取值应越大

C. 失效概率要求越小，安全系数取值应越小

6. 齿轮传动设计时，齿轮(　　)时的齿宽系数可取大些。[浙江大学 2013 研]

A. 悬臂布置　　B. 对称布置

C. 非对称布置　　D. 两级展开式布置

7. 对高速齿轮齿面经硬化处理的齿轮进行适量的修缘，可以(　　)。[中国科学院大学 2022 研]

A. 减少动载荷　　B. 提高齿轮的弯曲强度

C. 使轮齿易于啮合　　D. 减少载荷分布不均匀

8. 某齿轮工作时，轮齿双侧受载，则该齿轮的齿根弯曲应力按______变化。[三峡大学 2017 研]

A. 对称循环　　B. 脉动循环

C. 循环特性 $r=-0.5$ 的循环　　D. 循环特性 $r=+1$ 的循环

二、填空题

1. 轮齿的主要失效形式有：______、______、______、______和______。[中山大学 2013 研]

2. 齿轮传动中，轮齿疲劳点蚀破坏，通常首先发生在______，采取______的措施，可以降低齿轮传动的载荷系数。[厦门大学 2012 研]

3. 闭式硬齿面齿轮传动的主要失效形式是______，故通常先按______强度进行设计计算，然后按______强度进行校核。[华中科技大学 2012 研]

4. 已知某直齿圆柱齿轮传递的转矩 $T=100\text{N}\cdot\text{m}$，齿数 $z=80$，模数 $m=2.5\text{mm}$，则其

圆周力 $F_t =$______。一对标准圆柱齿轮传动，已知 $z_1=20$，$z_2=50$，它们的齿根弯曲应力关系是______。[厦门大学 2012 研]

5. 设计圆柱齿轮时，为便于装配，通常使小齿轮的齿宽______于大齿轮的齿宽；选择齿宽系数 ϕ_d 时，若齿轮不对称布置、轴刚性差，则 ϕ_d 应选得______些。[华中科技大学 2012 研]

6. 齿轮传动的基本要求是：______和______。[中山大学 2014 研]

7. 在齿轮传动设计中，影响齿面接触应力的主要几何参数是______和______，而影响接触疲劳极限 σ_{Hlim} 的主要因素是______和______。[武汉理工大学 2017 研]

8. 对于开式齿轮传动，虽然主要失效形式是______，但通常只按______强度计算。这时影响齿轮强度的主要几何参数是______。[长沙理工大学 2019 研]

9. 一对啮合的齿轮的接触应力______。[西北工业大学 2023 研]

10. 在齿轮传动中将齿轮进行齿顶修缘的目的是______，在斜齿圆柱齿轮设计中应取______为标准值。[长安大学 2025 研]

三、判断题

1. 灰铸铁齿轮常用于低速、无冲击和大尺寸场合。(　　)[四川大学 2013 研]

2. 合金钢经热处理后弹性模量远大于碳钢，所以重要场合的齿轮应选用合金钢材料。(　　)[浙江大学 2012 研]

3. 开式齿轮传动，其最主要的失效形式是齿面疲劳点蚀。(　　)[中山大学 2015 研]

4. 一齿轮传动装置如图 10-3-1 所示，若轮 1 为主动轮，则轮 2 每转一周同侧齿面只啮合一次，且轮 2 的齿根弯曲应力可看成对称循环变应力。(　　)[华中科技大学 2013 研]

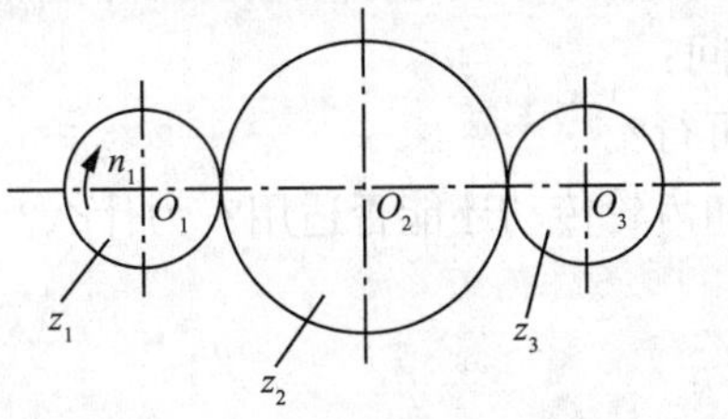

图 10-3-1

四、简答题

1. 齿轮载荷分布不均是怎么产生的？哪些因素影响不均程度？[长安大学 2025 研]

2. 在直齿、斜齿圆柱齿轮传动中，为什么常将小齿轮设计得比大齿轮宽一些？强度计算时齿宽系数中的齿宽应代入哪一个？[中山大学 2013 研]

3. 试述直齿圆柱齿轮传动失效形式有哪些？并说明闭式硬齿面齿轮传动的设计准则是什么？[中国地质大学(北京)2023 研；常州大学 2015 研]

4. 有一对标准直齿圆柱齿轮传动，查得齿形系数 $Y_{Fa1}=2.83$，$Y_{Fa2}=2.41$，应力修正系数 $Y_{Sa1}=1.65$，$Y_{Sa2}=1.77$。许用弯曲应力 $\sigma_{FP1}=300\mathrm{MPa}$、$\sigma_{FP2}=290\mathrm{MPa}$，已算得小齿轮齿根弯曲应力 $\sigma_{F1}=285\mathrm{MPa}$。试问：两个齿轮的弯曲疲劳强度是否均满足要求？按弯曲强度设计时 $Y_{Fa}Y_{Sa}/\sigma_{FP}$ 应代入小齿轮的还是大齿轮的？（两个问题均需通过计算说明）[华中科技大学 2013 研]

5. 如图 10-3-2 所示传动中：

(1)确定并画出各齿轮的转动方向；

(2)欲使中间轴Ⅱ所受轴向力 F_a 最小，斜齿轮 3、4 轮齿的旋向如何？

(3)画图标出两对齿轮所受径向力 F_r、F_t、轴向力 F_a 的方向。［常州大学 2015 研］

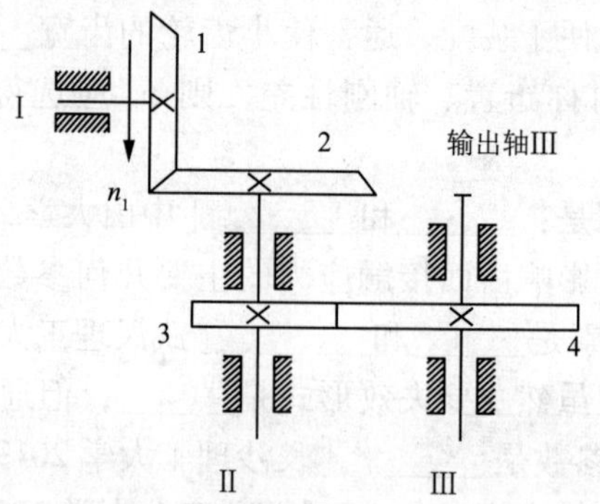

图 10-3-2

6. 齿轮传动中的动载荷是否是齿轮传动独有的？如何减轻？对齿轮传动的承载能力有什么影响？［西北工业大学 2023 研］

7. 有一闭式齿轮传动，满载工作几个月后，发现在硬度为 220～240HBS 的齿面上出现小的凹坑，问：

(1)这个齿轮是软齿面还是硬齿面？

(2)这是什么现象？

(3)如何判断该齿轮是否可以继续使用？

(4)应采取什么措施？［广东工业大学 2018 研］

8. 如图 10-3-3 所示的带式运输机，原设计方案(a)中各部分承载能力正好满足设计要求，装配时错装成方案(b)。问：

(1)装错的方案(b)是否可行？

(2)方案(b)中，带传动和齿轮传动还能否适用？为什么？［广东工业大学 2018 研］

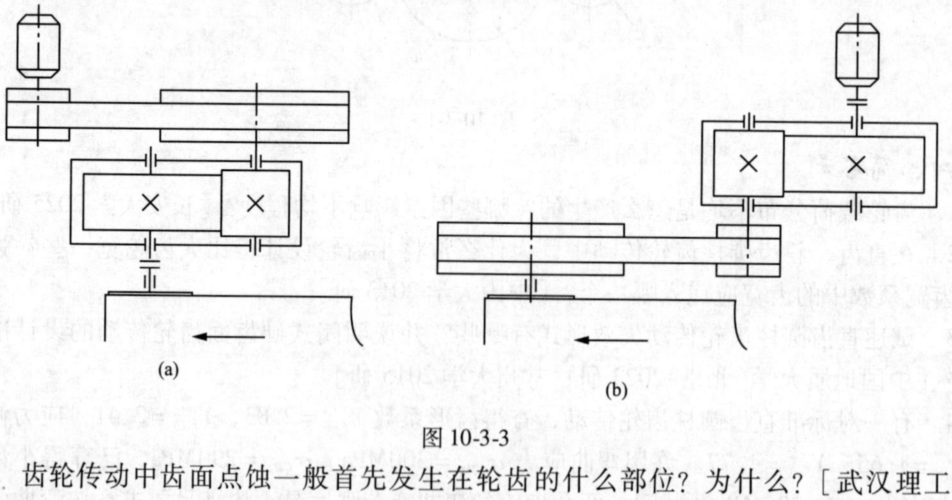

图 10-3-3

9. 齿轮传动中齿面点蚀一般首先发生在轮齿的什么部位？为什么？［武汉理工大学 2017 研］

相关真题：齿面点蚀首先发生在什么部位？为什么？防止点蚀可采取哪些措施？［长沙理工大学 2019 研］

10.4　名校考研真题详解

一、选择题

1. 下列措施中，(　　)不利于减轻和防止点蚀，不利于提高齿面接触强度。[四川大学2013研]

A. 提高齿面硬度
B. 采用黏度低的润滑油
C. 降低齿面粗糙度值
D. 采用较大的变位系数和

【答案】B

【解析】齿轮传动中，减轻防止点蚀，提高齿面接触强度的措施：①提高齿面的硬度和降低表面粗糙度值；②在许可范围内采用最大的变位系数和以及增大齿轮传动的综合曲率半径；③增大润滑油黏度与减小动载荷等。故采用黏度低的润滑油不利于减轻和防止点蚀和提高接触强度，选B项。

2. 轮齿弯曲强度计算中的齿形系数 Y_{Fa} 与(　　)无关。[扬州大学2022研]

A. 齿数 z_1
B. 变位系数 x
C. 模数 m
D. 斜齿轮的螺旋角 β

【答案】C

【解析】齿形系数 Y_{Fa} 与齿制、变位系数和齿数有关，与模数无关。

3. 一般开式齿轮的主要失效形式是(　　)。[浙江大学2013研]

A. 齿面胶合
B. 齿面疲劳点蚀
C. 齿面磨损或轮齿疲劳折断
D. 轮齿塑性变形

【答案】C

【解析】开式齿轮传动由于齿轮外露，不能保证良好的润滑，而且容易落入灰尘、杂质，容易产生齿面磨粒磨损，同时可能产生轮齿折断的现象。闭式齿轮传动由于润滑和密封条件好，一般不会发生磨粒磨损，而是产生齿面点蚀、齿面胶合或者轮齿折断。

4. 一对圆柱齿轮传动时两轮齿接触应力(　　)。[湘潭大学2016研]

A. 大齿轮的更大　B. 小齿轮的更大　C. 相等　D. 不能确定哪个大

【答案】C

【解析】齿面接触疲劳强度计算公式为：$\sigma_H=\sqrt{\frac{2K_HT_1}{\phi_d d_1^3}\cdot\frac{u\pm1}{u}}Z_HZ_EZ_\varepsilon\leqslant[\sigma_H]$，该式对于小齿轮和大齿轮都是适用的，因此，小齿轮和大齿轮的接触应力相等。而许用接触应力 $[\sigma]=K_N\sigma_{\lim}/S$，两轮齿的寿命系数和疲劳极限各不相同，故许用接触应力不相同。

5. 在齿轮强度计算中，可靠性要求与安全系数取值之间的关系是(　　)。[四川大学2013研]

A. 可靠度要求越低，安全系数取值越大
B. 可靠度要求越高，安全系数取值应越大
C. 失效概率要求越小，安全系数取值应越小

【答案】B

【解析】安全系数能更深刻地反映出不同设备和使用场合对齿轮工作可靠性要求。因此，安全系数与可靠性系数结合起来，可靠性系数要求越高，安全系数取值则应越高。故选B项。

6．齿轮传动设计时，齿轮(　　)时的齿宽系数可取大些。［浙江大学 2013 研］

A．悬臂布置　　B．对称布置　　C．非对称布置　　D．两级展开式布置

【答案】B

【解析】对一般机械，由教材表 10-8 可知，在其他条件一样的情形下，对称布置齿宽系数取得大一些。

7．对高速齿轮齿面经硬化处理的齿轮进行适量的修缘，可以(　　)。［中国科学院大学 2022 研］

A．减少动载荷　　B．提高齿轮的弯曲强度

C．使轮齿易于啮合　　D．减少载荷分布不均匀

【答案】A

【解析】为了减小动载荷，可将轮齿进行齿顶修缘，即把齿顶的一小部分齿廓曲线(分度圆压力角 $\alpha = 20°$ 的渐开线)修整成 $\alpha > 20°$ 的渐开线。

8．某齿轮工作时，轮齿双侧受载，则该齿轮的齿根弯曲应力按______变化。［三峡大学 2017 研］

A．对称循环　　B．脉动循环

C．循环特性 $r = -0.5$ 的循环　　D．循环特性 $r = +1$ 的循环

【答案】A

【解析】轮齿双侧受载时，齿根弯曲应力为对称循环应力，齿面接触应力为脉动循环应力。

二、填空题

1．轮齿的主要失效形式有：______、______、______、______和______。［中山大学 2013 研］

【答案】轮齿折断；齿面点蚀；齿面胶合；齿面磨损；塑性变形

【解析】齿轮传动的失效主要是轮齿折断(主要发生在齿根部分，由齿根处的弯曲应力和应力集中引起)和工作齿面磨损、齿面点蚀(在润滑良好的闭式齿轮传动中常见的齿面失效形式)、齿面胶合(首先发生在较软齿面上)及轮齿塑性变形(一般发生在硬度较低的齿轮上)。

2．齿轮传动中，轮齿疲劳点蚀破坏，通常首先发生在______，采取______的措施，可以降低齿轮传动的载荷系数。［厦门大学 2012 研］

【答案】齿根表面靠近节线处；提高轴系刚度

【解析】在轮齿的节线附近，相对滑动速度低，形成油膜的条件差，最容易出现点蚀。轴、轴承以及支座的支承刚度不足，以及制造、装配误差等都会导致载荷沿轮齿接触线分布不均，而且轴承相对于齿轮不对称布置，也会加大载荷在接触线上分布不均的程度。改进措施有：增大轴、轴承以及支座的刚度；对称布置轴承；尽量避免将齿轮悬臂布置；适当限制齿轮的宽度；提高齿轮的制造和安装精度等。

3．闭式硬齿面齿轮传动的主要失效形式是______，故通常先按______强度进行设计计算，然后按______强度进行校核。［华中科技大学 2012 研］

【答案】轮齿折断；齿根弯曲疲劳；齿面接触疲劳

【解析】在闭式齿轮传动中，通常先按齿面接触疲劳强度进行设计计算。但对于齿面硬度很高齿轮，通常先按齿根弯曲疲劳强度进行设计计算。

4．已知某直齿圆柱齿轮传递的转矩 $T = 100\mathrm{N \cdot m}$，齿数 $z = 80$，模数 $m = 2.5\mathrm{mm}$，则其

圆周力 $F_t=$______。一对标准圆柱齿轮传动，已知 $z_1=20$，$z_2=50$，它们的齿根弯曲应力关系是______。［厦门大学 2012 研］

【答案】1kN；z_1 的弯曲应力大于 z_2

【解析】①直齿圆柱齿轮圆周力的计算公式为：$F_t=2T_1/d_1$，由于 $T=100\text{N}\cdot\text{m}$，$d=2.5\times80=200\text{mm}=0.2\text{m}$。故 $F_t=1\text{kN}$。

②由弯曲疲劳的校核公式可知，弯曲应力与齿数成反比，两轮模数相同，齿数少的弯曲应力大。

5. 设计圆柱齿轮时，为便于装配，通常使小齿轮的齿宽______于大齿轮的齿宽；选择齿宽系数 ϕ_d 时，若齿轮不对称布置、轴刚性差，则 ϕ_d 应选得______些。［华中科技大学 2012 研］

【答案】大；小

【解析】一般齿轮制造、安装精度高，轴的刚度大，齿轮对称于轴承布置时，齿宽 b 与 ϕ_d 可以取大值；反之，b 与 ϕ_d 应选小些。

6. 齿轮传动的基本要求是：______和______。［中山大学 2014 研］

【答案】传动平稳；承载能力强

【解析】齿轮传动的基本要求是齿轮传动平稳、传动比精确、工作可靠、效率高、寿命长，使用的功率、速度和尺寸范围大，结构紧凑等。其中最主要的是传动平稳与承载能力强。①传动要平稳。要求齿轮在传动过程中，任何瞬间的传动比保持恒定不变，这样可以保持传动的平稳性，避免或减少传动中的噪声、冲击和振动。②承载能力强。要求齿轮尺寸小、质量轻，而受载荷的能力大，也就要求强度高，耐磨性好，寿命长。

7. 在齿轮传动设计中，影响齿面接触应力的主要几何参数是______和______，而影响接触疲劳极限 σ_{Hlim} 的主要因素是______和______。［武汉理工大学 2017 研］

【答案】分度圆直径；齿宽；齿轮材料的种类；热处理方式

【解析】在齿轮传动设计中，齿面接触应力的计算公式为

$$\sigma_H=\sqrt{\frac{K_H F_{t1}}{bd_1}\cdot\frac{u\pm1}{u}}Z_E Z_H Z_\varepsilon$$

由公式可知，影响齿面接触应力的主要几何参数是分度圆直径和齿宽。从教材图10－25中可知，接触疲劳极限是材料自身的性能，主要影响因素是材料的种类和热处理方式。

8. 对于开式齿轮传动，虽然主要失效形式是______，但通常只按______强度计算。这时影响齿轮强度的主要几何参数是______。［长沙理工大学 2019 研］

【答案】齿面磨损和轮齿折断；齿根弯曲疲劳；模数

【解析】开式齿轮传动，虽然主要失效形式是齿面磨损及齿根折断，但对齿面抗磨损能力的计算尚不完善，故目前仅按齿根弯曲疲劳强度进行计算。齿根弯曲应力的计算公式为

$$\sigma_F=\frac{2K_F T_1 Y_{Fa} Y_{Sa} Y_\varepsilon}{bd_1 m}$$

由公式可知，影响齿根弯曲应力的主要几何参数是模数。

9. 一对啮合的齿轮的接触应力______。［西北工业大学 2023 研］

【答案】相等

【解析】一对齿轮啮合时，其大小齿轮接触应力值是相等的。

10. 在齿轮传动中将齿轮进行齿顶修缘的目的是______，在斜齿圆柱齿轮设计中应取

______为标准值。[长安大学 2025 研]

【答案】减小动载荷；法面模数

【解析】为了减小动载荷，可将轮齿进行齿顶修缘，即把齿顶的一小部分齿廓曲线(分度圆压力角 $\alpha=20°$ 的渐开线)修整成 $\alpha>20°$ 的渐开线。斜齿轮的齿形在法面上是标准渐开线，因此法面模数是斜齿轮设计和制造中的标准参数。

三、判断题

1．灰铸铁齿轮常用于低速、无冲击和大尺寸场合。(　　)[四川大学 2013 研]

【答案】对

【解析】普通灰铸铁的铸造性能和切削性能好、价廉、抗点蚀和抗胶合能力强，但弯曲强度低、冲击韧性差，常用于低速、无冲击和大尺寸的场合。

2．合金钢经热处理后弹性模量远大于碳钢，所以重要场合的齿轮应选用合金钢材料。(　　)[浙江大学 2012 研]

【答案】错

【解析】合金钢的弹性模量与碳素钢的弹性模量相差不大，合金钢经过热处理弹性模量不会发生很大变化，故热处理之后的合金钢的弹性模量不可能远大于碳素钢的弹性模量。

3．开式齿轮传动，其最主要的失效形式是齿面疲劳点蚀。(　　)[中山大学 2015 研]

【答案】错

【解析】开式齿轮传动由于齿面磨损较快，一般很少出现齿面点蚀。

4．一齿轮传动装置如图 10-4-1 所示，若轮 1 为主动轮，则轮 2 每转一周同侧齿面只啮合一次，且轮 2 的齿根弯曲应力可看成对称循环变应力。(　　)[华中科技大学 2013 研]

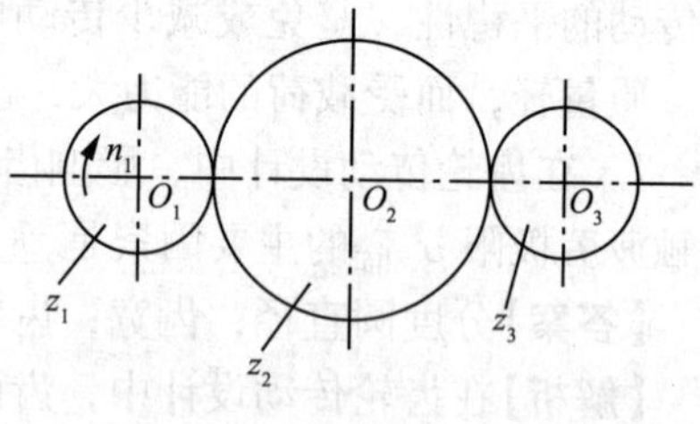

图 10-4-1

【答案】对

【解析】该齿轮传动装置工作时，轮 2 与轮 3 啮合时为主动轮，与轮 1 啮合时为从动轮。工作时，轮 2 的工作齿面为不同的两侧，每转一周，轮 2 的同一个齿分别在齿的两侧承受轮 1 和轮 3 对其的工作应力，所以齿轮 2 的齿根弯曲应力为对称循环变应力。

四、简答题

1．齿轮载荷分布不均是怎么产生的？哪些因素影响不均程度？[长安大学 2025 研]

答：齿轮载荷分布不均产生的原因：考虑轴和齿轮的弯曲、扭转变形，轴承、支座的弹性变形以及制造、装配的误差以及考虑齿轮制造误差和接触部位的差别，两对齿承担的载荷并不相等而产生的齿轮载荷分布不均。

影响不均程度的因素：制造精度、安装精度、轴、轴承及机体的刚度、齿轮在轴上的布置、轮齿的宽度。

2．在直齿、斜齿圆柱齿轮传动中，为什么常将小齿轮设计得比大齿轮宽一些？强度计算时齿宽系数中的齿宽应代入哪一个？[中山大学 2013 研]

答：(1)在直齿、斜齿圆柱齿轮传动中，常将小齿轮设计得比大齿轮宽一些的目的是防止大小齿轮因装配误差产生轴向错位时导致啮合宽度减小而增大轮齿的工作载荷。当小齿轮的齿宽略大于大齿轮齿宽时，即使有“错位”也能保证齿轮接触宽度为大齿轮宽度。又因为小齿轮直径小，齿宽略大于大齿轮齿宽，是使机构尺寸最小、重量最轻的合理选择。

(2)齿宽系数中的齿宽是指大齿轮的齿宽，故应代入大齿轮的齿宽。

3. 试述直齿圆柱齿轮传动失效形式有哪些？并说明闭式硬齿面齿轮传动的设计准则是什么？［中国地质大学（北京）2023 研；常州大学 2015 研］

答：(1)直齿圆柱齿轮传动失效形式有：①轮齿折断；②齿面点蚀；③齿面磨损；④齿面胶合；⑤塑性变形。

(2)闭式硬齿面齿轮传动的设计准则：按弯曲疲劳强度设计，按接触疲劳强度校核。

4. 有一对标准直齿圆柱齿轮传动，查得齿形系数 $Y_{Fa1}=2.83$，$Y_{Fa2}=2.41$，应力修正系数 $Y_{Sa1}=1.65$，$Y_{Sa2}=1.77$。许用弯曲应力 $\sigma_{FP1}=300\text{MPa}$、$\sigma_{FP2}=290\text{MPa}$，已算得小齿轮齿根弯曲应力 $\sigma_{F1}=285\text{MPa}$。试问：两个齿轮的弯曲疲劳强度是否均满足要求？按弯曲强度设计时 $Y_{Fa}Y_{Sa}/\sigma_{FP}$ 应代入小齿轮的还是大齿轮的？（两个问题均需通过计算说明）［华中科技大学 2013 研］

答：由 $\sigma_{F1}/(Y_{Fa1}Y_{Sa1})=\sigma_{F2}/(Y_{Fa2}Y_{Sa2})$ 得

$$\sigma_{F2}=\sigma_{F1}\frac{Y_{Fa2}Y_{Sa2}}{Y_{Fa1}Y_{Sa1}}=285\times\frac{2.41\times1.77}{2.83\times1.65}\approx260.354\text{MPa}<\sigma_{FP2}=290\text{MPa}$$

同理计算得 $\sigma_{F1}<\sigma_{FP1}$，故两个齿轮的弯曲疲劳强度均满足要求。

$$\frac{Y_{Fa1}Y_{Sa1}}{\sigma_{FP1}}=\frac{2.83\times1.65}{300}\approx0.016$$

$$\frac{Y_{Fa2}Y_{Sa2}}{\sigma_{FP2}}=\frac{2.41\times1.77}{290}\approx0.015$$

因为 $\frac{Y_{Fa1}Y_{Sa1}}{\sigma_{FP1}}>\frac{Y_{Fa2}Y_{Sa2}}{\sigma_{FP2}}$，所以齿轮 1 的弯曲疲劳强度更弱，应代入小齿轮的 $\frac{Y_{Fa1}Y_{Sa1}}{\sigma_{FP1}}$。

5. 如图 10-4-2 所示传动中：

(1)确定并画出各齿轮的转动方向；

(2)欲使中间轴Ⅱ所受轴向力 F_a 最小，斜齿轮 3、4 轮齿的旋向如何？

(3)画图标出两对齿轮所受径向力 F_r、F_t、轴向力 F_a 的方向。［常州大学 2015 研］

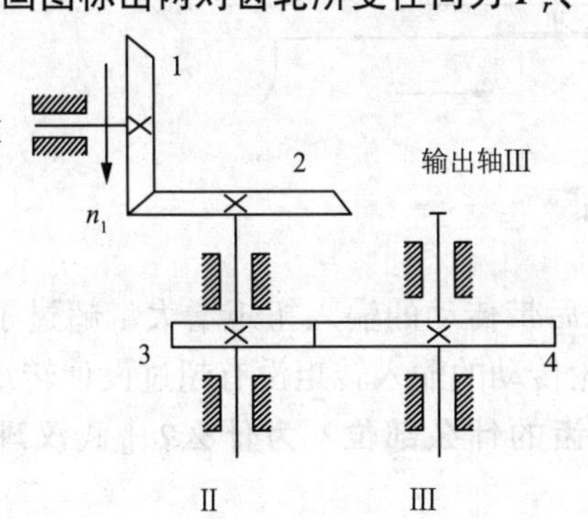

图 10-4-2

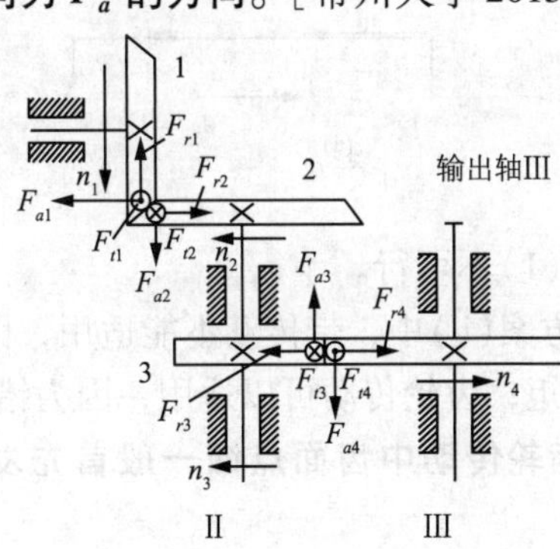

图 10-4-3

答：(1)各齿轮的转动方向如图 10-4-3 所示。

(2)欲使中间轴Ⅱ所受轴向力 F_a 最小，斜齿轮 3 应当左旋，斜齿轮 4 应当右旋。

(3)两对齿轮的受力方向如图 10-4-3 所示。

6. 齿轮传动中的动载荷是否是齿轮传动独有的？如何减轻？对齿轮传动的承载能力有什么影响？［西北工业大学 2023 研］

答：(1)不是，链传动也有。

（2）提高制造精度，减小齿轮直径以降低圆周速度，均可减小动载荷。

（3）降低齿轮传动的承载能力。

7. 有一闭式齿轮传动，满载工作几个月后，发现在硬度为220～240HBS的齿面上出现小的凹坑，问：

（1）这个齿轮是软齿面还是硬齿面？

（2）这是什么现象？

（3）如何判断该齿轮是否可以继续使用？

（4）应采取什么措施？［广东工业大学2018研］

答：（1）因为220～240HBS＜350HBS，故此齿轮为软齿面齿轮。

（2）这种现象是齿轮的齿面点蚀。

（3）"小的凹坑"属于早期点蚀，若该早期点蚀不再发展成破坏性点蚀，则该齿轮仍可继续使用。

（4）采用适当黏度的润滑油对轮齿进行润滑，同时可在油中添加合适的极压添加剂以增强润滑油的效果。

8. 如图10-4-4所示的带式运输机，原设计方案（a）中各部分承载能力正好满足设计要求，装配时错装成方案（b）。问：

（1）装错的方案（b）是否可行？

（2）方案（b）中，带传动和齿轮传动还能否适用？为什么？［广东工业大学2018研］

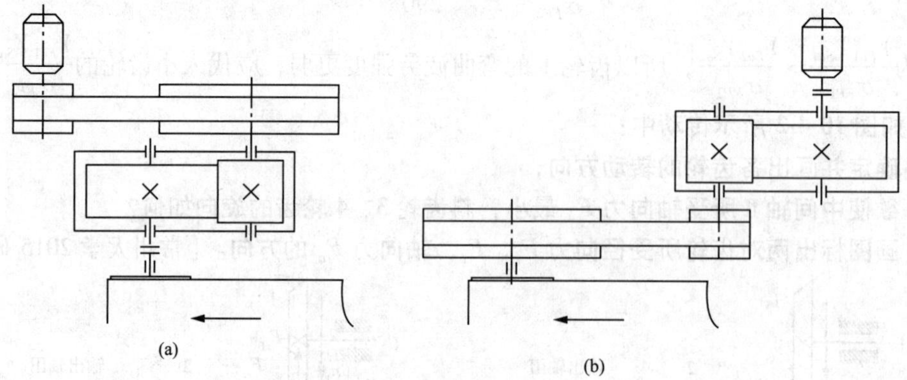

图10-4-4

答：（1）不可行。

（2）方案（b）中，带传动不能适用，因为错装后带传动的输入扭矩增大，超过了带的设计传递扭矩；齿轮传动可以适用，因为错装后齿轮传动的输入转矩没有超过设计转矩。

9. 齿轮传动中齿面点蚀一般首先发生在轮齿的什么部位？为什么？［武汉理工大学2017研］

相关真题：齿面点蚀首先发生在什么部位？为什么？防止点蚀可采取哪些措施？［长沙理工大学2019研］

答：（1）齿轮传动中齿面点蚀一般首先发生在轮齿的节线附近。

（2）齿面点蚀与齿面间的相对滑动和润滑油的黏度有关；相对滑动速度高，黏度大，齿面间容易形成油膜，齿面有效接触面积较大，接触应力小，点蚀不容易发生；而在轮齿的节线附近，相对滑动速度低，形成油膜的条件差，特别是对于直齿轮传动，这时只有一对轮齿啮合，轮齿受力也较大，因此该处最容易出现点蚀。

第十一章　蜗杆传动

11.1　复习笔记

【知识框架】

- 蜗杆传动
  - 蜗杆传动的类型
    - 圆柱蜗杆传动
    - 环面蜗杆传动
    - 锥蜗杆传动
    - 蜗杆传动类型选择的原则
  - 普通圆柱蜗杆传动的基本参数及几何计算
    - 普通圆柱蜗杆传动的基本参数及其选择
    - 蜗杆传动的几何尺寸计算
  - 普通圆柱蜗杆传动承载能力计算
    - 蜗杆传动的失效形式、设计准则及常用材料
    - 蜗杆传动的受力分析
    - 蜗杆传动强度计算
    - 蜗杆的刚度计算
    - 普通圆柱蜗杆传动的精度等级及其选择
  - 圆弧圆柱蜗杆传动设计计算
    - 概述：特点、主要参数、几何尺寸计算
    - 圆弧圆柱蜗杆传动强度计算
  - 普通圆柱蜗杆传动的效率、润滑及热平衡计算
    - 蜗杆传动的效率
    - 蜗杆传动的润滑
    - 蜗杆传动的热平衡计算
  - 圆柱蜗杆和蜗轮的结构设计

【通关提要】

本章主要介绍了普通圆柱蜗杆传动的参数及几何计算、失效形式、受力分析、强度刚度计算、效率及热平衡计算和圆弧圆柱蜗杆传动设计计算。学习时需要重点掌握蜗杆传动的受力分析，即圆周力、径向力和轴向力的方向判断，多以计算题的形式出现。学习时还需要掌握蜗杆传动的参数选择、效率及热平衡计算，多以选择题、填空题和简答题的形式出现。复习本章时不应以计算为重点，需要注意细节内容的理解及记忆。

【重点难点归纳】

一、蜗杆传动的类型（见表11-1-1）

表11-1-1　蜗杆传动的类型

传动类型	主要内容	
圆柱蜗杆传动	普通圆柱蜗杆传动	包括：①阿基米德蜗杆（ZA蜗杆）；②法向直廓蜗杆（ZN蜗杆）；③渐开线蜗杆（ZI蜗杆）；④锥面包络圆柱蜗杆（ZK蜗杆）
	圆弧圆柱蜗杆传动	

续表

传动类型	主要内容
环面蜗杆传动	①环面蜗杆传动；②包络环面蜗杆传动
锥蜗杆传动	适用于非平行轴之间的传动
滚动蜗杆传动	适用于以传递运动为主的场合

二、普通圆柱蜗杆传动的基本参数及几何尺寸计算

1. 普通圆柱蜗杆传动的基本参数及其选择

(1)模数 m 和压力角 α

①蜗杆传动正确啮合的条件：

$$m_{a1}=m_{t2}=m,\ \alpha_{a1}=\alpha_{t2}$$

②蜗杆轴向压力角与法向压力角的关系为 $\tan\alpha_a=\tan\alpha_n/\cos\gamma$，式中，$\gamma$ 为导程角。

(2)蜗杆的分度圆直径 d_1

为了限制蜗轮滚刀的数目及便于滚刀的标准化，规定直径系数 $q=d_1/m$ 为标准值，即每一标准模数对应一定数量的蜗杆分度圆直径 d_1。

(3)蜗杆头数 z_1

蜗杆头数 z_1 常取为1、2、4、6，头数越多，传动效率越高。

(4)导程角 γ

导程角 γ 由蜗杆的直径 d_1 和蜗杆头数 z_1 确定。

$$\tan\gamma=p_z/(\pi d_1)=z_1p_a/(\pi d_1)=z_1m/d_1=z_1/q$$

式中，p_z 为蜗杆导程，$p_z=z_1p_a$；p_a 为蜗杆轴向齿距。

(5)传动比 i 和齿数比 u

传动比为：$i=n_1/n_2$。齿数比为：$u=z_2/z_1$。当蜗杆为主动时，$i=u$。

(6)蜗轮齿数 z_2

蜗轮齿数 $z_2=iz_1$；理论应使 $z_{2\min}\geqslant 17$，通常规定 $z_2>28$；但不宜过大，z_2 一般不大于80。

(7)蜗杆传动的标准中心距 a

蜗杆传动的标准中心距为：$a=(d_1+d_2)/2=(d_1+z_2m)/2=(q+z_2)m/2$。

2. 蜗杆传动的几何尺寸计算

蜗杆传动的几何尺寸及其计算公式参看教材图11-15及表11-3、表11-4。

三、普通圆柱蜗杆传动承载能力计算

1. 蜗杆传动的失效形式、设计准则及常用材料(见表11-1-2)

表11-1-2 蜗杆传动的失效形式、设计准则及常用材料

要点	主要内容
失效形式	点蚀、齿根折断、齿面胶合及齿面磨损等
设计准则	①开式传动按齿根弯曲疲劳强度设计。 ②闭式传动按齿面接触疲劳强度设计
常用材料	蜗杆大多数选择碳钢和合金钢；蜗轮依重要程度降低，依次选择铸造锡青铜、铸造铝铁青铜和灰铸铁

2. 蜗杆传动的受力分析(见表 11-1-3)

表 11-1-3 蜗杆传动的受力分析

力的大小	力的方向	示意图
$F_{t1}=F_{a2}=2T_1/d_1$ $F_{a1}=F_{t2}=2T_2/d_2$ $F_{r1}=F_{r2}=F_{t2}\tan\alpha$ $F_n=\dfrac{F_{a1}}{\cos\alpha_n\cos\gamma}$ $=\dfrac{F_{t2}}{\cos\alpha_n\cos\gamma}$ $=\dfrac{2T_2}{d_2\cos\alpha_n\cos\gamma}$	①右(左)旋蜗杆所受轴向力的方向可以用右(左)手法则确定。 ②蜗杆所受圆周力 F_{t1} 的方向与转向相反。 ③径向力指向轴心	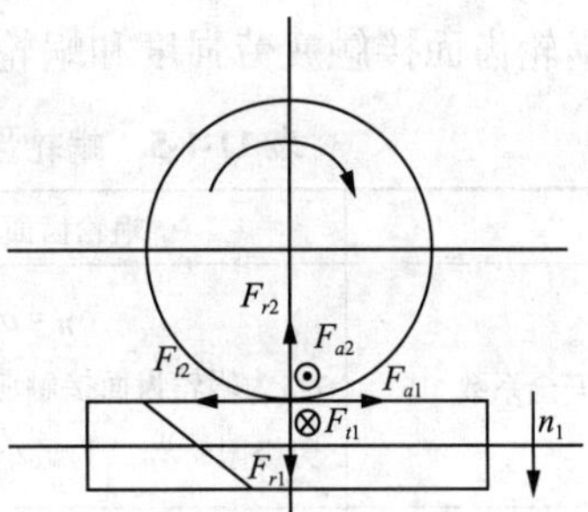

3. 蜗杆传动强度及刚度计算(见表 11-1-4)

表 11-1-4 蜗杆传动强度及刚度计算

要点	主要内容
蜗轮齿面接触疲劳强度	$\sigma_H=480\sqrt{\dfrac{KT_2}{d_1m^2z_2^2}}\leqslant[\sigma_H]$，$m^2d_1\geqslant KT_2\left(\dfrac{480}{z_2[\sigma_H]}\right)^2$ K 为载荷系数，$K=K_AK_\beta K_v$。其中，K_A 为使用系数，K_β 为齿向载荷分布系数，K_v 为动载系数
许用接触应力$[\sigma_H]$	蜗轮材料为锡青铜，$[\sigma_H]=K_{HN}[\sigma_H']$。 $K_{HN}=\sqrt[8]{\dfrac{10^7}{N}}$，其中，应力循环次数 $N=60jn_2L_h$
蜗轮齿根弯曲疲劳强度	$\sigma_F=1.53KT_2Y_{Fa2}Y_\beta/(d_1d_2m)\leqslant[\sigma_F]$，$m^2d_1\geqslant1.53KT_2Y_{Fa2}Y_\beta/(z_2[\sigma_F])$ Y_{Fa2} 为蜗轮齿形系数，由蜗轮的当量齿数 $z_{v2}=z_2/\cos^3\gamma$ 查表获得；Y_β 为螺旋角影响系数，$Y_\beta=1-(\gamma/140°)$；$[\sigma_F]$为蜗轮的许用弯曲应力
许用弯曲应力$[\sigma_F]$	$[\sigma_F]=K_{FN}[\sigma_F']$，其中$[\sigma_F']$查表选取；$K_{FN}$为寿命系数，$K_{FN}=\sqrt[9]{\dfrac{10^6}{N}}$
蜗杆的刚度计算	$y=\dfrac{\sqrt{F_{t1}^2+F_{r1}^2}}{48EI}L'^3\leqslant[y]$ E 为蜗杆材料的弹性模量；I 为蜗杆危险截面的惯性矩；L'杆为蜗杆两端支承间的跨距；$[y]$为许用最大挠度

4. 普通圆柱蜗杆传动的精度等级及其选择

精度等级共 12 个；1 级精度最高，依次降低，以 6～9 级应用得最多。蜗杆、蜗轮和蜗杆传动的公差分成三个公差组。

四、圆弧圆柱蜗杆传动设计计算

1. 概述

圆弧圆柱蜗杆传动的主要参数有齿形角 α_0、变位系数 x_2 及齿廓圆弧半径 ρ。

(1)齿形角 α_0。推荐选取 $\alpha_0=23°\pm2°$。

(2)变位系数 x_2。一般推荐 $x_2=0.5\sim1.5$。

(3)齿廓圆弧半径 ρ。推荐 $\rho=(5\sim5.5)m$(m 为模数)。

圆弧圆柱蜗杆的齿形参数及几何尺寸参见教材表 11－10。

2. 圆弧圆柱蜗杆传动强度计算

蜗轮齿面接触疲劳强度和蜗轮齿根弯曲疲劳强度的校核见表 11-1-5。

表 11-1-5 蜗轮齿面接触疲劳强度和齿根弯曲疲劳强度的校核

	蜗轮齿面接触疲劳强度校核	蜗轮齿根弯曲疲劳强度校核
安全系数	$S_H=\sigma_{H\lim}/\sigma_H\geqslant\sigma_{H\min}$ σ_H 为蜗轮齿面接触应力；$\sigma_{H\lim}$ 为蜗轮齿面接触疲劳极限；$S_{H\min}$ 为最小安全系数	$S_F=C_{F\lim}/C_{F\max}\geqslant m$ $C_{F\lim}$ 为蜗轮齿根应力系数极限值；$C_{F\max}$ 为蜗轮齿根最大应力系数
应力 σ_H、疲劳极限 $\sigma_{H\lim}$ 及应力系数 $C_{F\max}$	$\sigma_H=F_{t2}/[Z_mY_zb_{m2}(d_2+2x_2m)]$ Z_m 为系数，$Z_m=\sqrt{\dfrac{10m}{d_1}}$；$b_{m2}$ 为蜗轮平均齿宽； Y_z 为蜗杆齿的齿形系数	$C_{F\max}=\dfrac{F_{t2\max}}{m_n\pi\widehat{b}_2}$ $F_{t2\max}$ 为蜗轮平均圆上的最大圆周力。 $\widehat{b}_2$ 为蜗轮齿弧长。m_n 为法向模数
	$\sigma_{H\lim}=K_0\cdot f_h\cdot f_n\cdot f_w$ K_0 为蜗轮与蜗杆的配对材料系数；f_h 为寿命系数， $f_h=\sqrt[3]{\dfrac{12000}{L_h}}$；$f_n$ 为速度系数；f_w 为载荷系数	

五、普通圆柱蜗杆传动的效率及热平衡计算(见表 11-1-6)

表 11-1-6 蜗杆传动的效率及热平衡计算

要点		主要内容
效率计算		①总效率 $\eta=\eta_1\eta_2\eta_3=(0.95\sim0.96)\tan\gamma/\tan(\gamma+\varphi_v)$。 $\eta_1=\tan\gamma/\tan(\gamma+\varphi_v)$；取 $\eta_2\eta_3=0.95\sim0.96$。 ②当量摩擦角 $\varphi_v=\arctan f_v$，其值可根据滑动速度 v_s 选取。 $v_s=v_1/\cos\gamma=\pi d_1\cdot n_1/(60\times1000\cos\gamma)$
热平衡计算	计算公式	油温 $t_0=t_a+[1000P(1-\eta)/(\alpha_dS)]$。 散热面积 $S=1000P(1-\eta)/[\alpha_d(t_0-t_a)]$。 P 为蜗杆传递的功率；α_d 为箱体的表面传热系数；t_0 为油的工作温度；t_a 为周围空气的温度
	提高措施	①加散热片。②加装风扇。③装循环冷却管路

六、圆柱蜗杆和蜗轮的结构设计(见表 11-1-7)

表 11-1-7 圆柱蜗杆和蜗轮的结构设计

要点	主要内容
蜗杆结构	蜗杆螺旋部分的直径不大时，做成蜗杆轴；直径较大时，可将蜗杆与轴分开制作
蜗轮结构	①齿圈式；②螺栓连接式；③整体浇铸式；④拼铸式

11.2 课后习题详解

11-1 试分析图 11-2-1 所示蜗杆传动中各轴的回转方向，蜗轮轮齿的螺旋方向及蜗杆、蜗轮所受各力的作用位置及方向。

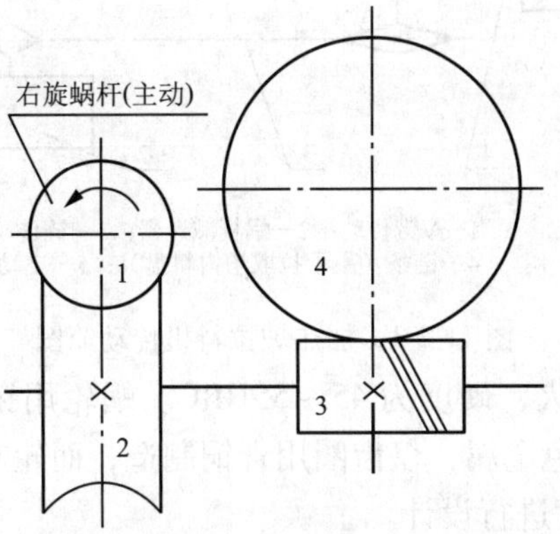

图 11-2-1 蜗杆传动

答：(1)主动轮圆周力 F_t 的方向总是和转向相反，从动轮的圆周力 F_t 的方向总是和转向一致。径向力 F_r 的方向总是由啮合点指向回转中心。相配合的蜗轮与蜗杆的旋向相同，所以蜗轮 2、蜗轮 4 都为右旋。

(2)主动蜗杆 1 为右旋，根据右手法则，其轴向力 F_{a1} 方向为垂直于纸面向外，则与之啮合的蜗轮 2 的圆周力为垂直于纸面向里，蜗轮 2 与蜗杆 3 所在轴的转向如图 11-2-2 所示。

(3)对于蜗杆 3，根据右手法则，其轴向力水平向左，则与之相配合的蜗轮 4 的圆周力水平向右，其转向如图 11-2-2 所示。

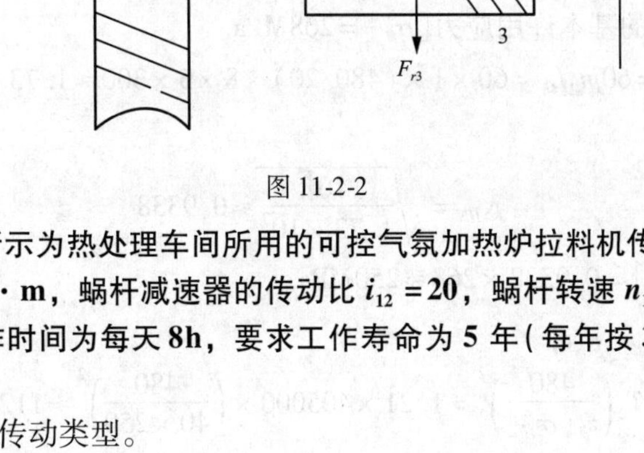

图 11-2-2

11-2 图 11-2-3 所示为热处理车间所用的可控气氛加热炉拉料机传动简图。已知：蜗轮传递的转矩 $T_2=405\mathrm{N\cdot m}$，蜗杆减速器的传动比 $i_{12}=20$，蜗杆转速 $n_1=480\mathrm{r/min}$，传动较平稳，冲击不大。工作时间为每天 8h，要求工作寿命为 5 年(每年按 300 工作日计)，试设计该蜗杆传动。

解：(1)选择蜗杆传动类型。

根据 GB/T 10085—2018 的推荐，采用渐开线蜗杆(ZI)。

(2)选择材料。

考虑蜗杆传动功率不大，速度只是中等，故蜗杆用 45 钢；因希望效率高些，耐磨性好

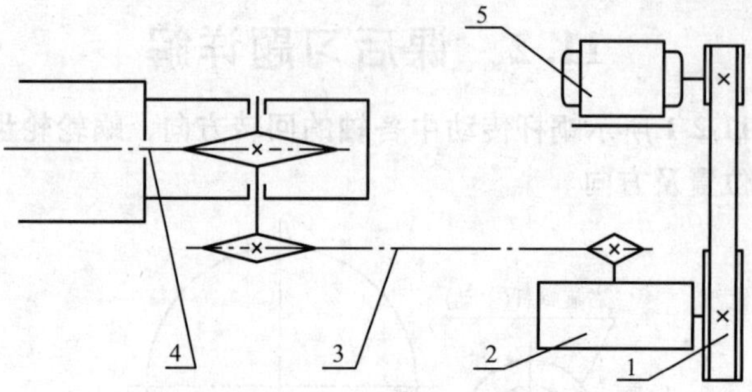

1—V带传动；2—蜗杆减速器；3—链传动；
4—链条（用于拉取炉内料盘）；5—电动机

图 11-2-3　加热炉拉料机传动简图

些，故蜗杆螺旋齿面要求淬火，硬度为 45 ~ 55HRC。蜗轮用铸锡磷青铜 ZCuSn10P1，金属模铸造。为了节约贵重的有色金属，仅齿圈用青铜制造，而轮芯用灰铸铁 HT100 制造。

(3)按齿面接触疲劳强度进行设计。

根据闭式蜗杆传动的设计准则，先按齿面接触疲劳强度进行设计，再校核齿根弯曲疲劳强度。

$$m^2 d_1 \geqslant KT_2\left(\frac{480}{z_2[\sigma_H]}\right)^2$$

①确定载荷系数 K。

因为工作载荷较稳定，故取载荷分布不均系数 $K_\beta = 1$；由教材表 11-5 选取使用系数 $K_A = 1.15$；由于转速不高，可取动载系数 $K_v = 1.05$；则

$$K = K_A K_\beta K_v = 1.15 \times 1 \times 1.05 \approx 1.21$$

②确定弹性影响系数 Z_E。

因选用的是铸锡磷青铜蜗轮和钢蜗杆相配，故 $Z_E = 160\ \sqrt{\text{MPa}}$。

③确定蜗轮齿数 z_2。

按 $z_1 = 2$ 计算，$z_2 = z_1 \cdot i_{12} = 2 \times 20 = 40$。

④确定许用接触应力$[\sigma_H]$。

根据蜗轮材料为铸锡青铜 ZCuSn10P1，金属模铸造，蜗杆螺旋面硬度 >45HRC，可从教材表 11-7 中查得蜗轮的基本许用应力$[\sigma_H'] = 268\text{MPa}$。

应力循环次数 $N = 60jn_2L_h = 60 \times 1 \times (480/20) \times 8 \times 5 \times 300 \approx 1.73 \times 10^7$。

寿命系数

$$K_{HN} = \sqrt[8]{\frac{10^7}{1.73 \times 10^7}} \approx 0.9338$$

则$[\sigma_H] = K_{HN}[\sigma_H'] = 0.9338 \times 268 \approx 250\text{MPa}$。

⑤计算 $m^2 d_1$ 值。

$$m^2 d_1 \geqslant KT_2\left(\frac{480}{z_2[\sigma_H]}\right)^2 = 1.21 \times 405000 \times \left(\frac{480}{40 \times 250}\right)^2 \approx 1129.08\text{mm}^3$$

因 $z_1 = 2$，故从教材表 11-1 中取模数 $m = 5\text{mm}$，蜗杆分度圆直径 $d_1 = 50\text{mm}$。

(4)蜗杆与蜗轮的主要参数与几何尺寸：

①中心距：

$$a=\frac{d_1+d_2}{2}=\frac{50+5\times 40}{2}=125\text{mm}$$

②蜗杆：

轴向齿距 $p_a=\pi m\approx 3.14\times 5=15.7\text{mm}$

直径系数 $q=\frac{d_1}{m}=10$

齿顶圆直径 $d_{a1}=d_1+2h_a^*m=50+2\times 1\times 5=60\text{mm}$

齿根圆直径 $d_{f1}=d_1-2m(h_a^*+c^*)=50-2\times 5\times(1+0.2)=38\text{mm}$

分度圆导程角 $\gamma=11°18'36''$

蜗杆轴向齿厚 $s_a=0.5\pi m\approx 0.5\times 3.14\times 5=7.85\text{mm}$

③蜗轮：

蜗轮分度圆直径 $d_2=mz_2=5\times 40=200\text{mm}$

蜗轮喉圆直径 $d_{a2}=d_2+2h_{a2}=200+2\times 5=210\text{mm}$

蜗轮齿根圆直径 $d_{f2}=d_2-2h_{f2}=200-2\times 1.2\times 5=188\text{mm}$

蜗轮咽喉母圆半径 $r_{g2}=a-\frac{d_{a2}}{2}=125-\frac{210}{2}=20\text{mm}$

(5)校核齿根弯曲疲劳强度：

$$\sigma_F=\frac{1.53KT_2}{d_1d_2m}Y_{Fa2}Y_\beta\leqslant[\sigma_F]$$

①当量齿数：

$$z_{v2}=\frac{z_2}{\cos^3\gamma}=\frac{40}{(\cos 11.31°)^3}\approx 42.42$$

根据 $z_{v2}=42.42$，从教材表 11-8 中可查得齿形系数 $Y_{Fa2}=2.41$。

②螺旋角系数：

$$Y_\beta=1-\frac{\gamma}{140°}=1-\frac{11.31°}{140°}\approx 0.9192$$

③许用弯曲应力：

从教材表 11-9 中查得 ZCuSn10P1 制造的蜗轮的基本许用弯曲应力 $[\sigma_F']=56\text{MPa}$。

寿命系数

$$K_{FN}=\sqrt[9]{\frac{10^6}{1.73\times 10^7}}\approx 0.7285$$

则 $[\sigma_F]=K_{FN}[\sigma_F']=56\times 0.7285=40.796\text{MPa}$。

$$\sigma_F=\frac{1.53KT_2}{d_1d_2m}Y_{Fa2}Y_\beta=\frac{1.53\times 1.21\times 405000}{50\times 200\times 5}\times 2.41\times 0.9192\approx 33.22\text{MPa}<[\sigma_F]$$

弯曲强度是满足的。

(6)验算效率 η。

$$\eta=\eta_2\eta_3\frac{\tan\gamma}{\tan(\gamma+\varphi_v)}$$

已知 $\gamma=11°18'36''$；$\varphi_v=\arctan f_v$；f_v 与相对滑动速度 v_s 有关。

$$v_s=\frac{\pi d_1n_1}{60\times 1000\cos\gamma}=\frac{\pi\times 50\times 480}{60\times 1000\times\cos 11.31°}\approx 1.281\text{m/s}$$

从教材表 11-18 中插值法得 $\varphi_v = 2.42°$，故蜗杆传动效率

$$\eta = \eta_2 \eta_3 \frac{\tan\gamma}{\tan(\gamma + \varphi_v)} = (0.95 \sim 0.96) \times \frac{\tan 11.31°}{\tan(11.31° + 2.42°)} \approx 0.79$$

(7)精度等级公差：

考虑所设计的蜗杆传动是动力传动，从 GB/T 10089—2018 圆柱蜗杆、蜗轮精度中选择 8 级精度，侧隙种类为 f，标注为 8f GB/T 10089—2018。

(8)热平衡计算：

蜗杆传递的功率

$$P = \frac{T_2 n_1}{9.55 \times 10^6 \times i_{12} \times \eta} = \frac{405000 \times 480}{9.55 \times 10^6 \times 20 \times 0.79} \approx 1.288\text{kW}$$

所需的散热面积 $S = \dfrac{1000P(1-\eta)}{\alpha_d (t_0 - t_a)}$，其中取润滑油最高工作温度 $t_0 = 80℃$，周围空气温度 $t_a = 20℃$，表面传热系数 $\alpha_d = 15\text{W}/(\text{m}^2 \cdot ℃)$，则

$$S = \frac{1000 \times 1.288 \times (1-0.79)}{15 \times (80-20)} \approx 0.30\text{m}^2$$

11-3　设计用于带式输送机的普通圆柱蜗杆传动，传递功率 $P_1 = 5.0\text{kW}$，$n_1 = 960\text{r/min}$，传动比 $i = 23$，由电动机驱动，载荷平稳。蜗杆材料为 20Cr，渗碳淬火，硬度≥58HRC。蜗轮材料为 ZCuSn10P1，金属模铸造。蜗杆减速器每日工作 8h，要求工作寿命为 7 年(每年按 300 工作日计)。

解：(1)选择蜗杆传动类型

根据 GB/T 10085—2018 的推荐，采用渐开线蜗杆(ZI)。

(2)按齿面接触疲劳强度进行设计

根据闭式蜗杆传动的设计准则，先按齿面接触疲劳强度进行设计，再校核齿根弯曲疲劳强度。

$$m^2 d_1 \geqslant K T_2 \left(\frac{480}{z_2 [\sigma_H]} \right)^2$$

①确定作用在蜗轮上的转矩 T_2

按 $z_1 = 2$ 计算，故取 $\eta = 0.8$，则

$$T_2 = 9.55 \times 10^6 \frac{P_1}{n_1} i\eta = 9.55 \times 10^6 \times \frac{5 \times 23 \times 0.8}{960} \approx 915208\text{N} \cdot \text{mm}$$

②确定载荷系数 K

因为工作载荷较稳定，故取载荷分布系数 $K_\beta = 1$；由教材表 11-5 选取使用系数 $K_A = 1$；由于转速不高，无冲击，可取动载系数 $K_v = 1.05$；则

$$K = K_A K_\beta K_v = 1 \times 1 \times 1.05 = 1.05$$

③确定弹性影响系数 Z_E

因选用的是铸锡磷青铜蜗轮和钢蜗杆相配，故 $Z_E = 160\ \sqrt{\text{MPa}}$。

④确定蜗轮齿数 z_2

$$z_2 = z_1 \cdot i_{12} = 2 \times 23 = 46$$

⑤确定许用接触应力 $[\sigma_H]$

从教材表 11-7 中查得蜗轮的基本许用应力 $[\sigma_H'] = 268\text{MPa}$。

应力循环次数 $N=60jn_2L_h=60\times1\times(960/23)\times7\times8\times300\approx4.21\times10^7$。

寿命系数

$$K_{HN}=\sqrt[8]{\frac{10^7}{4.21\times10^7}}\approx0.8355$$

则 $[\sigma_H]=K_{HN}[\sigma_H']=0.8355\times268\approx224\text{MPa}$。

⑥计算 m^2d_1 值

$$m^2d_1\geqslant KT_2\left(\frac{480}{z_2[\sigma_H]}\right)^2\approx2085.35\text{mm}^3$$

因 $z_1=2$，故从教材表 11-1 中取模数 $m=8\text{mm}$，蜗杆分度圆直径 $d_1=80\text{mm}$。

(3)蜗杆与蜗轮的主要参数与几何尺寸

①中心距

$$a=\frac{d_1+d_2}{2}=\frac{80+8\times46}{2}=224\text{mm}$$

②蜗杆

轴向齿距 $p_a=\pi m\approx3.14\times8=25.12\text{mm}$

直径系数 $q=\dfrac{d_1}{m}=\dfrac{80}{8}=10$

齿顶圆直径 $d_{a1}=d_1+2h_a^*m=80+2\times1\times8=96\text{mm}$

齿根圆直径 $d_{f1}=d_1-2m(h_a^*+c^*)=80-2\times8\times(1+0.2)=60.8\text{mm}$

分度圆导程角 $\gamma=11°18'36''$

蜗杆轴向齿厚 $s_a=0.5\pi m\approx0.5\times3.14\times8=12.56\text{mm}$

③蜗轮

蜗轮分度圆直径 $d_2=mz_2=8\times46=368\text{mm}$

蜗轮喉圆直径 $d_{a2}=d_2+2h_{a2}=368+2\times8=384\text{mm}$

蜗轮齿根圆直径 $d_{f2}=d_2-2h_{f2}=368-2\times1.2\times8=348.8\text{mm}$

蜗轮咽喉母圆半径 $r_{g2}=a-\dfrac{d_{a2}}{2}=224-\dfrac{384}{2}=32\text{mm}$

(4)校核齿根弯曲疲劳强度

$$\sigma_F=\frac{1.53KT_2}{d_1d_2m}Y_{Fa2}Y_\beta\leqslant[\sigma_F]$$

①当量齿数

$$z_{v2}=\frac{z_2}{\cos^3\gamma}=\frac{46}{(\cos11.31°)^3}\approx48.79$$

根据 $z_{v2}=48.79$，从教材表 11-8 中可查得齿形系数 $Y_{Fa2}=2.37$。

②螺旋角系数

$$Y_\beta=1-\frac{\gamma}{140°}=1-\frac{11.31°}{140°}\approx0.9192$$

③许用弯曲应力

从教材表 11-9 中查得 ZCuSn10P1 制造的蜗轮的基本许用弯曲应力 $[\sigma_F']=56\text{MPa}$。

寿命系数

$$K_{FN}=\sqrt[9]{\frac{10^6}{4.21\times10^7}}\approx0.66$$

则$[\sigma_F]=K_{FN}[\sigma_F']=56\times0.66=36.96\text{MPa}$。

$$\sigma_F=\frac{1.53KT_2}{d_1d_2m}Y_{Fa2}Y_\beta=\frac{1.53\times1.05\times915208}{80\times368\times8}\times2.37\times0.9192\approx13.60\text{MPa}<[\sigma_F]$$

弯曲强度是满足的。

(5)验算效率η

$$\eta=(0.95\sim0.96)\frac{\tan\gamma}{\tan(\gamma+\varphi_v)}$$

已知$\gamma=11°18'36''$；$\varphi_v=\arctan f_v$；f_v与相对滑动速度v_s有关。

$$v_s=\frac{\pi d_1n_1}{60\times1000\times\cos\gamma}=\frac{\pi\times80\times960}{60\times1000\times\cos11.31°}\approx4.10\text{m/s}$$

从教材表11-18中用插值法得$\varphi_v=1.36338°$，代入式中得$\eta=0.845\sim0.854$，大于原估计值，因此不用重算。

(6)热平衡计算

所需的散热面积$S=\frac{1000P(1-\eta)}{\alpha_d(t_0-t_a)}$，其中取润滑油最高工作温度$t_0=80℃$，周围空气温度$t_a=20℃$，表面传热系数$\alpha_d=15\text{W}/(\text{m}^2\cdot℃)$，则

$$S=\frac{1000\times5\times(1-0.80)}{15\times(80-20)}\approx1.11\text{m}^2$$

11-4　设计一起重设备用的蜗杆传动，载荷有中等冲击，蜗杆轴由电动机驱动，传递的额定功率$P_1=10.3\text{kW}$，$n_1=1460\text{r/min}$，$n_2=120\text{r/min}$，间歇工作，平均每日工作时间约为2h，要求工作寿命为10年(每年按300工作日计)。

解：(1)选择蜗杆传动类型和材料。

①根据GB/T 10085—2018，采用开式渐开线蜗杆(ZI)。

②蜗杆采用45钢，螺旋齿面淬火，硬度为45～55HRC；蜗轮用铸锡磷青铜ZCuSn10P1，金属模铸造。

(2)按齿根弯曲疲劳强度设计。

因$i=\frac{n_1}{n_2}=\frac{1460}{120}\approx12.17$，故按非标准中心距设计。

按$m^2d_1\geqslant\frac{1.53KT_2}{z_2[\sigma_F]}Y_{Fa2}Y_\beta$进行计算。

①确定作用在蜗轮上的转矩T_2。

按$z_1=2$，估取效率$\eta=0.8$，则

$$T_2=9.55\times10^6\frac{P_1}{n_1}i\eta=9.55\times10^6\times\frac{10.3\times12.17\times0.8}{1460}\approx655946\text{N}\cdot\text{mm}$$

②确定载荷系数。

因载荷较不稳定，故取载荷分布不均匀系数$K_\beta=1.5$；

查教材表11-5选取使用系数$K_A=1.15$；

选动载系数$K_v=1.1$。

故载荷系数

$$K = K_A K_\beta K_v = 1.15 \times 1.5 \times 1.1 \approx 1.9$$

③$z_2 = iz_1 = 12.17 \times 2 \approx 24$，设 $\gamma = 14°2'10''$，当量齿数为：

$$z_{v2} = \frac{z_2}{\cos^3\gamma} \approx \frac{24}{\cos^3 14.04°} \approx 26.29$$

查教材表 11-8 得齿形系数 $Y_{Fa2} = 2.66$。

螺旋角系数

$$Y_\beta = 1 - \frac{\gamma}{140°} \approx 1 - \frac{14.04°}{140°} \approx 0.90$$

④查教材表 11-9 得其基本许用弯曲应力 $[\sigma_F'] = 40\text{MPa}$。

应力循环次数

$$N = 60jn_2L_h = 60 \times 1 \times 120 \times 10 \times 300 \times 2 \approx 4.3 \times 10^7$$

寿命系数

$$K_{FN} = \sqrt[9]{\frac{10^6}{N}} = \sqrt[9]{\frac{10^6}{4.3 \times 10^7}} \approx 0.66$$

故许用弯曲应力

$$[\sigma_F] = [\sigma_F']K_{FN} = 40 \times 0.66 = 26.4\text{MPa}$$

⑤计算。

$$m^2 d_1 \geqslant \frac{1.53KT_2}{z_2[\sigma_F]} Y_{Fa2} Y_\beta = \frac{1.53 \times 1.9 \times 655946}{24 \times 26.4} \times 2.66 \times 0.9 \approx 7204.8\text{mm}^3$$

取模数 $m = 10$mm，蜗杆分度圆直径 $d_1 = 90$mm，则实际中心距

$$a = \frac{1}{2}(q + z_2)m = \frac{1}{2} \times (9 + 24) \times 10 = 165\text{mm}$$

(3)蜗杆蜗轮主要参数与尺寸计算：

①蜗杆：

蜗杆头数 $z_1 = 2$；

轴向齿距

$$p_a = \pi m \approx 31.42\text{mm}$$

直径系数 $q = 9$；

齿顶圆直径

$$d_{a1} = d_1 + 2h_a^* m = 110\text{mm}$$

齿根圆直径

$$d_{f1} = d_1 - 2m(h_a^* + c^*) = 66\text{mm}$$

分度圆导程角 $\gamma = 12°31'44''$；

蜗杆轴向齿厚

$$s_a = 0.5\pi m \approx 15.71\text{mm}$$

②蜗轮：

蜗轮齿数 $z_2 = 24$；

不变位；

验算传动比

$$i = \frac{z_2}{z_1} = 12$$

误差$\frac{12-12.17}{12.17}=-1.4\%$，允许；

蜗轮分度圆直径

$$d_2=mz_2=10\times24=240\text{mm}$$

蜗轮喉圆直径

$$d_{a2}=d_2+2m(h_a^*+x_2)=240+2\times10\times(1-0)=260\text{mm}$$

蜗轮齿根圆直径

$$d_{f2}=d_2-2m(h_a^*-x_2+c^*)=240-2\times10\times(1+0.2)=216\text{mm}$$

蜗轮咽喉母圆半径

$$r_{g2}=a-0.5d_{a2}=165-0.5\times260=35\text{mm}$$

(4)验算效率：

相对滑动速度

$$v_s=\frac{\pi d_1n_1}{60\times1000}=\frac{\pi\times90\times1460}{60\times1000}\approx6.88\text{m/s}$$

查教材表11-18并插值得当量摩擦角$\varphi_v=1.12°$，故蜗杆传动的总效率为

$$\eta=\eta_2\eta_3\frac{\tan\gamma}{\tan(\gamma+\varphi_v)}=0.95\times\frac{\tan12.53°}{\tan13.65°}\approx0.87$$

大于原估计值，不需重算。

11-5　试设计轻纺机械中的一单级蜗杆减速器，传递功率$P=8.5\text{kW}$，主动轴转速$n_1=1460\text{r/min}$，传动比$i=20$，工作载荷稳定，单向工作，长期连续运转，润滑情况良好，要求工作寿命为15000h。

解：(1)选择蜗杆传动类型和材料。

①根据GB/T 10085—2018，采用渐开线蜗杆(ZI)。

②蜗杆采用20Cr，螺旋齿面渗碳淬火，硬度大于58HRC；蜗轮用铸锡磷青铜ZCuSn10P1，金属模铸造。

(2)按齿面接触疲劳强度设计：

$$m^2d_1\geqslant KT_2\left(\frac{480}{z_2[\sigma_H]}\right)^2$$

①确定作用在蜗轮上的转矩T_2。

按$z_1=2$，估取效率$\eta=0.8$，则

$$T_2=9.55\times10^6\frac{P_1}{n_1}i\eta=9.55\times10^6\times\frac{8.5\times20\times0.8}{1460}\approx889589\text{N}\cdot\text{mm}$$

②确定载荷系数。

因工作载荷较稳定，故取载荷分布不均匀系数$K_\beta=1$；

查教材表11-5选取使用系数$K_A=1$；

选动载系数$K_v=1.1$。

故载荷系数$K=K_AK_\beta K_v=1\times1\times1.1=1.1$。

③确定弹性影响系数和接触系数。

因选用的是铸锡磷青铜和钢蜗杆相配，故$Z_E=160\sqrt{\text{MPa}}$。

④根据蜗轮蜗杆的材料查教材表11-7得蜗轮的基本许用应力$[\sigma_H']=268\text{MPa}$。

应力循环次数 $N=60jn_2L_h=60\times1\times1460\times15000/20=6.57\times10^7$。

寿命系数

$$K_{HN}=\sqrt[8]{\frac{10^7}{N}}=\sqrt[8]{\frac{10^7}{6.57\times10^7}}\approx0.7903$$

则蜗轮齿面的许用应力 $[\sigma_H]=K_{HN}[\sigma_H']=0.7903\times268\approx212\text{MPa}$。

⑤计算 m^2d_1 值。

$$m^2d_1\geqslant KT_2\left(\frac{480}{z_2[\sigma_H]}\right)^2=1.1\times889589\times\left(\frac{480}{40\times212}\right)^2\approx3135.25\text{mm}^3$$

因 $z_1=2$，故从教材表 11-1 中取模数 $m=8\text{mm}$，蜗杆分度圆直径 $d_1=80\text{mm}$。

(3)蜗杆蜗轮主要参数与尺寸计算：

$$a=\frac{d_1+d_2}{2}=\frac{80+8\times40}{2}=200\text{mm}$$

①蜗杆：

蜗杆头数 $z_1=2$

轴向齿距 $p_a=25.133\text{mm}$

直径系数 $q=10$

齿顶圆直径 $d_{a1}=96\text{mm}$

齿根圆直径 $d_{f1}=60.8\text{mm}$

分度圆导程角 $\gamma=11°18'36''$

蜗杆轴向齿厚 $s_a=12.566\text{mm}$

②蜗轮：

蜗轮分度圆直径 $d_2=mz_2=8\times40=320\text{mm}$

蜗轮喉圆直径 $d_{a2}=d_2+2h_{a2}=320+2\times8=336\text{mm}$

蜗轮齿根圆直径 $d_{f2}=d_2-2h_{f2}=320-2\times1.2\times8=300.8\text{mm}$

蜗轮咽喉母圆半径 $r_{g2}=a-\dfrac{d_{a2}}{2}=200-\dfrac{336}{2}=32\text{mm}$

(4)校核齿根弯曲疲劳强度：

$$\sigma_F=\frac{1.53KT_2}{d_1d_2m}Y_{Fa2}Y_\beta\leqslant[\sigma_F]$$

当量齿数

$$z_{v2}=\frac{z_2}{\cos^3\gamma}=\frac{40}{(\cos11.31°)^3}\approx42.42$$

根据 $z_{v2}=42.42$，从教材表 11-8 中可查得齿形系数 $Y_{Fa2}=2.41$。

螺旋角系数 $Y_\beta=1-\dfrac{\gamma}{140°}=1-\dfrac{11.31°}{140°}\approx0.9192$。

查教材表 11-9 得其基本许用弯曲应力 $[\sigma_F']=56\text{MPa}$。

寿命系数

$$K_{FN}=\sqrt[9]{\frac{10^6}{N}}=\sqrt[9]{\frac{10^6}{6.57\times10^7}}\approx0.63$$

故许用弯曲应力 $[\sigma_F]=[\sigma_F']K_{FN}=56\times0.63=35.28\text{MPa}$。

$$\sigma_F=\frac{1.53KT_2}{d_1d_2m}Y_{Fa2}Y_\beta=\frac{1.53\times1.1\times889589}{80\times320\times8}\times2.41\times0.9192\approx16.19\text{MPa}<[\sigma_F]$$

弯曲强度满足。

(5)验算效率：

相对滑动速度

$$v_s=\frac{\pi d_1n_1}{60\times1000\cos\gamma}=\frac{\pi\times80\times1460}{60\times1000\times\cos11.31°}\approx6.2\text{m/s}$$

查教材表 11-18 并插值得当量摩擦角 $\varphi_v=1.17°$，则蜗杆传动的总效率

$$\eta=\eta_2\eta_3\frac{\tan\gamma}{\tan(\gamma+\varphi_v)}=0.95\times\frac{\tan11.31°}{\tan(11.31°+1.17°)}\approx0.86$$

与预估值相符，故不需重算。

(6)热平衡计算：

蜗杆传递的功率

$$P=\frac{T_2n_1}{9.55\times10^6\times i_{12}\times\eta}=\frac{889589\times1460}{9.55\times10^6\times20\times0.8}\approx8.5\text{kW}$$

所需的散热面积 $S=\frac{1000P(1-\eta)}{\alpha_d(t_0-t_a)}$，其中取润滑油最高工作温度 $t_0=80℃$，周围空气温度 $t_a=20°\text{C}$，表面传热系数 $\alpha_d=15\text{W/(m}^2\cdot℃)$，故

$$S=\frac{1000\times8.5\times(1-0.80)}{15\times(80-20)}\approx1.89\text{m}^2$$

11-6　试设计某钻机用的单级圆弧圆柱蜗杆减速器。已知蜗轮轴上的转矩 $T_2=10600\text{N}\cdot\text{m}$，蜗杆转速 $n_1=910\text{r/min}$，蜗轮转速 $n_2=18\text{r/min}$，断续工作，有轻微振动，有效工作时数为 3000h。

解：(1)选择材料和精度

蜗杆采用 45 钢，经淬火、磨削而成；蜗轮用锡青铜。根据 GB/T 10089—2018，选择 6 级精度。

(2)主要几何参数的确定

由题已知可得传动比 $i=\frac{n_1}{n_2}=\frac{910}{18}\approx50.56$，可得输入功率

$$P_1=\frac{T_2n_1}{9.55\times10^6\times i_{12}}=\frac{10600000\times910}{9.55\times10^6\times50.56}\approx19.98\text{kW}$$

查教材图 11-17 可初步确定中心距 $a=250\text{mm}$；

查教材表 11-11 可确定蜗轮蜗杆的主要参数为

$$z_1=1，z_2=50，m=8.2\text{mm}，d_1=78.6\text{mm}，x_2=0.695$$

蜗轮分度圆直径

$$\begin{aligned}d_2&=2a-d_1-2x_2m\\&=2\times250-78.6-2\times0.695\times8.2\\&\approx410\text{mm}\end{aligned}$$

直径系数

$$q=\frac{2a}{m}-(z_2+2x_2)=\frac{2\times250}{8.2}-(50+2\times0.695)\approx9.59$$

验算传动比 $i=\frac{z_2}{z_1}=50$，误差$\frac{50-50.56}{50.56}\approx -1.1\%$，允许。

(3) 校核蜗轮齿面接触疲劳强度的安全系数 $S_H=\frac{\sigma_{H\lim}}{\sigma_H}$

①蜗轮齿面接触应力

$$\sigma_H=\frac{F_{t2}}{Z_m Y_z b_{m2}(d_2+2x_2 m)}$$

蜗轮分度圆上的圆周力

$$F_{t2}=\frac{2T_2}{d_2}=\frac{2\times 10600000}{410}\approx 51707.3\text{N}$$

系数

$$Z_m=\sqrt{\frac{10m}{d_1}}=\sqrt{\frac{10\times 8.2}{78.6}}\approx 1.02$$

蜗轮平均齿宽

$$b_{m2}\approx 0.45(d_1+6m)=0.45\times(78.6+6\times 8.2)=57.51\text{mm}$$

根据 $\tan\gamma=z_1/q=1/9.59\approx 0.1$，$\gamma=\arctan 0.1\approx 5.71°$，查教材表 11-14 得蜗杆齿的齿形系数 $Y_z=0.666$；

故

$$\sigma_H=\frac{51707.3}{1.02\times 0.666\times 57.51\times(410+2\times 0.695\times 8.2)}\approx 3\text{MPa}$$

②蜗轮齿面接触疲劳极限 $\sigma_{H\lim}=K_0 f_h f_n f_w$

查教材表 11-15 得蜗轮与蜗杆的配对材料系数 $K_0=7.84$；

寿命系数

$$f_h=\sqrt[3]{\frac{12000}{L_h}}=\sqrt[3]{\frac{12000}{3000}}\approx 1.6$$

根据滑动速度

$$v_s=\frac{\pi d_1 n_1}{60\times 1000\times\cos\gamma}=\frac{\pi\times 78.6\times 910}{60\times 1000\times\cos 5.71°}\approx 3.8\text{m/s}$$

查教材表 11-16 得速度系数 $f_n=0.395$；

载荷平稳，取载荷系数 $f_w=1$，故

$$\sigma_{H\lim}=K_0 f_h f_n f_w=7.84\times 1.6\times 0.395\times 1\approx 5\text{MPa}$$

又

$$v_2=\frac{\pi d_2 n_2}{60\times 1000}=\frac{\pi\times 410\times 18}{60\times 1000}\approx 0.39\text{m/s}$$

由 6 级精度查教材表 11-13 得最小安全系数 $S_{H\min}=1.6$。

故

$$S_H=\frac{\sigma_{H\lim}}{\sigma_H}=\frac{5}{3}\approx 1.67>S_{H\min}$$

蜗轮齿面接触疲劳强度满足要求。

(4)校核蜗轮齿根弯曲疲劳强度安全系数 $S_F=\dfrac{C_{F\lim}}{C_{F\max}}$

①蜗轮齿根应力系数极限值

查教材表 11-17 得蜗轮齿根应力系数极限值 $C_{F\lim}=39.2\text{MPa}$。

②蜗轮齿根最大应力系数

$$C_{F\max}=\frac{F_{t2\max}}{\pi m_n \widehat{b}_2}$$

其中蜗轮平均圆直径

$$d_{a2}=d_2+2m+2x_2m=410+2\times 8.2+2\times 0.695\times 8.2\approx 437.8\text{mm}$$

该圆上的最大圆周力

$$F_{t2\max}=\frac{2T_2}{d_{a2}}=\frac{2\times 10600000}{437.8}\approx 48424\text{N}$$

蜗轮齿宽取 $b_2=58\text{mm}$，则蜗轮齿弧长

$$\widehat{b}_2\approx 1.1b_2=1.1\times 58=63.8\text{mm}$$

法向模数

$$m_n=m\cos\gamma=8.2\cos 5.71^\circ\approx 8.16\text{mm}$$

则

$$C_{F\max}=\frac{F_{t2\max}}{\pi m_n \widehat{b}_2}=\frac{48424}{\pi\times 8.16\times 63.8}\approx 29.6\text{MPa}$$

故安全系数

$$S_F=\frac{C_{F\lim}}{C_{F\max}}=\frac{39.2}{29.6}\approx 1.3>1$$

蜗轮齿根弯曲疲劳强度满足要求。

(5)计算几何尺寸

蜗杆轴向齿距

$$p_a=\pi m\approx 25.76\text{mm}$$

蜗杆齿顶圆直径

$$d_{a1}=d_1+2m=78.6+2\times 8.2=95\text{mm}$$

蜗杆齿根圆直径

$$d_{f1}=d_1-2.4m=78.6-2.4\times 8.2=58.92\text{mm}$$

蜗杆轴向齿厚

$$s=0.4\pi m\approx 10.30\text{mm}$$

蜗杆分度圆柱导程角

$$\gamma=\arctan\frac{z_1}{q}=\arctan\frac{1}{9.59}\approx 5.71^\circ$$

中间平面齿顶圆直径

$$d_{a2}=d_2+2m+2x_2m=410+2\times 8.2+2\times 0.695\times 8.2=437.798\text{mm}$$

中间平面齿根圆直径

$$d_{f1}=d_2-2.4m+2x_2m=410-2.4\times 8.2+2\times 0.695\times 8.2=401.718\text{mm}$$

11.3　名校考研真题

一、选择题

1．在蜗杆传动中，如果模数和蜗杆头数一定，增加蜗杆分度圆直径，将使(　　)。[四川大学 2013 研]

A．传动效率提高，蜗杆刚度降低

B．传动效率降低，蜗杆刚度提高

C．传动效率和蜗杆刚度都提高

D．传动效率和蜗杆刚度都降低

2．用(　　)计算蜗杆传动比是错误的。[扬州大学 2022 研]

A．$i=\omega_1/\omega_2$　　B．$i=z_2/z_1$　　C．$i=n_1/n_2$　　D．$i=d_2/d_1$

3．提高蜗杆传动效率的有效方法是(　　)。[浙江理工大学 2019 研]

A．减少蜗杆头数　　B．增加蜗杆头数

C．增大蜗杆分度圆直径　　D．减小齿面相对滑动速度

4．蜗杆蜗轮传动中，蜗轮模数为 4，齿数为 50，蜗杆头数为 2，直径系数为 10，则该蜗轮蜗杆中心距为(　　)。[中国计量学院 2019 研]

A．120　　B．104　　C．240　　D．208

5．起吊重物用的手动蜗杆传动装置，适用的蜗杆为(　　)。[沈阳工业大学 2018 研]

A．双头、大导程角　　B．双头、小导程角

C．单头、大导程角　　D．单头、小导程角

二、填空题

1．对闭式蜗杆传动进行热平衡计算，其主要目的是为了______。[四川大学 2013 研]

2．在蜗杆传动中，引进特性系数 q 的目的______。蜗杆传动中，齿面节点处的相对滑动速度 $v_s=$______(写出基本参数表达式)。[厦门大学 2012 研]

3．齿轮传动的功率损耗主要包括：______、______、______。[厦门大学 2013 研]

4．蜗杆传动的失效常常发生在蜗杆和蜗轮中的______的轮齿上。[广东工业大学 2014 研]

5．蜗杆传动用于传递交错轴之间的______和______，通常两轴交错角为______。蜗杆传动的主要优点是______、______、______和______等。[厦门大学 2013 研]

6．在蜗杆传动中，当其他条件相同时，增加蜗杆头数 z_1，则相对滑动速度 v_s 将______。[武汉理工大学 2017 研]

7．蜗杆头数越多，其传动效率______，其自锁性______。[西北工业大学 2015 研]

三、判断题

1．为提高蜗杆的刚度，应采取的措施是蜗杆选用高强度合金钢。(　　)[浙江大学 2010 研]

2．为了凑中心距或改变传动比可采用变位蜗杆传动，这时仅对蜗杆进行变位。(　　)[四川大学 2013 研]

3．蜗杆传动的转速比 n_1/n_2 等于其分度圆直径的反比 d_2/d_1。(　　)[浙江大学 2010 研]

4．蜗杆传动具有自锁性，所以要求蜗杆是从动件。(　　)[广东工业大学 2014 研]

四、简答题

1．蜗杆传动设计时为什么要限制蜗杆分度圆直径？［西北工业大学 2023 研］

2．为什么闭式蜗杆传动必须进行热平衡计算？采取哪些措施可改善蜗杆传动的散热条件？［长安大学 2024 研］

相关真题：闭式蜗杆传动为何要进行热平衡计算？［山东大学 2017 研］

3．设计蜗杆传动时，为提高其传动效率可以采取哪些措施？［中国科学院大学 2013 研］

相关真题：提高蜗轮蜗杆传动效率的措施有哪些？［中国地质大学（北京）2023 研］

4．蜗杆传动的主要失效形式是什么？它对材料的选择有何影响？［浙江理工大学 2019 研］

五、计算题

1．提升装置的传动如图 11-3-1 所示，当提升重物 G 时，轴 1 的回转方向 n_1 如图所示。已知运动从斜齿轮 1 的下方输入，若使得轴 1 上的轴向载荷最小，试求：

（1）分别标出齿轮 1、蜗杆 2 所受的圆周力 F_t、轴向力 F_a、径向力 F_r 的方向；

（2）判断蜗杆 2 的旋向、蜗轮 3 的旋向；

（3）判断齿轮 1 的旋向。［浙江大学 2013 研］

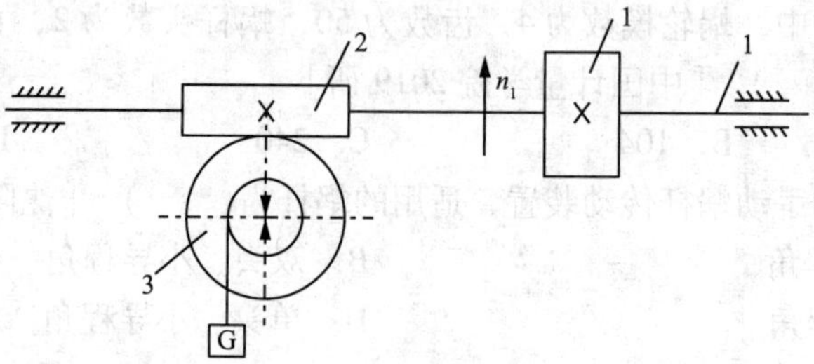

图 11-3-1

2．如图 11-3-2 所示的蜗轮－斜齿圆柱齿轮传动装置中，已知输入轴Ⅰ上的右旋蜗杆 1 的转动方向如图所示。今欲使轴Ⅱ上的两轮的轴向力抵消一部分：

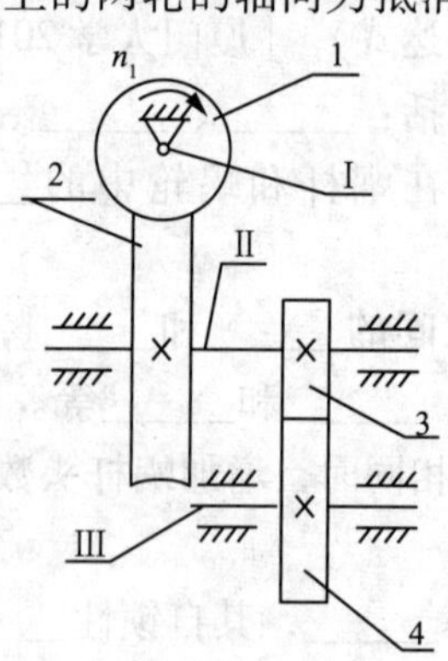

图 11-3-2

（1）确定蜗轮 2、齿轮 3 和齿轮 4 的螺旋角方向；

（2）在图上标出蜗轮 2 和齿轮 3、4 的转动方向；

（3）在图上标出蜗杆 1、蜗轮 2 和齿轮 3、4 的圆周力 F_t、轴向力 F_a 的方向。［湘潭大学 2016 研］

3．如图 11-3-3 所示为蜗杆—斜齿圆柱齿轮—锥齿轮三级传动，已知蜗杆为主动，蜗轮轮齿的旋向如图所示，欲使Ⅱ、Ⅲ轴上的轴向力同时为最小，试在图中标出：

(1)各轮转向；

(2)斜齿轮 3、4 的轮齿旋向；

(3)各轴向力 F_a 的方向。[中国科学院大学 2013 研]

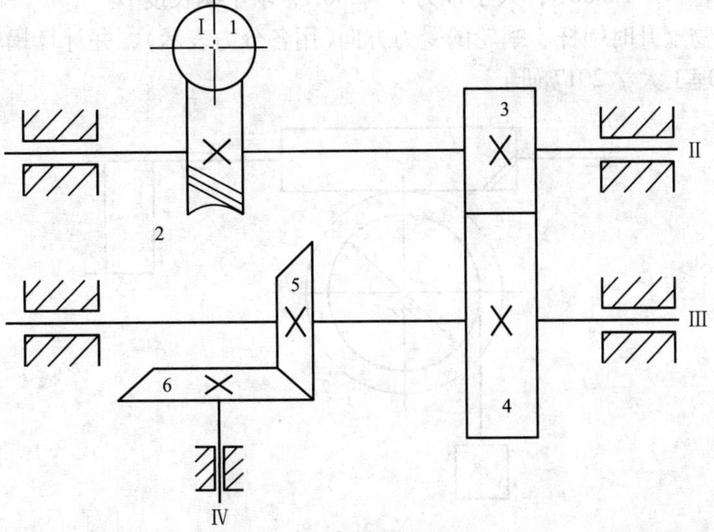

图 11-3-3

4. 在图 11-3-4 所示传动系统中，1、5 为蜗杆，2、6 为蜗轮，3、4 为斜齿圆柱齿轮，7、8 为直齿锥齿轮。已知蜗杆 1 为主动，锥齿轮 8 转动方向如图，要求各中间轴上齿轮的轴向力能相互抵消一部分。

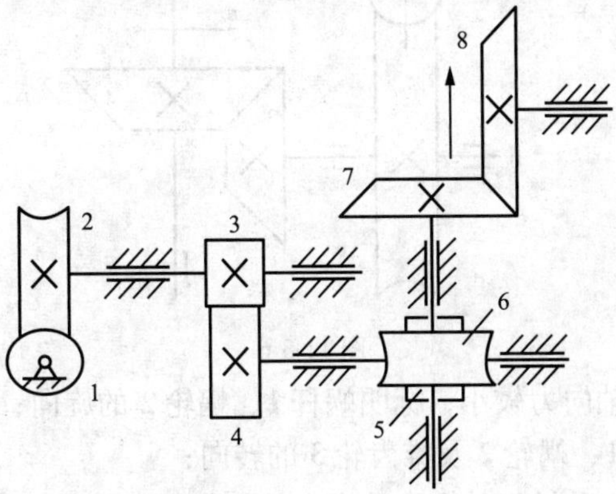

图 11-3-4

(1)在试卷上重新绘制该传动简图；

(2)确定蜗杆 1 的转动方向；

(3)确定斜齿圆柱齿轮 3 和蜗轮 2、6 的螺旋方向；

(4)标出斜齿轮 3 的 3 个分力方向；

(5)标出蜗杆 1 和蜗轮 6 的圆周力和轴向力方向。[广东工业大学 2018 研]

5. 一手动蜗杆传动起重装置如图 11-3-5 所示，已知该蜗杆传动的有关参数为：$m=8\text{mm}$，$q=8$，$z_1=1$，$z_2=40$，蜗杆旋向如图所示，起重卷筒直径 $D=200\text{mm}$，只考虑传动的啮合效率，忽略其他效率。试求：

(1)使重物上升 1m，求手柄所转圈数 n_1，并判断手柄的转向。

(2)若蜗杆和蜗轮之间当量摩擦系数 $f_v=0.2$，求传动的啮合效率 η_1，并说明该传动能否自锁?

(3)若起重量 $W=10000\text{N}$，人手推力 $P=200\text{N}$，求手柄长度 L?

(4)画出重物上升时蜗杆、蜗轮的受力方向(用各分力表示)，并计算蜗轮所受的各分力的大小。[武汉理工大学 2017 研]

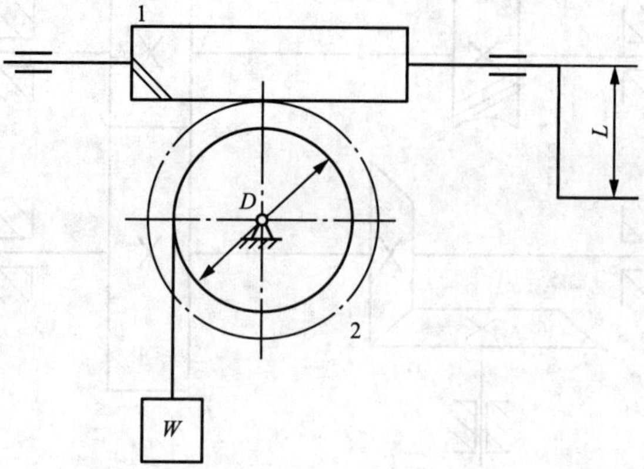

图 11-3-5

6. 图 11-3-6 所示传动装置中，蜗杆 1 为主动，通过蜗轮带动一对锥齿轮传动，锥齿轮 4 的转向如图所示。要求:

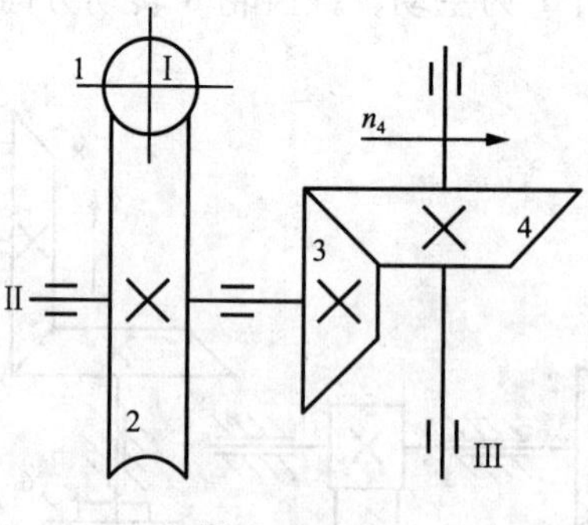

图 11-3-6

(1)为使Ⅱ轴上所受轴向力较小，标明蜗杆 1、蜗轮 2 的旋向;

(2)在图上标出蜗杆 1、蜗轮 2 及锥齿轮 3 的转向;

(3)在图上画出蜗杆 1 及锥齿轮 3 在啮合点处的作用力(F_t、F_r、F_a)方向。

(注：进入纸面的力画⊗，从纸面出的力画⊙)[山东大学 2017 研]

11.4　名校考研真题详解

一、选择题

1. 在蜗杆传动中，如果模数和蜗杆头数一定，增加蜗杆分度圆直径，将使(　　)。[四川大学 2013 研]

A. 传动效率提高，蜗杆刚度降低

B. 传动效率降低，蜗杆刚度提高

C. 传动效率和蜗杆刚度都提高

D. 传动效率和蜗杆刚度都降低

【答案】B

【解析】在蜗杆传动中增加蜗杆分度圆直径，使得截面系数增大，从而会使刚度增大；另外模数和蜗杆头数一定，增加蜗杆的分度圆直径，直径系数增大，从而导程角减小，导程角与传动效率有关，导程角减小则传动效率降低。故选 B 项。

2. 用(　　)计算蜗杆传动比是错误的。[扬州大学 2022 研]

A. $i=\omega_1/\omega_2$　B. $i=z_2/z_1$　C. $i=n_1/n_2$　D. $i=d_2/d_1$

【答案】D

【解析】当蜗杆主动时，传动比 i 与齿数比 u 相等。但是蜗杆传动的传动比不等于蜗轮与蜗杆分度圆直径的反比，即 $i=\omega_1/\omega_2=n_1/n_2=z_2/z_1\neq d_2/d_1$。

3. 提高蜗杆传动效率的有效方法是(　　)。[浙江理工大学 2019 研]

A. 减少蜗杆头数　B. 增加蜗杆头数

C. 增大蜗杆分度圆直径　D. 减小齿面相对滑动速度

【答案】B

【解析】蜗杆传动效率与导程角和当量摩擦角有关，导程角增大则传动效率提高，当量摩擦角减小则传动效率提高。当量摩擦角与滑动速度有关，滑动速度降低，当量摩擦角增大。导程角 $\tan\gamma=z_1m/d_1=z_1/q$。减少蜗杆头数，导程角将减小，使传动效率降低；增大蜗杆分度圆直径，直径系数增大，从而导程角减小，使传动效率降低；增加蜗杆头数，导程角将增大，提高传动效率。故选 B 项。

4. 蜗杆蜗轮传动中，蜗轮模数为 4，齿数为 50，蜗杆头数为 2，直径系数为 10，则该蜗轮蜗杆中心距为(　　)。[中国计量学院 2019 研]

A. 120　B. 104　C. 240　D. 208

【答案】A

【解析】蜗杆传动的标准中心距为：$a=(d_1+d_2)/2=(d_1+z_2m)/2=(q+z_2)m/2$。由题意得：$m=4$，$q=10$，$z_2=50$，代入求得中心距为 120。

5. 起吊重物用的手动蜗杆传动装置，适用的蜗杆为(　　)。[沈阳工业大学 2018 研]

A. 双头、大导程角　B. 双头、小导程角

C. 单头、大导程角　D. 单头、小导程角

【答案】D

【解析】蜗杆头数越多，则其导程角越大，进而传动效率越高，自锁性越差。手动蜗杆传动装置需要一定的自锁性能，故选用单头、小导程角蜗杆。

二、填空题

1. 对闭式蜗杆传动进行热平衡计算，其主要目的是为了______。[四川大学 2013 研]

【答案】防止温升过高导致润滑条件恶化

【解析】在蜗杆闭式传动中，热量不易及时散出，油温上升，从而使润滑油稀释，加剧磨损，甚至发生胶合。所以必须进行热平衡计算，以保证油温稳定地处于规定的范围内，防止温升过高导致润滑条件恶化。

2. 在蜗杆传动中，引进特性系数 q 的目的______。蜗杆传动中，齿面节点处的相对滑动速度 $v_s=$______(写出基本参数表达式)。[厦门大学 2012 研]

【答案】减少蜗轮滚刀的数量并便于刀具的标准化；$v_1/\cos\gamma$

【解析】使用滚刀加工蜗轮蜗杆时，一种尺寸的蜗杆，对应一种蜗轮滚刀，对同一模数，由于分度圆直径的不同，需要配备很多蜗轮滚刀。为了限制蜗轮滚刀的数目及便于刀具的标准化，引入直径系数 $q = d_1/m$，并限制 q 的取值，使每一标准模数只对应一定数量的分度圆直径。

3. 齿轮传动的功率损耗主要包括：______、______、______。[厦门大学 2013 研]

【答案】啮合摩擦损耗；搅动润滑油的溅油损耗；轴承摩擦损耗

【解析】本题考查齿轮传动的效率。由于轴承摩擦及溅油这两项功率损耗不大，一般取 $\eta_2 \times \eta_3 = 0.95 \sim 0.96$，则总效率 η 为 $\eta = \eta_1 \times \eta_2 \times \eta_3 = (0.95 \sim 0.96)\tan\gamma/\tan(\gamma + \varphi_v)$。

4. 蜗杆传动的失效常常发生在蜗杆和蜗轮中的______的轮齿上。[广东工业大学 2014 研]

【答案】蜗轮

【解析】蜗杆传动中，由于材料和结构的原因，蜗杆螺旋齿部分的强度总是高于蜗轮轮齿的强度，所以失效常发生在蜗轮轮齿上，因此，一般只对蜗轮轮齿进行承载能力计算。

5. 蜗杆传动用于传递交错轴之间的______和______，通常两轴交错角为______。蜗杆传动的主要优点是______、______、______和______等。[厦门大学 2013 研]

【答案】回转运动；动力；90°；能得到很大的传动比；结构紧凑；传动平稳；噪声较小

【解析】蜗杆传动的主要缺点是传动效率较低；为了减摩耐磨，蜗轮齿圈常需用青铜制造，成本较高。

6. 在蜗杆传动中，当其他条件相同时，增加蜗杆头数 z_1，则相对滑动速度 v_s 将______。[武汉理工大学 2017 研]

【答案】增大

【解析】由蜗杆传动滑动速度的计算公式 $v_s = \dfrac{v_1}{\cos\gamma} = \dfrac{\pi d_1 n_1}{60 \times 1000\cos\gamma}$ 和 $\tan\gamma = \dfrac{z_1}{q}$ 可知，当蜗杆头数增加时，其导程角增大，进而相对滑动速度增大。

7. 蜗杆头数越多，其传动效率______，其自锁性______。[西北工业大学 2015 研]

【答案】越高；越差

【解析】蜗杆头数越多，则其导程角越大，进而传动效率越高，自锁性越差。

三、判断题

1. 为提高蜗杆的刚度，应采取的措施是蜗杆选用高强度合金钢。(　　)[浙江大学 2010 研]

【答案】错

【解析】各种合金钢的弹性模量均很接近，而刚度主要由弹性模量决定，因此为提高蜗杆的刚度而采用高强度合金钢并不能奏效。

2. 为了凑中心距或改变传动比可采用变位蜗杆传动，这时仅对蜗杆进行变位。(　　)[四川大学 2013 研]

【答案】错

【解析】为了配凑中心距或提高蜗杆传动的承载能力及传动效率，常采用变位蜗杆传动。为了保持刀具尺寸不变，蜗杆尺寸是不能变动的，因而只能对蜗轮进行变位。

3. 蜗杆传动的转速比 n_1/n_2 等于其分度圆直径的反比 d_2/d_1。(　　)[浙江大学 2010 研]

【答案】错

【解析】蜗杆传动比是蜗轮齿数和蜗杆头数之比，与蜗杆直径无关。

4．蜗杆传动具有自锁性，所以要求蜗杆是从动件。(　　)［广东工业大学2014研］

【答案】错

【解析】只有当蜗杆的导程角小于或等于当量摩擦角时，蜗杆传动才具有自锁性。为实现大传动比传动，蜗杆一般都是主动件。

四、简答题

1．蜗杆传动设计时为什么要限制蜗杆分度圆直径？［西北工业大学2023研］

答：在蜗杆传动中，为了保证蜗杆与配对蜗轮的正确啮合，常用与蜗杆具有同样尺寸的蜗轮滚刀来加工与其配对的蜗轮。这样，只要有一种尺寸的蜗杆，就得有一种对应的蜗轮滚刀。对于同一模数，可以有很多不同直径的蜗杆，因而对每一模数就要配备很多蜗轮滚刀。显然，这样很不经济。为了限制蜗轮滚刀的数目及便于滚刀的标准化，就对每一标准模数规定了一定数量的蜗杆分度圆直径 d_1。

2．为什么闭式蜗杆传动必须进行热平衡计算？采取哪些措施可改善蜗杆传动的散热条件？［长安大学2024研］

相关真题：闭式蜗杆传动为何要进行热平衡计算？［山东大学2017研］

答：(1)闭式蜗杆传动要进行热平衡计算的原因：

由于蜗杆传动效率低，发热量大，若不及时散热，引起箱体内容油温升高，润滑失效，导致齿轮磨损加剧，甚至发生胶合。所以，对连续工作的闭式蜗杆传动要进行热平衡计算，以保证油温处于规定的范围内。

(2)采取以下措施可改善蜗杆传动的散热条件：

①加散热片以增大散热面积；

②在蜗杆轴端加装风扇以加速空气流通；

③在传动箱内装循环冷却管路。

3．设计蜗杆传动时，为提高其传动效率可以采取哪些措施？［中国科学院大学2013研］

相关真题：提高蜗轮蜗杆传动效率的措施有哪些？［中国地质大学(北京)2023研］

答：由蜗杆传动效率公式 $\eta=\dfrac{\tan\gamma}{\tan(\gamma+\varphi_v)}$ 知，提高其传动效率可以采取的措施有：

(1)增大蜗杆头数或者减小蜗杆的直径系数来增大蜗杆的导程角从而提高效率。

(2)可以增大蜗轮的相对滑动速度，从而降低接触面的摩擦，减小当量摩擦角 φ_v 进而提高效率。

(3)可以考虑润滑方法、蜗轮蜗杆的材料、蜗杆副表面粗糙度等方面的措施。

4．蜗杆传动的主要失效形式是什么？它对材料的选择有何影响？［浙江理工大学2019研］

答：(1)失效形式包括：齿面点蚀、齿根折断、齿面胶合及齿面磨损等。

(2)由上述失效形式可知，蜗杆、蜗轮的材料要求具有足够的强度和良好的耐磨性能。因此，蜗杆材料一般采用碳钢或合金钢，蜗轮材料为铸造锡青铜、铸造铝铁青铜和灰铸铁。

五、计算题

1．提升装置的传动如图11-4-1所示，当提升重物 G 时，轴1的回转方向 n_1 如图所示。已知运动从斜齿轮1的下方输入，若使得轴1上的轴向载荷最小，试求：

(1)分别标出齿轮1、蜗杆2所受的圆周力 F_t、轴向力 F_a、径向力 F_r 的方向；

(2) 判断蜗杆 2 的旋向、蜗轮 3 的旋向；

(3) 判断齿轮 1 的旋向。［浙江大学 2013 研］

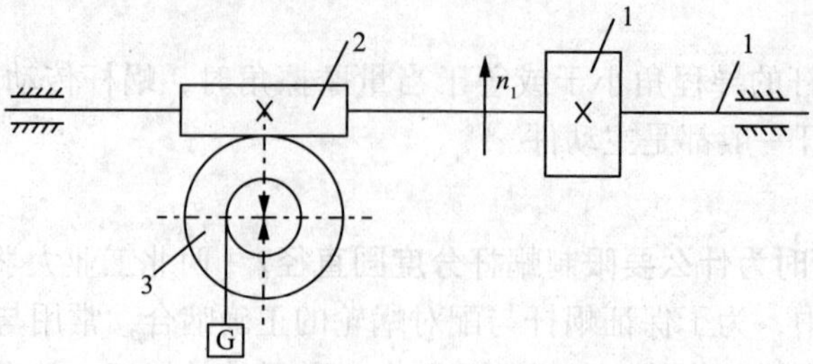

图 11-4-1

答：首先判断蜗杆 2 的旋向。由题意可知，蜗轮 3 的回转方向为顺时针方向，根据左、右手定则可以判断蜗杆 2 的旋向为右旋，蜗轮与蜗杆能够正确啮合，旋向必须相同，故蜗轮 3 的旋向为右旋。根据右手定则，蜗杆 2 的轴向力方向为向左，要使轴 1 上轴向载荷最小，则齿轮 1 所受轴向力应该向右，又因齿轮 1 为从动轮，根据左、右手定则可以判断齿轮 1 为右旋。

蜗杆 2 的受力分析如图 11-4-2 所示。

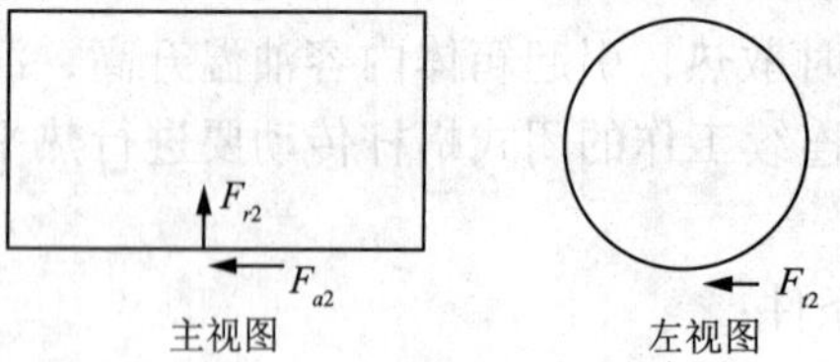

图 11-4-2

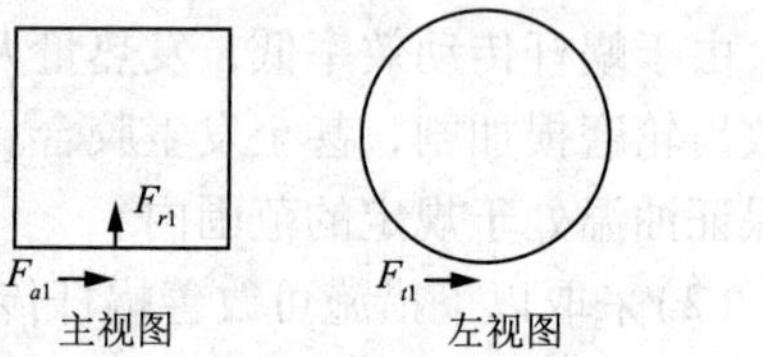

图 11-4-3

齿轮 1 的受力分析如图 11-4-3 所示。

2. 如图 11-4-4 所示的蜗轮－斜齿圆柱齿轮传动装置中，已知输入轴 Ⅰ 上的右旋蜗杆 1 的转动方向如图所示。今欲使轴Ⅱ上的两轮的轴向力抵消一部分：

(1) 确定蜗轮 2、齿轮 3 和齿轮 4 的螺旋角方向；

(2) 在图上标出蜗轮 2 和齿轮 3、4 的转动方向；

(3) 在图上标出蜗杆 1、蜗轮 2 和齿轮 3、4 的圆周力 F_t、轴向力 F_a 的方向。［湘潭大学 2016 研］

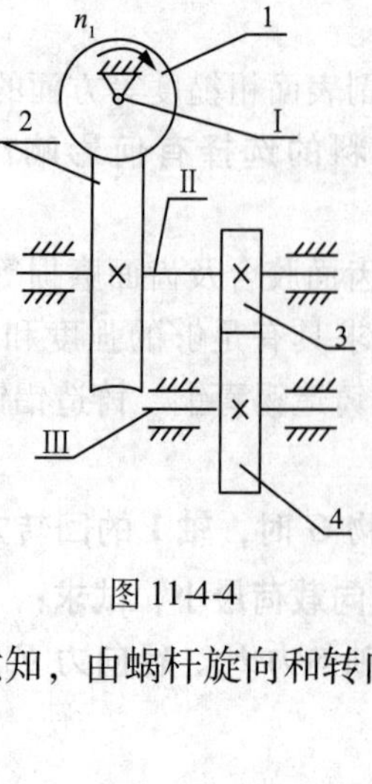

图 11-4-4

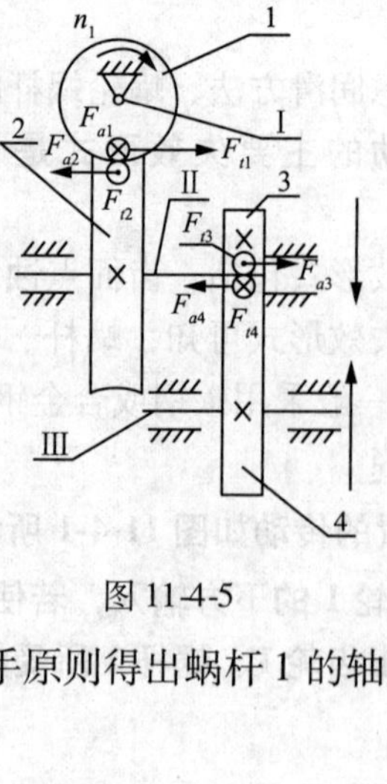

图 11-4-5

解：分析题意知，由蜗杆旋向和转向，根据左右手原则得出蜗杆 1 的轴向力和圆周力方向，从而判断出蜗轮 2 的轴向力、圆周力方向、旋向和其转向。为了使Ⅱ轴上的力抵消一部分，则蜗轮 2 受的轴向力 F_{a2} 方向和齿轮 3 所受的轴向力 F_{a3} 方向相反，在此基础上，再根据左右手原则判断齿轮旋向。

(1)蜗轮 2 右旋；齿轮 3 右旋；齿轮 4 左旋。

(2)如图 11-4-5 所示。

(3)如图 11-4-5 所示。

3. 如图 11-4-6 所示为蜗杆—斜齿圆柱齿轮—锥齿轮三级传动，已知蜗杆为主动，蜗轮轮齿的旋向如图所示，欲使Ⅱ、Ⅲ轴上的轴向力同时为最小，试在图中标出：

(1)各轮转向；

(2)斜齿轮 3、4 的轮齿旋向；

(3)各轴向力 F_a 的方向。［中国科学院大学 2013 研］

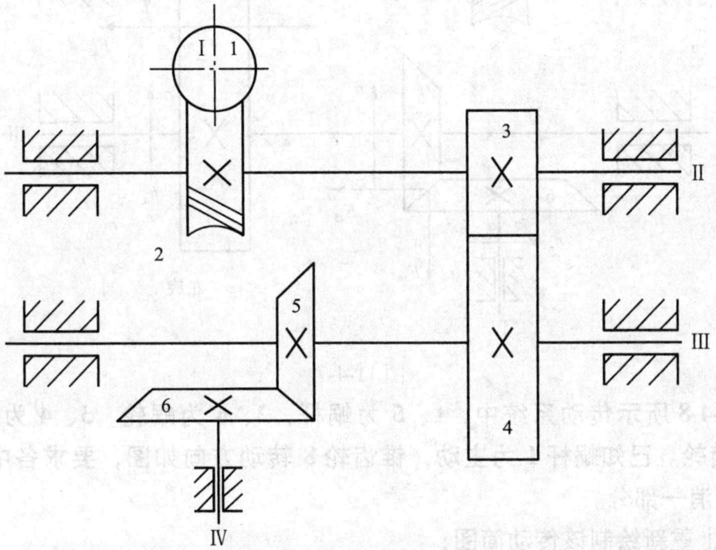

图 11-4-6

解：分析：step1：锥齿轮的轴向力方向为小端指向大端，则锥齿轮 5 的轴向力向右，为使轴Ⅲ的轴向力最小，可判断斜齿轮 4 的轴向力向左。

step2：由于斜齿轮 3 和 4 的轴向力是一对作用力与反作用力，可判断斜齿轮 3 的轴向力向右。

step3：为使轴Ⅱ的轴向力最小，可判断蜗轮的轴向力向左。

step4：由于蜗轮的轴向力和蜗杆的圆周力是一对作用力与反作用力，可得蜗杆的圆周力向右。

step5：由于蜗杆的转向和其所受圆周力方向相反，可以得到蜗杆的转向为顺时针方向。

step6：蜗杆与蜗轮的旋向相同，可判断蜗杆为右旋蜗杆，再由右手法则可知蜗杆所受的轴向力为垂直于纸面向里。

step7：由蜗杆的轴向力和蜗轮的圆周力为作用力与反作用力，可判断蜗轮所受的圆周力为垂直于纸面向外。

step8：再由蜗轮(从动轮)的圆周力和转动方向相同，可判断蜗轮转向向下，进而可以确定各轴转向。

step9：由于斜齿轮 3 的轴向力和轴Ⅱ转向已知，由左右手定则可判断，斜齿轮 3 为右旋。

综上所述可得：

(1)各轮的转向见图 11-4-7 答案。

(2)斜齿轮 3 右旋，斜齿轮 4 左旋。

(3)各轴向力的方向见图 11-4-7 答案。

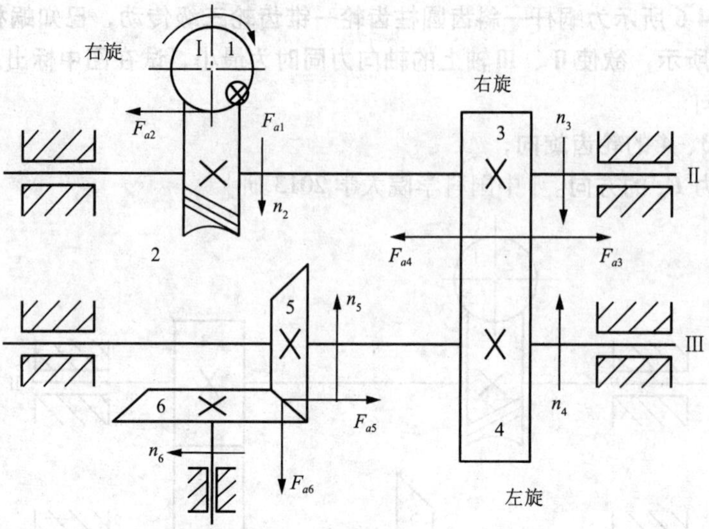

图 11-4-7

4. 在图 11-4-8 所示传动系统中，1、5 为蜗杆，2、6 为蜗轮，3、4 为斜齿圆柱齿轮，7、8 为直齿锥齿轮。已知蜗杆 1 为主动，锥齿轮 8 转动方向如图，要求各中间轴上齿轮的轴向力能相互抵消一部分。

(1)在试卷上重新绘制该传动简图；

(2)确定蜗杆 1 的转动方向；

(3)确定斜齿圆柱齿轮 3 和蜗轮 2、6 的螺旋方向；

(4)标出斜齿轮 3 的 3 个分力方向；

(5)标出蜗杆 1 和蜗轮 6 的圆周力和轴向力方向。［广东工业大学 2018 研］

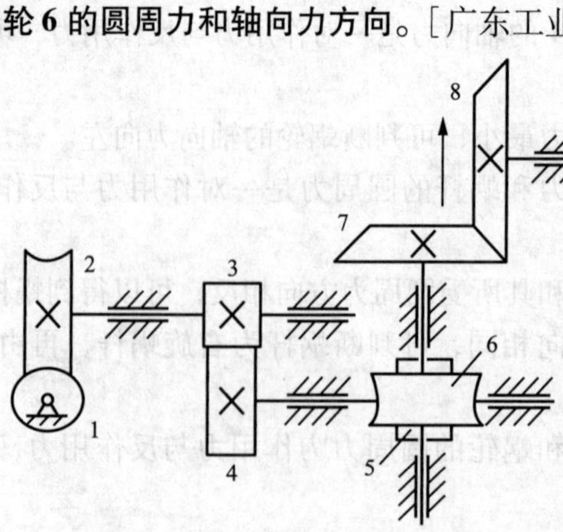

图 11-4-8

解：(1)重新绘制如图 11-4-9 所示。

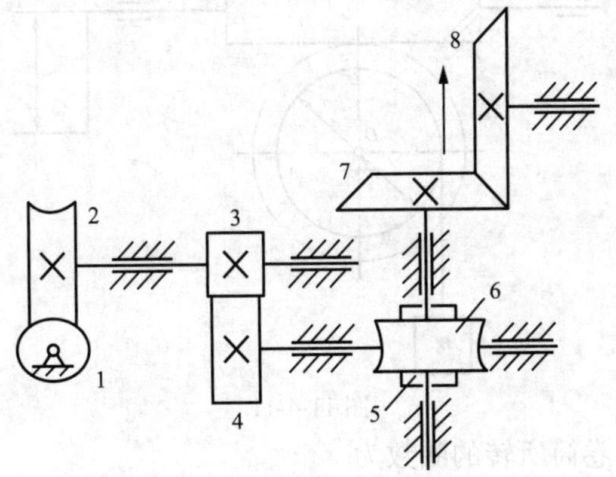

图 11-4-9

(2)蜗杆 1 的转向为顺时针转动，分析过程如图 11-4-10 所示。

(3)由(2)中图可知，斜齿圆柱齿轮 3 为左旋，蜗轮 2 为左旋，蜗轮 6 为右旋。

(4)斜齿轮 3 的 3 个分力方向见图 11-4-10。

(5)蜗杆 1 和蜗轮 6 的圆周力和轴向力方向见图 11-4-10。

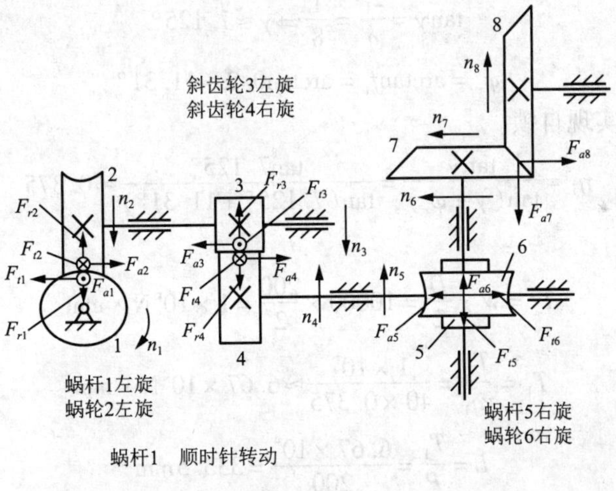

图 11-4-10

5. 一手动蜗杆传动起重装置如图 11-4-11 所示，已知该蜗杆传动的有关参数为：$m=8mm$，$q=8$，$z_1=1$，$z_2=40$，蜗杆旋向如图所示，起重卷筒直径 $D=200mm$，只考虑传动的啮合效率，忽略其他效率。试求：

(1)使重物上升 1m，求手柄所转圈数 n_1，并判断手柄的转向。

(2)若蜗杆和蜗轮之间当量摩擦系数 $f_v=0.2$，求传动的啮合效率 η_1，并说明该传动能否自锁?

(3)若起重量 $W=10000N$，人手推力 $P=200N$，求手柄长度 L?

(4)画出重物上升时蜗杆、蜗轮的受力方向(用各分力表示)，并计算蜗轮所受的各分力的大小。［武汉理工大学 2017 研］

解：(1)该蜗杆传动的传动比为：

$$i=\frac{n_1}{n_2}=\frac{z_2}{z_1}=\frac{40}{1}=40$$

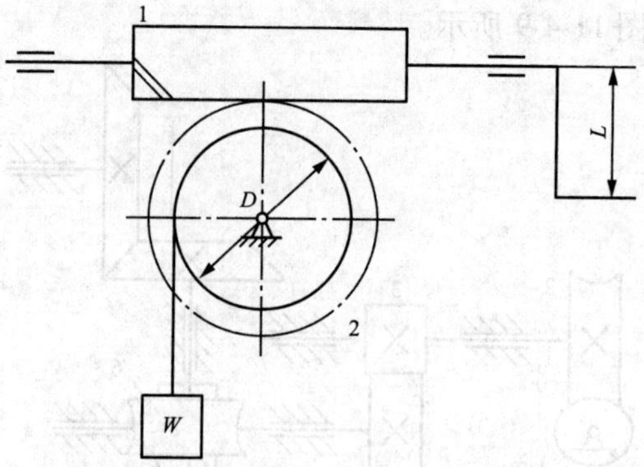

图 11-4-11

当重物上升 1m 时，卷筒所转的圈数为

$$n=\frac{1}{\pi D}=\frac{1000}{\pi\times 200}\approx 1.59(\text{圈})$$

即 $n_2=n=1.59$(圈)，则此时 $n_1=n_2\times i=1.59\times 40=63.6$(圈)。

根据图示可判断手柄的转向为顺时针方向(从右向左看)。

(2)由题可知：

$$\tan\gamma=\frac{z_1}{q}=\frac{1}{8}\Rightarrow\gamma\approx 7.125^\circ$$

$$\varphi_v=\arctan f_v=\arctan 0.2\approx 11.31^\circ$$

因 $\gamma<\varphi_v$，故能实现自锁。

$$\eta_1=\frac{\tan\gamma}{\tan(\gamma+\varphi_v)}=\frac{\tan 7.125^\circ}{\tan(7.125^\circ+11.31^\circ)}\approx 0.375$$

(3)由题可知：

$$T_2=W\cdot\frac{D}{2}=10000\times\frac{200}{2}=1\times 10^6\text{N}\cdot\text{mm}$$

$$T_1=\frac{T_2}{i\eta_1}=\frac{1\times 10^6}{40\times 0.375}\approx 6.67\times 10^4\text{N}\cdot\text{mm}$$

$$L=\frac{T_1}{P}=\frac{6.67\times 10^4}{200}=333.5\text{mm}$$

(4)重物上升时蜗杆、蜗轮的受力方向如图 11-4-12(a)、(b)所示：

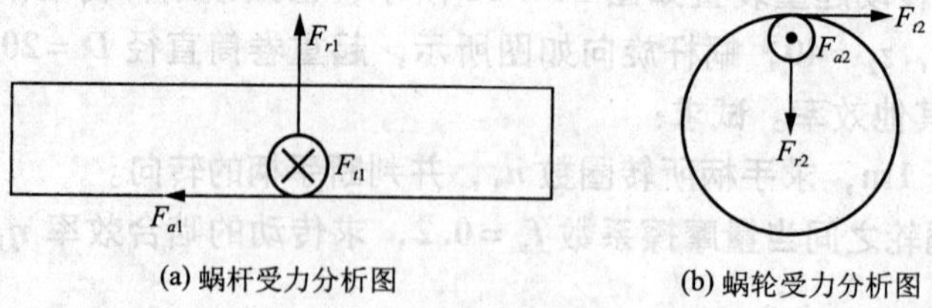

图 11-4-12

$$F_{a2}=\frac{2T_1}{d_1}=\frac{2\times 6.67\times 10^4}{8\times 8}\approx 2084.4\text{N}$$

$$F_{t2}=\frac{2T_2}{d_2}=\frac{2\times 1\times 10^6}{8\times 40}=6250\text{N}$$

$$F_{r2}=F_{t2}\tan\alpha=6250\times\tan 20^\circ\approx 2275\text{N}$$

6. 图 11-4-13 所示传动装置中，蜗杆 1 为主动，通过蜗轮带动一对锥齿轮传动，锥齿轮 4 的转向如图所示。要求：

(1) 为使 Ⅱ 轴上所受轴向力较小，标明蜗杆 1、蜗轮 2 的旋向；

(2) 在图上标出蜗杆 1、蜗轮 2 及锥齿轮 3 的转向；

(3) 在图上画出蜗杆 1 及锥齿轮 3 在啮合点处的作用力（F_t、F_r、F_a）方向。

（注：进入纸面的力画⊗，从纸面出的力画⊙）［山东大学 2017 研］

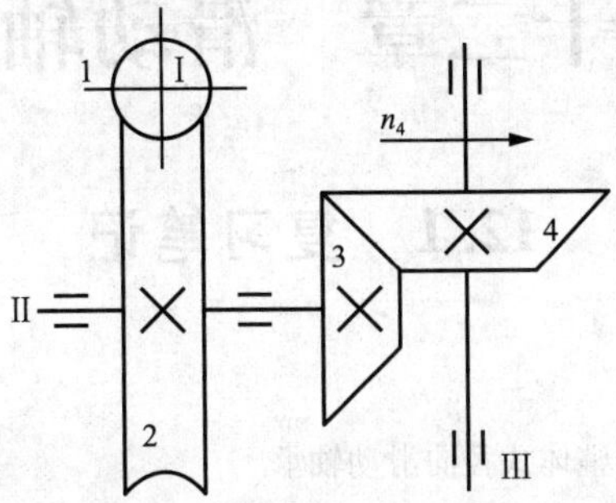

图 11-4-13

解：如图 11-4-14 所示。

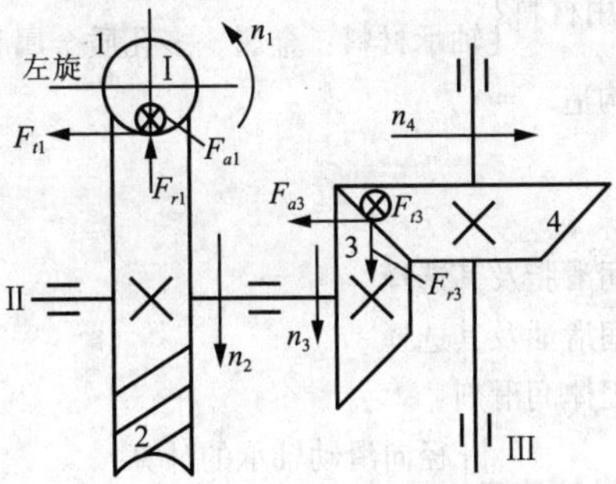

图 11-4-14

第四篇 轴系零、部件

第十二章 滑动轴承

12.1 复习笔记

【知识框架】

- 滑动轴承
  - 概述——滑动轴承的类型
  - 滑动轴承的主要结构形式
    - 整体式径向滑动轴承
    - 对开式径向滑动轴承
    - 止推滑动轴承
  - 滑动轴承的失效形式及常用材料
    - 滑动轴承的失效形式：5 种常见形式
    - 轴承材料：金属、多孔质金属和非金属材料
  - 轴瓦结构
    - 轴瓦的形式和构造
    - 轴瓦的定位
    - 油孔和油槽
  - 滑动轴承润滑剂的选用
    - 润滑脂及其选择
    - 润滑油及其选择
    - 固体润滑剂
  - 不完全流体润滑滑动轴承设计计算
    - 径向滑动轴承的计算
    - 止推滑动轴承的计算
  - 流体动力润滑径向滑动轴承设计计算
    - 流体动力润滑的基本方程
    - 径向滑动轴承形成流体动力润滑的过程
    - 径向滑动轴承的主要几何关系：7 个参数计算
    - 径向滑动轴承工作能力计算简介
    - 参数选择：宽径比、相对间隙、润滑油黏度
    - 流体动力润滑径向滑动轴承设计举例
  - 其他形式滑动轴承简介
    - 自润滑轴承
    - 多油楔轴承
    - 流体静压轴承
    - 气体润滑轴承
    - 磁悬浮轴承

【通关提要】

本章主要介绍了滑动轴承的失效形式及材料、不完全流体润滑滑动轴承的设计计算以及流体动力润滑的形成条件。学习时需要重点掌握以上内容。本章主要以选择题、填空题和简答题的形式考查，判断题和计算题较少。复习本章时以理解记忆为主，计算为辅。

【重点难点归纳】

一、概述(见表12-1-1)

表12-1-1 滑动轴承的类型及主要内容

要点	主要内容
滑动轴承的应用	适用于特殊工况，转速高、径向空间裕量小，冲击以及振动频繁、不适宜安装滚动轴承的场合下
滑动轴承的类型	①根据承载方向的不同，分为径向轴承和止推轴承； ②滑动轴承上润滑油的流动状态不同，分为流体润滑轴承、不完全流体润滑轴承和自润滑轴承； ③滑动轴承由润滑油膜承载，根据承载机理分为流体动力润滑轴承和流体静力润滑轴承
滑动轴承的设计步骤	①设计形式和结构；②选择轴瓦结构和材料；③确定结构参数；④选择润滑剂；⑤计算校核

二、滑动轴承的主要结构形式、失效形式及常用材料(见表12-1-2)

表12-1-2 滑动轴承的主要结构形式、失效形式及常用材料

要点	主要内容	
结构形式	整体式径向滑动轴承	拆卸困难，只能轴向装拆，在转速较低、载荷较小及间歇性工作的机器中应用较多
	对开式径向滑动轴承	结构复杂，但装拆便捷，可以调整磨损间隙，应用较广
	止推滑动轴承	可承受轴向载荷，常见的有空心式、单环式和多环式滑动轴承
失效形式	包括磨粒磨损、胶合、腐蚀和划伤等	
常用材料	①金属材料，包括轴承合金、铜合金、铝基合金、铸铁、多孔质金属等；②非金属材料	

三、轴瓦结构(见表12-1-3)

表12-1-3 轴瓦结构

要点	主要内容	
形式构造	整体式轴瓦	根据结构层数不同，分为整体式、单层、双层以及多层卷制轴套
	对开式轴瓦	可分为厚壁轴瓦和薄壁轴瓦
定位	轴向定位	采用两端的凸缘定位和剖分面的凸耳定位
	周向定位	采用销钉和紧固螺钉固定
油孔及油槽	轴向油槽	根据油槽数量分为单轴向油槽及双轴向油槽
	周向油槽	在轴承宽度的中间位置布置周向油槽，适合载荷变动范围较大的场合

四、滑动轴承润滑剂的选用

1. 润滑脂及其选择

选择润滑脂品种的一般原则为：

①针入度小的润滑脂适用于滑动速度较低的场合。

②润滑脂的工作温度的需要高于轴承的一般工作温度20～30℃。

③潮湿环境下应该选用钙基或铝基润滑脂，其防水性强。

2. 润滑油及其选择

润滑油不同于润滑脂，当转轴转速高及压力较小时，应采用润滑油，周围环境温度与润滑油上的黏度成正比。

3. 固体润滑剂

固体润滑剂应用于特殊的场合，其原理为形成固体膜来增大轴承的润滑性。

五、不完全流体润滑滑动轴承设计计算(见表 12-1-4)

表 12-1-4　不完全流体润滑滑动轴承设计计算

要点	径向滑动轴承计算	止推滑动轴承计算
验算轴承的平均压力 p	$p=F/dB\leqslant[p]$ B 为轴承宽度；$[p]$为轴瓦材料的许用压力	$p=\dfrac{F_a}{A}=\dfrac{F_a}{z\dfrac{\pi}{4}(d_2^2-d_1^2)}\leqslant[p]$ d_1 为轴承孔直径；d_2 为轴环直径；F_a 为轴向载荷；z 为环的数目
验算轴承的 pv 值	$pv=\dfrac{F}{Bd}\dfrac{\pi dn}{60\times1000}=\dfrac{Fn}{19100B}\leqslant[pv]$ v 为轴颈圆周速度，即滑动速度；$[pv]$为轴承材料的 pv 许用值	$pv=\dfrac{4F_a}{z\pi(d_2^2-d_1^2)}\times\dfrac{\pi n(d_1+d_2)}{60\times1000\times2}$ $=\dfrac{nF_a}{30000z(d_2-d_1)}\leqslant[pv]$ n 为轴颈的转速
验算滑动速度 v	$v\leqslant[v]$，$[v]$为许用滑动速度	—

六、流体动力润滑径向滑动轴承设计计算

1. 流体动力润滑的基本方程

对于滑动轴承，流体动力润滑的基本方程为

$$\partial p/\partial x=6\eta v(h-h_0)/h^3$$

式中，p 为两板间油膜压力；η 为润滑油的动力黏度；v 为表面滑动速度；h 为油膜厚度；h_0 为 $\partial p/\partial x=0$ 时的油膜厚度。

从上式中可以得知，形成动压油膜的条件为：

(1)两工件之间的间隙为楔形间隙。

(2)两工件表面之间必须连续充满润滑油或其他液体。

(3)相对运动方向为：大截面流入，小截面流出。

2. 径向滑动轴承形成流体动力润滑的过程

(1)图 12-1-1(a)为初始状态，轴颈没有转动，轴承与轴承孔之间存在楔形间隙；

(2)图 12-1-1(b)中，轴颈开始转动，此时处于初始运动状态，轴瓦与轴颈间的摩擦力方向和轴颈运动方向相反，轴颈开始爬升；

(3)图 12-1-1(c)中，当转速提升后，楔形间隙中的润滑油增多，右边的润滑油膜产生了动压力，轴颈向左侧偏移；当轴颈转动稳定后，其位于某一偏心位置上。

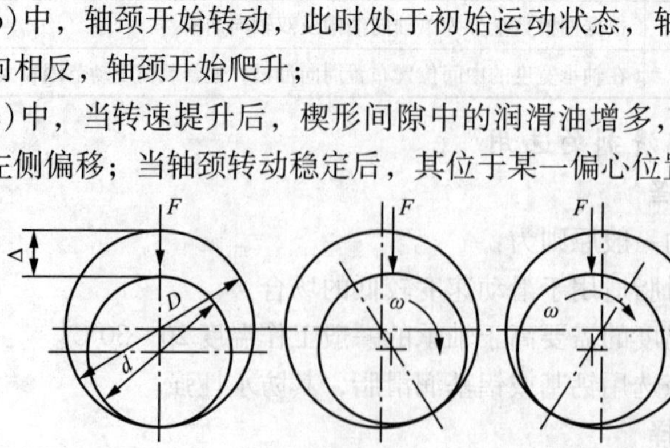

(a) h=0　(b) $h\approx$0　(c) 形成油膜

图 12-1-1　径向滑动轴承形成流体动力润滑的过程

3. 径向滑动轴承的主要几何关系

(1)轴承直径间隙为 $\Delta = D - d$。

(2)半径间隙为 $\delta = R - r = \Delta/2$。

(3)相对间隙为 $\psi = \Delta/d = \delta/r$。

(4)偏心率为 $\varepsilon = e/\delta$。式中，e 为偏心距。

(5)最小油膜厚度为 $h_{\min} = \delta - e = \delta(1-\varepsilon) = r\psi(1-\varepsilon)$。

(6)任意位置的油膜厚度为 $h = \delta(1+\varepsilon\cos\varphi) = r\psi(1+\varepsilon\cos\varphi)$。

(7)压力最大处的油膜厚度 h_0 为 $h_0 = \delta(1+\varepsilon\cos\varphi_0)$。

4. 径向滑动轴承工作能力计算简介(见表 12-1-5)

表 12-1-5 径向滑动轴承工作能力计算简介

要点	主要内容
油膜的总承载能力 F	$F = (\eta\omega dBC_p)/\psi^2$ C_p 为承载量系数；η 为润滑油在轴承平均工作温度下的动力黏度；B 为轴承宽度；F 为外载荷；v 为轴颈圆周速度
承载量系数 C_p	$C_p = (F\psi^2)/(\eta\omega dB) = (F\psi^2)/(2\eta vB)$ 承载量系数 C_p 与轴承包角 α，宽径比 B/d 和相对偏心率 ε 有关
最小油膜厚度 $h_{\min}$	$h_{\min} = r\psi(1-\varepsilon) \geqslant [h] \quad [h] = 4S(Ra_1 + Ra_2)$ S 为安全系数，常取 $S \geqslant 2$；Ra_1、Ra_2 分别为轴颈和轴承孔表面轮廓算术平均偏差
润滑油温度差 Δt	$\Delta t = t_o - t_i = \dfrac{\left(\dfrac{f}{\psi}\right)p}{c\rho\dfrac{q}{\psi vBd} + \dfrac{\pi\alpha_s}{\psi v}}$ $q/(\psi vBd)$ 为润滑油流量系数；v 为轴颈圆周速度；f 为摩擦系数
入口温度 t_i	$t_i = t_m - (\Delta t/2)$ (t_m 为平均温度)

5. 参数选择

(1)宽径比 B/d

一般 $B/d = 0.3 \sim 1.5$。宽径比小，运转稳定性提高，但承载能力降低。

(2)相对间隙 ψ

相对小间隙 ψ 的计算公式表达为

$$\psi \approx \frac{\left(\dfrac{n}{60}\right)^{\frac{4}{9}}}{10^{\frac{31}{9}}}$$

式中，n 为轴颈转速。

(3)润滑油黏度

对于一般的滑动轴承来说，润滑油动力黏度的估算公式为

$$\eta' = \frac{\left(\dfrac{n}{60}\right)^{-\frac{1}{3}}}{10^{\frac{7}{6}}}$$

12.2 课后习题详解

12-1 某不完全液体润滑径向滑动轴承，已知：轴颈直径 $d = 200$mm，轴承宽度 $B =$

200mm，轴颈转速 $n=300$r/min，轴瓦材料为 ZCuAl10Fe3，试问它可以承受的最大径向载荷是多少？

解：根据轴承材料查教材表 12-2 得许用值$[p]=15$MPa，$[pv]=12$MPa · m/s。

(1)根据轴承的平均压力校核公式可得：

$$F\leqslant[p]dB=15\times200\times200=6\times10^5\text{N}$$

(2)根据轴承 pv 值校核公式可得：

$$F\leqslant\frac{[pv]\times19100B}{n}=\frac{12\times19100\times200}{300}=1.528\times10^5\text{N}$$

综上可知，该轴承可以承受的最大径向载荷为 1.528×10^5N。

12-2　已知一起重机卷筒的径向滑动轴承所承受的载荷 $F=100000$N，轴颈直径 $d=90$mm，轴的转速 $n=9$r/min，轴承材料采用铸造青铜，试设计此轴承(采用不完全液体润滑)。

解：(1)确定轴承形式。

①采用剖分式结构，便于安装和维护；

②润滑方式为脂润滑；

③根据机械设计手册可初选 H4090 号径向滑动轴承；

④轴瓦材料采用 ZCuSn10P1，其中$[p]=15$MPa，$[pv]=15$MPa · m/s，$[v]=10$m/s。

(2)确定轴承参数。

①选择宽径比。

对于起重装置，宽径比略大些，取 $B/d=1.5$。

②计算轴承宽度。

$$B=1.5\times d=135\text{mm}$$

③计算轴颈圆周速度。

$$v=\frac{\pi dn}{60\times1000}\approx\frac{3.14\times90\times9}{60\times1000}\approx0.042\text{m/s}$$

④计算轴承工作压力和 pv 值。

$$p=\frac{F}{dB}=\frac{1\times10^5}{90\times135}\approx8.23\text{MPa}$$

$$pv=\frac{F}{dB}\frac{\pi dn}{60\times1000}=8.23\times0.042\approx0.346\text{MPa}\cdot\text{m/s}$$

比较可知 $v\leqslant[v]$、$p\leqslant[p]$、$pv\leqslant[pv]$，因而选材合理。

(3)选择配合。

参考同类机械的使用经验，选取配合$\frac{\text{H9}}{\text{d9}}$。

12-3　某对开式径向滑动轴承，已知径向载荷 $F=35000$N，轴颈直径 $d=100$mm，轴承宽度 $B=100$mm，轴颈转速 $n=1000$r/min。选用黏度等级为 32 的润滑油，润滑油密度为 900kg/m^3，设平均温度$t_m=50$℃，轴承的相对间隙 $\psi=0.001$，轴颈、轴瓦表面粗糙度分别为 $Ra_1=0.4\mu$m，$Ra_2=0.8\mu$m。试校验此轴承能否实现液体动力润滑。

解：按平均温度 $t_m=50$℃，查得 L－AN32 的运动黏度 $v_{50}=22$cst，由此可换算出其在 50°时的动力黏度

$$\eta_{50}=\rho v_{50}\times10^{-6}=900\times22\times10^{-6}=0.0198\text{Pa}\cdot\text{s}$$

轴颈的圆周速度

$$v=\frac{\pi dn}{60\times1000}=\frac{\pi\times100\times1000}{60\times1000}\approx5.23\text{m/s}$$

由此可计算承载量系数

$$C_p=\frac{F\psi^2}{2\eta vB}=\frac{35000\times0.001^2}{2\times0.0198\times5.23\times0.1}\approx1.69$$

根据 C_p 和宽径比 $B/d=1$，查教材表 12-6 并插值得偏心率 $\varepsilon=0.67$。

故最小油膜厚度

$$h_{\min}=\frac{d}{2}\psi(1-\varepsilon)=\frac{100}{2}\times0.001\times(1-0.67)\text{mm}=16.5\mu\text{m}$$

承受最大载荷时，考虑到表面几何形状误差和轴颈挠曲变形，选安全系数 $S=2$，则许用油膜厚度

$$[h]=4S(Ra_1+Ra_2)=4\times2\times(0.4+0.8)=9.6\mu\text{m}$$

综上可知，$h_{\min}=16.5\mu\text{m}>[h]=9.6\mu\text{m}$，所以可以实现动力润滑。

12-4　设计一发电机转子的流体动压径向滑动轴承。已知：载荷 $F=50000\text{N}$，轴颈直径 $d=150\text{mm}$，转速 $n=1000\text{r/min}$，工作情况稳定。

解：(1)确定轴承宽度

取$\frac{B}{d}=1$，可得轴承宽度 $B=0.15\text{m}$。

(2)计算轴颈圆周速度

$$v=\frac{\pi dn}{60\times1000}\approx\frac{3.14\times150\times1000}{60\times1000}=7.85\text{m/s}$$

(3)计算轴承工作压力和 pv 值

$$p=\frac{F}{dB}=\frac{50000}{150\times150}\approx2.22\text{MPa}$$

$$pv=2.22\times7.85\approx17.43\text{MPa}\cdot\text{m/s}$$

(4)选择轴瓦材料

查教材表 12-2，在保证 $v\leqslant[v]$、$p\leqslant[p]$、$pv\leqslant[pv]$ 的条件下，选定轴承材料为 ZCuSnSb11-6。

(5)选定润滑油牌号

选用 L－AN22 号机械油，其在 50℃时的动力黏度 $\eta=0.015\text{Pa}\cdot\text{s}$。

(6)计算相对间隙、直径间隙

相对间隙

$$\psi\approx\frac{\left(\frac{n}{60}\right)^{\frac{4}{9}}}{10^{\frac{31}{9}}}=\frac{\left(\frac{1000}{60}\right)^{\frac{4}{9}}}{10^{\frac{31}{9}}}\approx0.00125$$

则直径间隙

$$\Delta=\psi d=0.00125\times150=0.1875\text{mm}$$

(7)计算承载量系数

$$C_p=\frac{F\psi^2}{2\eta vB}=\frac{50000\times0.00125^2}{2\times0.015\times7.85\times0.15}\approx2.2$$

(8)计算最小油膜厚度

根据宽径比和 $C_p=2.2$ 查教材表 12-6 得偏心率 $\varepsilon=0.73$。

故

$$h_{\min}=\frac{d}{2}\psi(1-\varepsilon)=\frac{150}{2}\times 0.00125\times(1-0.73)\mathrm{mm}\approx 25.3\mu\mathrm{m}$$

(9)确定轴颈、轴承孔表面粗糙度

取轴颈和轴瓦表面粗糙度均为 $Ra_1=Ra_2=0.8\mu\mathrm{m}$，取安全系数 $S=2$。

则许用油膜厚度

$$[h]=4S(Ra_1+Ra_2)=4\times 2\times(0.8+0.8)=12.8\mu\mathrm{m}$$

可见 $h_{\min}>[h]$，可实现动压润滑。

(10)计算轴承与轴颈的摩擦系数

由于宽径比为 1，故取随宽径比变化的系数 $\xi=1$，则摩擦系数

$$f=\frac{\pi}{\psi}\frac{\eta w}{p}+0.55\psi\xi=\frac{\pi\times 0.015\times\frac{2\pi\times 1000}{60}}{0.00125\times 2.22\times 10^6}+0.55\times 0.00125\times 1\approx 0.002464$$

(11)确定润滑油流量系数

查教材图 12-16 得到润滑油流量系数 $\frac{q}{\psi vBd}=0.145$。

(12)计算油温升

$$\Delta t=\frac{\left(\frac{f}{\psi}\right)p}{c\rho\frac{q}{\psi vBd}+\frac{\pi\alpha_s}{\psi v}}=\frac{\left(\frac{0.002464}{0.00125}\right)\times 2.22\times 10^6}{2000\times 900\times 0.145+\frac{\pi\times 80}{0.00125\times 7.85}}\approx 15.3℃$$

入口温度

$$t_i=t_m-\frac{\Delta t}{2}=50-\frac{15.3}{2}\approx 42.4℃$$

合适。

(13)选择配合

根据直径间隙 $\Delta=0.1875\mathrm{mm}$，按 GB/T 1801—2009 选取配合 $\frac{H9}{d9}$，轴承孔尺寸公差 $\phi 150_{0}^{+0.01}$，轴颈尺寸公差为 $\phi 150_{-0.245}^{-0.145}$。

最大间隙

$$\Delta_{\max}=0.01-(-0.245)=0.255\mathrm{mm}$$

最小间隙

$$\Delta_{\min}=0-(-0.145)=0.145\mathrm{mm}$$

由于 $\Delta=0.1875\mathrm{mm}$ 在两者之间，因此所选配合可用。

12.3 名校考研真题

一、选择题

1. 校核滑动轴承最小油膜的目的是(　　)。[长安大学 2024 研]

A. 保证轴承获得液体摩擦　　B. 控制轴承发热

C. 控制油流量　　D. 确定摩擦阻力

2. 下列材料中，(　　)是轴承合金(巴氏合金)。[扬州大学 2022 研]

A. 20CrMnTi　　B. 38CrMnMo　　C. ZSnSb11Cu6　　D. ZCuSn10P1

3. 在下列滑动轴承材料中，(　　)通常只用作双金属轴瓦的表层材料。[浙江大学2013研]

A. 铸铁　　B. 铸造锡青铜　　C. 铸造铝青铜　　D. 轴承合金

4. 在向心动压滑动轴承工作中，随着(　　)，滑动轴承承载能力增大。[湘潭大学2016研]

A. 相对间隙增大　　B. 轴承宽度的增大

C. 轴颈速度减小　　D. 润滑油动力黏度减小

5. 校核滑动轴承最小油膜厚度的目的是(　　)。[浙江大学2013研]

A. 保证轴承获得液体摩擦　　B. 控制轴承发热

C. 控制油流量　　D. 确定摩擦阻力

6. 滑动轴承支承轴颈，在液体动压润滑状态下工作，为表示轴颈的位置，图中(　　)是正确的。[长沙理工大学2019研]

A. 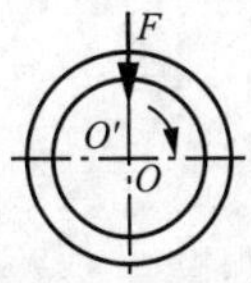

B. 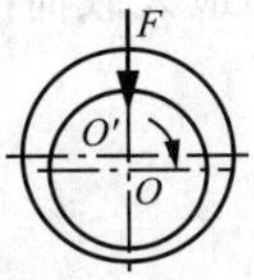

C. 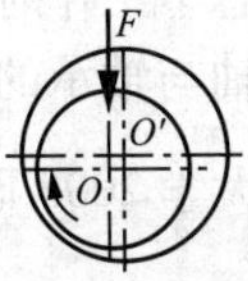

D. 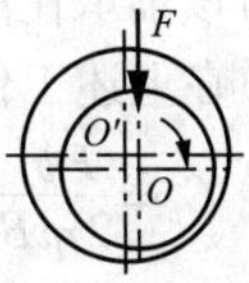

二、填空题

1. 在向心动压滑动轴承工作中，随轴承宽度的增大滑动轴承的承载能力______，周向油槽适用于载荷方向变动范围超过180°的场合，常设在______。[长安大学2025研]

2. 对开式径向滑动轴承，轴承盖和轴承座的剖分面常做成______，以便对中和防止______。[长安大学2024研]

3. 设计液体摩擦动压向心滑动轴承时，如果增大相对间隙 ψ，则工作时轴承的承载能力______、润滑油的温升______。[华中科技大学2012研]

4. 非液体摩擦滑动轴承的 pv 值表征了轴承的______，pv 值越大，轴承温度______，容易引起油膜的破裂。[湘潭大学2016研]

5. 液体动压滑动轴承的轴瓦上的油孔、油沟位置应开在______。[浙江理工大学2019研]

三、判断题

1. 滑动轴承工作面是滑动摩擦，因此与滚动轴承相比，滑动轴承只能用于低速运转。(　　)[浙江大学2012研]

2. 在非液体润滑滑动轴承中，限制 p 值的主要目的是防止轴承衬材料发生塑性变形。(　　)[四川大学2013研]

四、简答题

1. 一般的不完全流体润滑滑动轴承设计，需要进行哪些验算？简述各项验算的目的。[沈阳工业大学2019研]

相关真题：简述非液体摩擦滑动轴承的设计计算中应限制什么？目的是什么？[武汉理工大学2017研]

2. 在滑动轴承轴瓦内表面开设油沟时应注意哪些问题？为什么？[山东大学2017研]

3. 动压油膜形成的条件是什么？[西北工业大学2015研；常州大学2015研]

相关真题：设计流体动力润滑径向滑动轴承时，形成动压油膜的必要条件是什么？[扬州大学2021研]

4. 试分析下图12-3-1所示的四种摩擦副，在摩擦面间哪些摩擦副不能形成动压油膜，

为什么？（v 为运动速度，油有一定黏度）[三峡大学 2017 研]

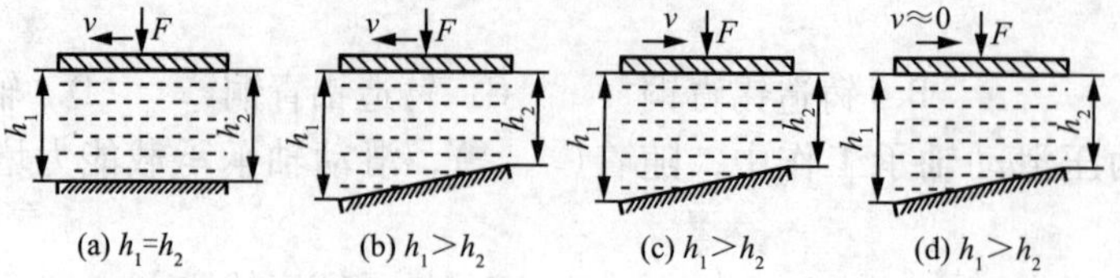

图 12-3-1

5. 轴瓦上为何要开油沟，油沟应开在什么位置，为什么？[长安大学 2024 研]

五、计算题

一动压向心滑动轴承，轴颈直径 $d=120\text{mm}$，轴承宽径比 $B/d=0.8$，相对间隙 $\psi=0.0015\text{mm}$，表面粗糙度 $Rz_1=0.005\text{mm}$，$Rz_2=0.003\text{mm}$，轴颈转速 $n=1000\text{r/min}$ 时，采用 N32 机械油，在温度 50℃时其黏度 $\eta=0.018\text{Pa}\cdot\text{s}$，若工作温度为 50℃，且安全系数$S=2$，试求：

(1)该轴承在液体摩擦状态下工作时所能承受的最大载荷值？

(2)在上述工作状态时，轴与轴承的偏心距 e 值？

附：$C_p=\dfrac{F\psi^2}{2\eta vB}$[大连理工大学 2005 研]

表 12-3-1

$B/d=0.8$	χ	0.6	0.65	0.7	0.75	0.8	0.85	0.9	0.95
	C_p	0.972	1.199	1.538	1.965	2.754	4.053	6.721	15.37

12.4 名校考研真题详解

一、选择题

1. 校核滑动轴承最小油膜的目的是(　　)。[长安大学 2024 研]

A. 保证轴承获得液体摩擦　　B. 控制轴承发热

C. 控制油流量　　D. 确定摩擦阻力

【答案】A

【解析】最小油膜厚度是不能无限缩小的，因为它受到轴颈和轴承表面粗糙度、轴的刚性及轴承与轴颈的几何形状误差等的限制。为确保轴承能处于液体摩擦状态，最小油膜厚度必须等于或大于许用油膜厚度[h]。

2. 下列材料中，(　　)是轴承合金(巴氏合金)。[扬州大学 2022 研]

A. 20CrMnTi　　B. 38CrMnMo　　C. ZSnSb11Cu6　　D. ZCuSn10P1

【答案】C

【解析】轴承合金(通称巴氏合金或白合金)是锡、铅、锑、铜的合金，它以锡或铅作基体，其内含有锑锡(Sb－Sn)或铜锡(Cu－Sn)的硬晶粒。

3. 在下列滑动轴承材料中，(　　)通常只用作双金属轴瓦的表层材料。[浙江大学 2013 研]

A. 铸铁　　B. 铸造锡青铜　　C. 铸造铝青铜　　D. 轴承合金

【答案】D

【解析】对于重要轴承，为了提高其承载能力、改善轴瓦的摩擦性能和节省贵重的减摩材料，常在轴瓦的内表面上浇铸一层轴承合金，称为轴承衬。轴承合金在所有轴承材料中，摩擦顺应性最好，且很容易与轴颈磨合而不发生胶合，故经常贴附于软钢、铸铁或青铜的轴瓦上作双金属轴瓦的表层材料。

4. 在向心动压滑动轴承工作中，随着(　　)，滑动轴承承载能力增大。[湘潭大学2016研]

A. 相对间隙增大　　　　　　　　　B. 轴承宽度的增大

C. 轴颈速度减小　　　　　　　　　D. 润滑油动力黏度减小

【答案】B

【解析】由公式 $F=\eta\omega dBC_p/\psi^2$ 可知，B 项正确，ACD 三项都会使滑动轴承的承载能力减小。

5. 校核滑动轴承最小油膜厚度的目的是(　　)。[浙江大学2013研]

A. 保证轴承获得液体摩擦　　　　　B. 控制轴承发热

C. 控制油流量　　　　　　　　　　D. 确定摩擦阻力

【答案】A

【解析】为了确保轴承在液体摩擦状态下安全运转，最小油膜厚度应该保证轴孔和轴颈表面的粗糙度凸峰不能直接接触。

6. 滑动轴承支承轴颈，在液体动压润滑状态下工作，为表示轴颈的位置，图中(　　)是正确的。[长沙理工大学2019研]

A. 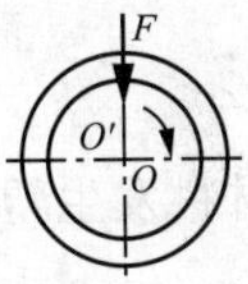

B. 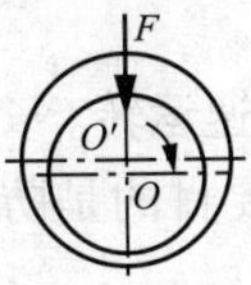

C. 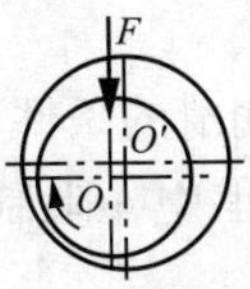

D. 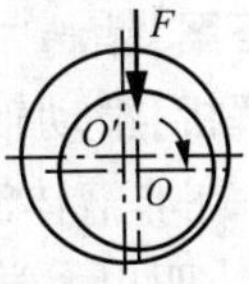

【答案】C

【解析】轴颈未转动时，轴颈处于轴承孔最低位置，轴颈与轴承孔之间形成楔形收敛。当轴颈开始转动时，此时处于初始运动状态，轴瓦与轴颈间的摩擦力方向和轴颈运动方向相反，轴颈开始爬升；如图 D 所示。当转速提升后，楔形间隙中的润滑油增多，右边的润滑油膜产生了动压力，轴颈向左侧偏移；当轴颈转动稳定后，其位于某一偏心位置上，如图 C 所示。故选 C 项。

二、填空题

1. 在向心动压滑动轴承工作中，随轴承宽度的增大滑动轴承的承载能力______，周向油槽适用于载荷方向变动范围超过180°的场合，常设在______。[长安大学2025研]

【答案】提高；轴承宽度中部

【解析】轴承宽度增大时，油膜的承载面积随之增加。承载能力与轴承的投影面积(宽度×直径)成正比，因此宽度增大直接提升了轴承的承载能力。周向油槽适用于载荷方向变动范围超过180°的场合，它常设在轴承宽度中部，把轴承分为两个独立部分。

2. 对开式径向滑动轴承，轴承盖和轴承座的剖分面常做成______，以便对中和防止______。[长安大学2024研]

【答案】阶梯形；横向错动

【解析】对开式径向滑动轴承，它是由轴承座、轴承盖、剖分式轴瓦和双头螺柱等组成。轴承盖和轴承座的剖分面常做成阶梯形，以便对中和防止横向错动。

3. 设计液体摩擦动压向心滑动轴承时，如果增大相对间隙 ψ，则工作时轴承的承载能

力______、润滑油的温升______。[华中科技大学 2012 研]

【答案】降低；降低

【解析】对有限宽轴承，油膜的总承载能力为 $F=\eta\omega dBC_p/\psi^2$，由公式可知，增大相对间隙 ψ，则轴承的承载能力降低，而润滑油的温升 $\Delta t=fFv/(q\rho c+\alpha_s\pi dB)$，随着承载能力的降低，温升降低。

4. 非液体摩擦滑动轴承的 pv 值表征了轴承的______，pv 值越大，轴承温度______，容易引起油膜的破裂。[湘潭大学 2016 研]

【答案】发热因素；越高

【解析】轴承工作时，摩擦功耗将转变为热量，使润滑油温度升高。轴承的发热量与其单位面积上的摩擦功耗 fpv 成正比，pv 值表征了轴承的温升，pv 值越大，轴承温度越高。

5. 液体动压滑动轴承的轴瓦上的油孔、油沟位置应开在______。[浙江理工大学 2019 研]

【答案】非承载区

【解析】在轴瓦内壁不承受载荷的表面上开设油槽，润滑油通过油孔和油槽流进轴承间隙。

三、判断题

1. 滑动轴承工作面是滑动摩擦，因此与滚动轴承相比，滑动轴承只能用于低速运转。(　　)[浙江大学 2012 研]

【答案】错

【解析】滑动轴承在液体润滑的条件下，能够高速运转。

2. 在非液体润滑滑动轴承中，限制 p 值的主要目的是防止轴承衬材料发生塑性变形。(　　)[四川大学 2013 研]

【答案】错

【解析】在非液体润滑滑动轴承中，限制 p 值的主要目的是防止轴承磨损。

四、简答题

1. 一般的不完全流体润滑滑动轴承设计，需要进行哪些验算？简述各项验算的目的。[沈阳工业大学 2019 研]

相关真题：简述非液体摩擦滑动轴承的设计计算中应限制什么？目的是什么？[武汉理工大学 2017 研]

答：(1)一般的不完全流体润滑滑动轴承设计，应验算：①轴承的平均压力 p；②轴承的 pv 值；③滑动速度 v。

(2)目的：

①限制轴承的平均压力 p 是为了防止轴承承受压力过大、摩擦磨损严重以致过早失效；

②限制轴承的 pv 值是为了限制轴承的温升；

③限制滑动速度 v 是为了防止轴承磨损加速以致过快报废。

2. 在滑动轴承轴瓦内表面开设油沟时应注意哪些问题？为什么？[山东大学 2017 研]

答：在滑动轴承上开设油孔和油槽时应注意：油孔和油槽只能开在非承载区，否则会降低油膜的承载能力；轴向油槽不能沿轴承宽度开通，端面处必须保留一定的距离，预留的位置作为封油面，防止端泄；对于整体式径向轴承，单轴向油槽最好开在最大油膜厚度位置，以保证润滑油从压力最小的地方输入轴承。

3. 动压油膜形成的条件是什么？［西北工业大学 2015 研；常州大学 2015 研］

相关真题：设计流体动力润滑径向滑动轴承时，形成动压油膜的必要条件是什么？［扬州大学 2021 研］

答：动压油膜形成的条件：

(1)两工作表面间必须有楔形间隙；

(2)两工作表面间必须连续充满润滑油或其他黏性流体；

(3)两工作表面间必须有相对滑动速度，其运动方向为大截面流进，小截面流出。

4. 试分析下图 12-4-1 所示的四种摩擦副，在摩擦面间哪些摩擦副不能形成动压油膜，为什么？(v 为运动速度，油有一定黏度)［三峡大学 2017 研］

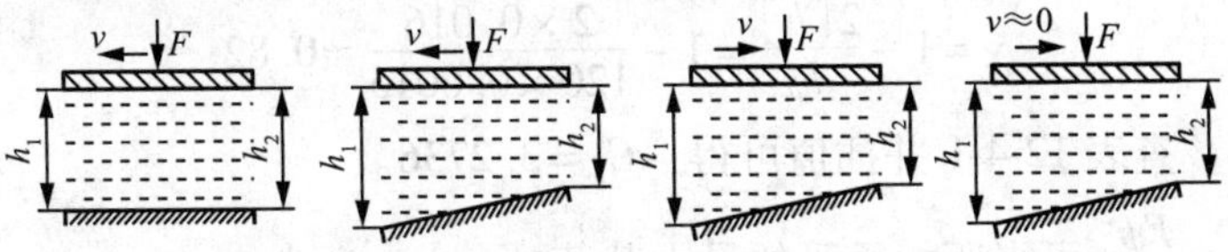

(a) $h_1=h_2$　(b) $h_1>h_2$　(c) $h_1>h_2$　(d) $h_1>h_2$

图 12-4-1

答：动压油膜形成的条件：

(1)两工作表面间必须有楔形间隙；

(2)两工作表面间必须连续充满润滑油或其他黏性流体；

(3)两工作表面间必须有相对滑动速度，其运动方向为大截面流进，小截面流出。

由上述条件可知，图(a)中没有楔形间隙，(b)中运动方向从小截面流进，大截面流出，(d)中相对滑动速度为0，故图 12-4-1 中(a)、(b)和(d)都不能形成动压油膜。

5. 轴瓦上为何要开油沟，油沟应开在什么位置，为什么？［长安大学 2024 研］

答：为了把润滑油导入整个摩擦面间，轴瓦或轴颈上需开设油孔和油槽。对于液体动压径向轴承，有轴向油槽和周向油槽两种形式。

对于整体式径向轴承，轴颈单向旋转时，载荷方向变化不大，单轴向油槽最好开在最大油膜厚度位置，以保证润滑油从压力最小的地方输入轴承。对于对开式径向轴承，常把轴向油槽开在轴承剖分面处。

周向油槽适用于载荷方向变动范围超过 180°的场合，常设在轴承宽度中部，把轴承分为两个部分。

五、计算题

一动压向心滑动轴承，轴颈直径 $d=120$mm，轴承宽径比 $B/d=0.8$，相对间隙 $\psi=0.0015$mm，表面粗糙度 $Rz_1=0.005$mm，$Rz_2=0.003$mm，轴颈转速 $n=1000$r/min 时，采用 N32 机械油，在温度 50℃时其黏度 $\eta=0.018$Pa · s，若工作温度为 50℃，且安全系数 $S=2$，试求：

(1)该轴承在液体摩擦状态下工作时所能承受的最大载荷值？

(2)在上述工作状态时，轴与轴承的偏心距 e 值？

附：$C_p=\dfrac{F\psi^2}{2\eta vB}$［大连理工大学 2005 研］

表 12-4-1

$B/d=0.8$	χ	0.6	0.65	0.7	0.75	0.8	0.85	0.9	0.95
	C_p	0.972	1.199	1.538	1.965	2.754	4.053	6.721	15.37

解：(1)该轴承在液体摩擦状态下工作时，应满足条件 $h_{\min}\geqslant[h]$。

根据公式 $[h]=S(Rz_1+Rz_2)$，可得

$$[h]=2\times(0.005+0.003)=0.016\text{mm}$$

当轴承在最大载荷下工作时，最小油膜厚度达到临界值，有 $h_{\min}=[h]$。

根据公式 $h_{\min}=r\psi(1-\chi)=\frac{d}{2}\psi(1-\chi)$（$\chi$ 为偏心率），可知

$$\chi=1-\frac{2[h]}{d\psi}=1-\frac{2\times0.016}{120\times0.0015}\approx0.82$$

又 $B/d=0.8$，查表 12-4-1 并插值可得，$C_p=3.2736$。

根据公式 $C_p=\frac{F\psi^2}{2\eta vB}$可得所能承受的最大载荷

$$F_{\max}=\frac{2\eta vBC_p}{\psi^2}$$

$$=\frac{2\times0.018\times\frac{2\pi\times1000}{60}\times\frac{0.12}{2}\times0.12\times0.8\times3.2736}{0.0015^2}$$

$$\approx31577.4\text{N}$$

(2)根据公式 $\psi=\frac{\delta}{r}$和$\chi=\frac{e}{\delta}$，得：

$$e=\chi\psi r=0.82\times0.0015\times\frac{120}{2}=0.0738\text{mm}$$

第十三章　滚动轴承

13.1　复习笔记

【知识框架】

- 滚动轴承
  - 概述：基本结构
  - 滚动轴承的主要类型及其代号
    - 滚动轴承的主要类型、性能与特点
    - 滚动轴承的代号
  - 滚动轴承类型的选择
    - 轴承的载荷
    - 轴承的转速
    - 轴承的调心性能
    - 轴承的安装与拆卸
  - 滚动轴承的工作情况
    - 轴承工作时轴承原件上的载荷分布
    - 轴承工作时轴承原件上的载荷与应力的变化
    - 轴向载荷对载荷分布的影响
  - 滚动轴承尺寸的选择
    - 滚动轴承的失效形式及基本的额定寿命
    - 滚动轴承的基本额定动载荷
    - 滚动轴承寿命的计算公式
    - 滚动轴承的当量动载荷
    - 角接触球轴承和圆锥滚子轴承的径向载荷与轴向载荷的计算
    - 不稳定载荷和不稳定转速时轴承的寿命计算
    - 滚动轴承的静载荷
    - 不同可靠度时滚动轴承寿命的计算
  - 轴承装置的设计
    - 支承部分的刚性和同轴度
    - 滚动轴承的轴向定位与紧固
    - 轴承的配置
    - 轴承游隙及轴上零件位置的调整
    - 滚动轴承的配合
    - 滚动轴承的预紧
    - 滚动轴承的润滑
    - 滚动轴承的密封装置
  - 其他
    - 高速滚动轴承简介
    - 高温滚动轴承简介
    - 滚动轴承与滑动轴承的比较

【通关提要】

本章主要介绍了滚动轴承的类型及其代号、失效形式、寿命计算、当量动载荷的计算以及派生轴向力。学习时需要重点掌握以上内容。其中，滚动轴承的类型及其代号、失效形式，多以选择题、填空题和简答题的形式出现，其余内容以计算题为主，尤其派生轴向力，几乎每年都考一道计算题。复习本章时，考生需以计算为主，理解记忆细节内容。

【重点难点归纳】

一、滚动轴承的结构、优点及类型(见表 13-1-1)

表 13-1-1 滚动轴承的结构、优点及类型

要点	主要内容	
基本结构	组成部分包括：内圈、外圈、滚动体和保持架	
类型	向心轴承	承受径向载荷，按照轴承接触角的不同，分为径向接触轴承和角接触向心轴承
	推力轴承	主要承受轴向载荷，根据承受的推力，分为轴向接触轴承和和角接触推力轴承

二、轴承代号的构成及含义(见表 13-1-2)

表 13-1-2 滚动轴承代号的构成及含义

构成				含义
前置代号		轴承分部件代号		用字母表示
基本代号	五	类型代号		常见代号为 3、5、6、7、N
	四	尺寸系列代号	宽度系列代号	缺省为 0，调心滚子轴承和圆锥滚子轴承宽度不能省略 0
	三		直径系列代号	常见的有 7、8、9、0、1、2、3、4、5
	二	内径代号		通常内径 = 内径代号 ×5；内径 10mm 对应 00，内径 12mm 对应 01，内径 15mm 对应 02，内径 17mm 对应 03
	一			
后置代号		内部结构代号		结构不同，用于表示的字母不同
		密封与防尘结构代号		—
		保持架及其材料代号		—
		特殊轴承材料代号		—
		公差等级代号		由高到低分为 2 级、4 级、5 级、6 级(或 6X 级)和 N 级。以/P2、/P4、/P5、/P6(或/P6X)表示，N 级不标注
		游隙代号		由小到大分为 2 组、N 组、3 组、4 组和 5 组。以/C2、/C3、/C4、/C5 表示，N 组不标注
		多轴承配置代号		—
		其他代号		—

三、滚动轴承类型的选择(见表 13-1-3)

表 13-1-3 滚动轴承类型的选择

考虑因素	主要内容	
载荷	载荷大小	球轴承承载能力较小，辊子轴承承载能力较大
	载荷方向	向心轴承只能承受径向载荷，推力轴承只能承受轴向的载荷，角接触球轴承以及滚子轴承可承受一定大小的径向及轴向载荷
转速	滚子轴承的转速承受能力较弱，球轴承的转速承受能力较强，推力轴承可承受的最高转速较低	
调心性能	长跨距的场合下需要考虑轴承调心要求，可以采用调心轴承以及带座外球面球轴承	
安装和拆卸	轴承的装拆是需要考虑	

四、滚动轴承的工作情况

1. 轴承元件上的载荷分布以及轴向载荷对载荷分布的影响

(1)轴承工作时，内部滚动体受到周期作用力，在最大的 F_r 作用线时受力环境最差。

(2)滚动轴承的滚动体的载荷情况与载荷的方向相关。

①轴承的轴向力为 F_a，径向力为 F_r，当 F_a 与 $F_r\tan\alpha$ 同一承载水平，轴承中的滚动体同时承载。

②滚动轴承中的承受数量越多，轴向力 F_a 由最小值 $F_r\tan\alpha$ 逐步增大，轴向力 F_d 为 F_a 的派生力。

2. 轴承工作时轴承元件上的载荷及应力的变化

(1)轴承中的滚动体承受周期性的载荷，滚动体中载荷与应力实时变动。

(2)轴承内部中的内圈、外圈中某一具体的点，载荷稳定，承受脉动循环的载荷。

五、滚动轴承尺寸的选择

1. 滚动轴承的失效形式及寿命计算(见表 13-1-4)

表 13-1-4　滚动轴承的失效形式及寿命计算

要点	主要内容
失效形式	滚动轴承的失效主要有内圈及滚动体的疲劳点蚀
基本额定寿命	仍保有 90% 的可靠度的轴承寿命
基本额定动载荷	当滚动轴承旋转为 10^6 转后，轴承可以承受的最大载荷，以 C 表示
寿命计算公式	$L_{10}=\left(\frac{f_tC}{P}\right)^{\varepsilon}$；预期计算寿命 $L_h'=\frac{10^6}{60n}\left(\frac{f_tC}{P}\right)^{\varepsilon}$；$C=\frac{P}{f_t}\sqrt[\varepsilon]{\frac{60nL_h'}{10^6}}$ f_t 为温度系数；P 为载荷；n 为转速；ε 为指数，对于球轴承，$\varepsilon=3$；对于滚子轴承，$\varepsilon=10/3$

2. 滚动轴承的当量动载荷

当量动载荷用 P 表示，计算方法为 $P=XF_r+YF_a$，其中 X 为径向的动载荷系数，Y 为轴向的动载荷系数。

考虑载荷波动时，$P=f_d(XF_r+YF_a)$。

3. 角接触球轴承和圆锥滚子轴承的径向载荷 F_r 与轴向载荷 F_a 的计算

(1)径向载荷

轴上的径向力作用于轴承上，分解为两个径向的载荷 F_{r1} 以及 F_{r2}。

(2)轴向力的计算

轴向载荷与轴承产生的派生力以及轴上的载荷相关，即 F_a 与 F_d 和 F_{ae} 相关。

①滚动轴承装配时会产生轴向力 F_{d1}、F_{d2}，可以使用教材表 13-7 计算。

②如图 13-1-1 所示，轴承的安装形式不同，轴承所产生的轴向力不同。一般情况下，采用正装形式。计算过程如下：

a. 当 $F_{ae}+F_{d2}=F_{d1}$，达到轴向平衡，此时 F_{d1}、F_{d2} 即为各轴承承受的轴向载荷。

b. 当 $F_{ae}+F_{d2}>F_{d1}$ 时，传动轴有向左运动的趋势，相当于轴承 1 被“压紧”，轴承 2 被“放松”。此时 $F_{a2}=F_{d2}$，$F_{a1}=F_{ae}+F_{d2}$。

c. 当 $F_{ae}+F_{d2}<F_{d1}$ 时，同前理，轴承 1 被“放松”，$F_{a1}=F_{d1}$；$F_{a2}=F_{d1}-F_{ae}$。

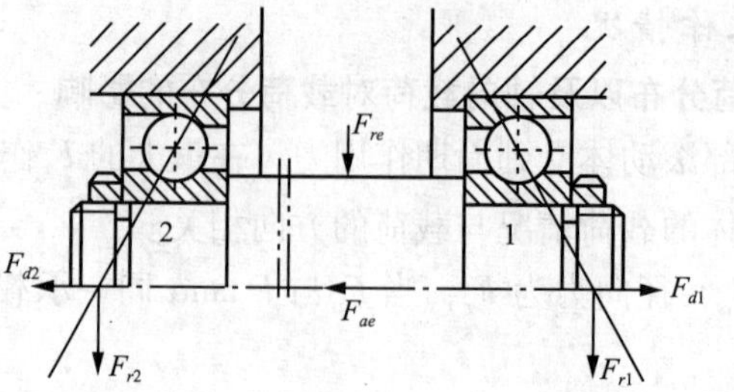

(a) 反装

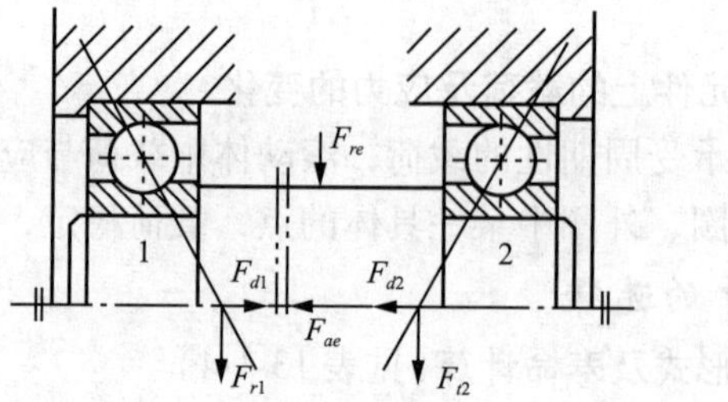

(b) 正装

图 13-1-1　角接触球轴承轴向载荷的分析

4. 滚动轴承的静载荷

C_0为基本额定静载荷，当量静载荷 P_0，计算为 $X_0F_r+Y_0F_a$，其中 X_0为径向载荷系数，Y_0为轴向载荷系数。

轴承的基本额定静载荷大于当量静载荷与安全系数的积，即 $C_0\geqslant S_0P_0$。其中 S_0为轴承静强度的安全系数。

5. 不同可靠度时滚动轴承寿命的计算

当轴承的基本额定动载荷值可靠性要求不等于 90% 时，修正后的寿命为

$$L_{nm}=a_1L_{10}=\frac{10^6a_1}{60n}\left(\frac{C}{P}\right)^{\varepsilon}$$

式中，L_{nm}为可靠度 $R=(100-n)\%$（破坏概率为 $n\%$）时的寿命；a_1为轴承关于可靠性寿命的修正系数。

六、轴承装置的设计（见表 13-1-5）

表 13-1-5　轴承装置的设计

要点	主要内容	
轴承的轴向定位与紧固	内圈紧固方法	使用紧定衬套、止动垫圈、圆螺母、轴用挡圈以及弹性挡圈等紧固
	外圈紧固方法	使用螺纹环、孔用挡圈、弹性挡圈以及轴承盖进行紧固
轴承配置	①双支点各单向固定；②一支点双向固定，另一端支点游动；③两端游动支承	
轴承的预紧	主要的措施包括：安装弹簧；安装楔形套筒；正装时夹紧磨窄了的外圈预紧，反装时夹紧磨窄了的内圈预紧	
轴承的润滑	根据滚动轴承的承受转速，分为润滑油润滑和润滑脂润滑	
轴承的密封装置	有接触式密封和非接触式密封，可以阻隔水、灰尘等进入轴承，同时减小润滑物质的流失	

13.2 课后习题详解

13-1 试说明下列各轴承的内径有多大？哪个轴承公差等级最高？哪个允许的极限转速最高？哪个承受径向载荷能力最高？哪个不能承受径向载荷？

N307/P4　6207　30207　51301

答：(1)轴承的内径

N307/P4、6207、30207 轴承的内径均为 35mm，51301 轴承的内径为 12mm。

(2)轴承公差等级

N307/P4 轴承公差等级为 4 级，等级最高。

(3)极限转速

6207 轴承允许的极限转速最高。

(4)承受径向载荷能力

N307/P4 轴承承受径向载荷能力最高；51301 轴承不能承受径向载荷。

13-2 欲对一批同型号滚动轴承做寿命试验。若同时投入 50 个轴承进行试验，按其基本额定动载荷值加载，试验机主轴转速 $n=2000r/min$。若预计该批轴承为正品，则试验进行 8h20min，应约有几个轴承已失效？

解：在试验阶段，轴承的转数

$$L=(8\times 60+20)\times 2000=1\times 10^{6}r$$

恰好为 10^6 转，根据轴承基本额定载荷的定义，可知此时的可靠率为 90%。

即失效的轴承数量约为 50×(1-90%)=5(个)。

13-3 某深沟球轴承需在径向载荷 $F_r=7150N$ 作用下，以 $n=1800r/min$ 的转速工作 3800h。试求此轴承应有的基本额定动载荷 C。

解：由题意可得

$$C=P\sqrt[\varepsilon]{\frac{60nL'_h}{10^6}}=7150\times\sqrt[3]{\frac{60\times 1800\times 3800}{10^6}}\approx 53.134kN$$

即为该轴承应有的基本额定动载荷。

13-4 一农用水泵，决定选用深沟球轴承，轴颈直径 $d=35mm$，转速 $n=2900r/min$，已知径向载荷 $F_r=1810N$，轴向载荷 $F_a=740N$，预期计算寿命 $L'_h=6000h$，试选择轴承的型号。

解：(1)初选 6207 轴承计算

根据已知轴径初选 6207 轴承，其基本额定动载荷 $C=25500N$，基本额定静载荷 $C_0=15200N$。

①确定判断系数 e 值和 Y 值

查教材表 13-5，相对轴向载荷为

$$\frac{F_a}{C_0}=\frac{740}{15200}\approx 0.049$$

插值得判断系数 $e=0.25$。

又

$$\frac{F_a}{F_r}=\frac{740}{1810}\approx 0.41>e=0.25$$

查教材表 13-5 得 $X=0.56$，插值得 $Y=1.74$。

②求当量动载荷 P

查表取载荷系数 $f_d=1.15$，可得

$$P=f_d(XF_r+YF_a)=1.15\times(0.56\times1810+1.74\times740)\approx2646\text{N}$$

此时轴承的寿命

$$L_h=\frac{10^6}{60n}\left(\frac{C}{P}\right)^{\varepsilon}=\frac{10^6}{60\times2900}\times\left(\frac{25500}{2646}\right)^3\approx5144\text{h}<6000\text{h}$$

不能满足寿命要求，故改选 6307 轴承，重新计算。

(2)改选 6307 轴承计算

基本额定动载荷 $C=33200\text{N}$，基本额定静载荷 $C_0=19200\text{N}$，同理计算如下。

①确定判断系数 e 值和 Y 值

查教材表 13-5，相对轴向载荷

$$\frac{F_a}{C_0}=\frac{740}{19200}\approx0.039$$

插值得判断系数 $e=0.24$。

又

$$\frac{F_a}{F_r}=\frac{740}{1810}\approx0.41>e=0.24$$

查教材表 13-5 得 $X=0.56$，插值得 $Y=1.8$。

②求当量动载荷 P

查表取载荷系数 $f_d=1.15$，可得

$$P=f_d(XF_r+YF_a)=1.15\times(0.56\times1810+1.8\times740)\approx2697\text{N}$$

此时轴承的寿命

$$L_h=\frac{10^6}{60n}\left(\frac{C}{P}\right)^{\varepsilon}=\frac{10^6}{60\times2900}\times\left(\frac{33200}{2697}\right)^3\approx10721\text{h}>6000\text{h}$$

故 6307 轴承满足要求。

13-5　根据工作条件，决定在轴的两端选用 $\alpha=25°$ 的两个角接触球轴承，如图 13-2-1 所示的正装。轴颈直径 $d=35\text{mm}$，工作中有中等冲击，转速 $n=1800\text{r/min}$，已知两轴承的径向载荷分别为 $F_{r1}=3390\text{N}$，$F_{r2}=1040\text{N}$，外加轴向载荷 $F_{ae}=870\text{N}$，作用方向指向轴承 1，试确定其工作寿命。

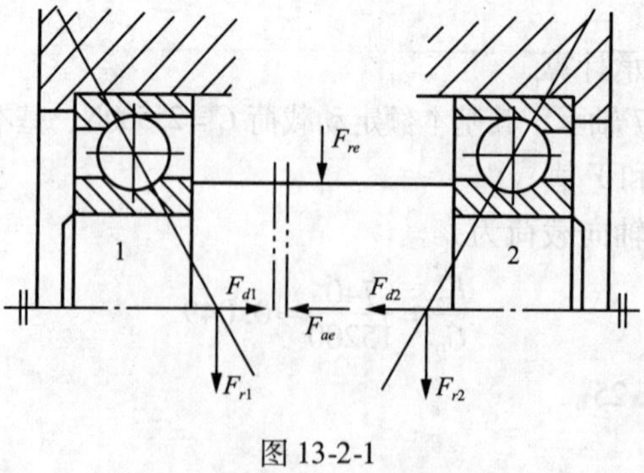

图 13-2-1

解：(1)计算两轴承的轴向力

根据教材表 13-7 可得 $\alpha=25°$时的派生轴向力

$$F_{d1}=0.68F_{r1}=0.68\times3390=2305.2\text{N}$$

$$F_{d2}=0.68F_{r2}=0.68\times1040=707.2\text{N}$$

由于该轴承正装，可知两派生轴向力的方向为 $F_{d1}(\rightarrow)$，$F_{d2}(\leftarrow)$。

于是可知

$$F_{ae}+F_{d2}=707.2+870=1577.2\text{N}<F_{d1}=2305.2\text{N}$$

即轴承 1 被放松，轴承 2 被压紧。

故两轴承的轴向力

$$F_{a1}=F_{d1}=2305.2\text{N}$$

$$F_{a2}=F_{d1}-F_{ae}=1435.2\text{N}$$

(2)计算当量动载荷

$$F_{a1}/F_{r1}=2305.2/3390=0.68=e$$

得 $X_1=1$，$Y_1=0$。

$$F_{a2}/F_{r2}=1435.2/870\approx1.65>e$$

得 $X_2=0.41$，$Y_2=0.87$。

工作中有中等冲击，取 $f_d=1.5$。

故

$$P_1=f_d(X_1F_{r1}+Y_1F_{a1})=1.5\times(1\times3390+0\times2305.2)=5085\text{N}$$

$$P_2=f_d(X_2F_{r2}+Y_2F_{a2})=1.5\times(0.41\times1040+0.87\times1435.2)\approx2512.54\text{N}$$

(3)寿命计算

由于 $P_1>P_2$，故按轴承 1 的寿命计算。

选取 7207AC 轴承，查手册得其基本额定动载荷 $C=29000\text{N}$。

故轴承的寿命

$$L_{h1}=\frac{10^6}{60n}\left(\frac{C}{P_1}\right)^{\varepsilon}=\frac{10^6}{60\times1800}\times\left(\frac{29000}{5085}\right)^3\approx1717.5\text{h}$$

13-6　若将图 13-2-2 中的两轴承换为圆锥滚子轴承，代号为 30207。其他条件同教材例题 13-2，试验算轴承的寿命。

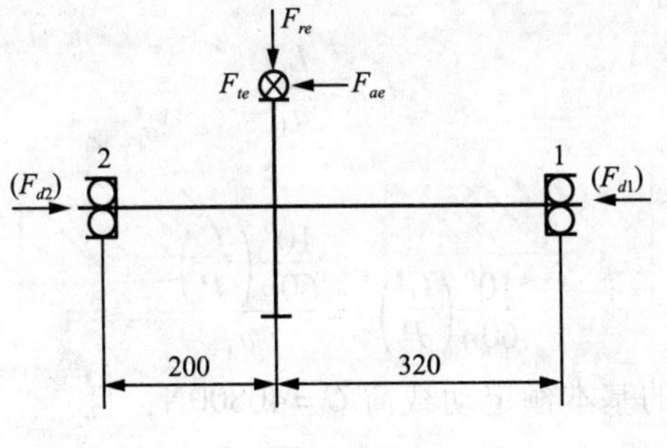

图 13-2-2

解：(1)计算两轴承的轴向载荷

查手册可得 30207 圆锥滚子轴承的判断系数 $e=0.37$，轴向载荷系数 $Y=1.6$，基本额定动载荷 $C_r=54200\text{N}$。查教材表 13-7 可得派生轴向力

$$F_{d1}=F_{r1}/(2Y)=875.65/(2\times1.6)\approx273.64\text{N}$$

$$F_{d2}=F_{r2}/(2Y)=1512.62/(2\times1.6)\approx472.69\text{N}$$

则

$$F_{ae}+F_{d1}=400+273.64=673.64\text{N}>F_{d2}$$

因此，轴承2被压紧，轴承1被放松。

故两轴承的轴向力

$$F_{a1}=F_{d1}=273.64\text{N}$$

$$F_{a2}=F_{ae}+F_{d1}=400+273.64=673.64\text{N}$$

(2)计算当量动载荷

由

$$\frac{F_{a1}}{F_{r1}}=\frac{273.64}{875.65}\approx 0.312<e$$

得 $X_1=1$，$Y_1=0$。

由

$$\frac{F_{a2}}{F_{r2}}=\frac{673.64}{1512.62}\approx 0.445>e$$

得 $X_2=0.40$，$Y_2=1.6$。

轴承运转过程中有中等冲击，取 $f_d=1.5$，故

$$P_1=f_d(X_1F_{r1}+Y_1F_{a1})=1.5\times(1\times 875.65+0\times 273.64)=1313.475\text{N}$$

$$P_2=f_d(X_2F_{r2}+Y_2F_{a2})=1.5\times(0.4\times 1512.62+1.6\times 673.64)=2524.308\text{N}$$

(3)寿命验算

因 $P_1<P_2$，故按轴承2的受力大小进行验算。

$$L_h=\frac{10^6}{60n}\left(\frac{C}{P_2}\right)^{\varepsilon}=\frac{10^6}{60\times 1440}\times\left(\frac{54200}{2524.308}\right)^{\frac{10}{3}}\approx 318426.6\text{h}>L_h'=15000\text{h}$$

因此，所选轴承30207满足寿命要求。

13-7　某轴的一端支点上原采用6308轴承，其工作可靠度为90%，现需将该支点轴承在寿命不降低的条件下将工作可靠度提高到99%，试确定可能用来替换的轴承型号。

解：查教材表13-9得可靠度为99%时的寿命修正系数 $a_1=0.25$。

则相应的基本额定寿命

$$L_{10}=\frac{L_h}{a_1}$$

即

$$\frac{10^6}{60n}\left(\frac{C'}{P}\right)^{\varepsilon}=\frac{\frac{10^6}{60n}\left(\frac{C}{P}\right)^{\varepsilon}}{a_1} \qquad ①$$

查手册得到6308轴承的基本额定动载荷 $C=40800\text{N}$，且

$$L_h=\frac{10^6}{60n}\left(\frac{C}{P}\right)^{\varepsilon}=\frac{10^6}{60n}\times\left(\frac{40800}{P}\right)^3 \qquad ②$$

联立式①②可得用来替换的轴承的基本额定动载荷约为

$$C'=\frac{40800}{\sqrt[3]{0.25}}\approx 64765.96\text{N}$$

查手册，选取6408轴承，其基本额定动载荷 $C=65500\text{N}$，勉强符合要求。

因此，可选用来替换的轴承型号为6408。

13.3 名校考研真题

一、选择题

1. 安装轴承时，施加预紧力的目的是(　　)。[河海大学2025研]

A. 提高旋转精度　B. 提高承载能力　C. 降低噪声　D. 防止轴的窜动

2. 轴承代号7208AC中“08”表示(　　)。[中山大学2015研]

A. 精度等级为8　B. 内径为8mm　C. 内径为40mm　D. 公称接触角40°

3. 跨距较大，承受较大径向力，轴的弯曲刚度较低时应选(　　)。[浙江大学2012研]

A. 深沟球轴承　B. 调心球轴承　C. 圆柱滚子轴承　D. 滚针轴承

4. 代号3112的滚动轴承是(　　)。[中山大学2014研]

A. 角接触轴承　B. 深沟球轴承　C. 圆锥滚子轴承　D. 推力轴承

5. 滚动轴承的基本额定寿命是指一批同型号的轴承，在相同的条件下运转，其中(　　)的轴承所能达到的寿命。[浙江理工大学2019研；浙江大学2012研]

A. 90%　B. 95%　C. 99%　D. 100%

6. 在下面的滚动轴承型号中允许极限转速最高的轴承是(　　)。[北京航空航天大学2016研；湘潭大学2016研]

A. N307/P2　B. 6207/P2　C. 30207　D. 51307/P2

7. 一般转速的滚动轴承计算准则为(　　)。[中山大学2015研]

A. 进行静强度计算　B. 进行极限转速计算

C. 进行疲劳寿命计算　D. 进行热平衡计算

8. 一对面对面安装的轴承，若左右轴承内部轴向力分别为1000N、1200N，外部轴向力为500N，方向向左，则左右轴承的实际轴向力分别为(　　)N。[中国计量学院2019研]

A. 1700，1200　B. 1000，1500　C. 1500，1200　D. 1200，1000

9. 下列各类滚动轴承中，只能承受径向载荷的轴承是(　　)。[重庆理工大学2014研]

A. 深沟球轴承　B. 角接触球轴承　C. 圆柱滚子轴承　D. 圆锥滚子轴承

10. 对支点跨距较大的轴系应采用(　　)的轴承配置方式。[沈阳工业大学2019研]

A. 双支点各单向固定　B. 一支点双向固定、另一端游动

C. 两端游动　D. 任意一种

11. 属于滚动轴承接触式密封的是(　　)。[三峡大学2017研]

A. 迷宫式密封　B. 油沟式密封　C. 毡圈密封　D. 甩油密封

二、填空题

1. 一角接触球轴承，内径为85mm，宽度系列0，直径系列3，接触角15°，公差等级为6级，其代号为______。[四川大学2013研]

2. 滚动轴承按照公称接触角不同，可分为：______和______。[中山大学2013研]

3. 滚动轴承内圈与轴的公差配合为______制，而外圈与座孔的配合采用______制。与滚动轴承7118相配合的轴径尺寸是______ mm。[厦门大学2012研]

4. 角接触球轴承______越大，其______承载能力就越大。[湘潭大学2016研]

5. 61313轴承，其类型是______轴承，内径______ mm，______级精度。[常州大学2015研]

6. 滚动轴承的承载方向与能力皆与______有关。[中山大学2014研]

7. 滚动轴承预紧的目的是为了提高轴承的______和______。[武汉理工大学2017研]

8. 有一滚动轴承的代号为6208/P5，轴孔内径为______。[西北工业大学2015研]

9. 角接触球轴承的寿命为 L，将动载荷减小一倍后的寿命为______。[西北工业大学2023研]

10. 选用滚动轴承润滑油时，轴承的载荷越大，选用润滑油的黏度越______；转速越高，选用黏度越______。[长沙理工大学2019研]

11. 在基本额定动载荷作用下，滚动轴承可以工作______转而不发生点蚀失效，其可靠度为______。[长沙理工大学2018研]

12. 滚动轴承部件在支承轴时，若采用双支点单向固定方式安装，其适用条件应该是工作时温升______或轴的跨距______的场合。[长安大学2025研]

三、判断题

1. 滚动轴承的外圈与轴承座孔的配合应采用基孔制。(　　)[浙江大学2013研]

2. 手册中列有各种轴承的极限转速，不是一成不变的，当采用可靠的润滑冷却措施时，可以在高于极限速度1~2倍的条件下运转。(　　)[四川大学2013研]

3. 代号相同的两只滚动轴承，使用条件相同时其寿命相同。(　　)[浙江大学2012研]

4. 深沟球轴承主要承受径向力也可承受较小的双向轴向力。(　　)[中山大学2015研]

5. 在高速、轻载情况下，深沟球轴承可代替推力轴承。(　　)[浙江大学2013研]

四、简答题

1. 角接触球轴承的派生轴向力是如何生成的？在什么样的工作情况下，角接触球轴承的轴向力可按照 $F_a = 1.7F_r\tan\alpha$ 计算？[西北工业大学2023研]

2. 请比较分析滑动轴承与滚动轴承的各自特点及其应用场合。[广东工业大学2018研]

3. 试分析比较滚动轴承、液体润滑滑动轴承、非液体润滑滑动轴承的特点及应用(提示：从摩擦系数的大小、工作转速的高低、是否可用于频繁启动的场合、承受冲击载荷的能力、回转精度等方面进行论述)。[浙江大学2006研]

4. 已知轴承代号7312B，它代表的含义是什么？[中山大学2013研]

5. 为什么要调整轴承游隙？如何调整？[厦门大学2012研]

6. 球轴承和滚子轴承各有什么特点？适用于什么场合？[中国科学技术大学2013研]

五、计算题

1. 图13-3-1所示轴用两个同型号的滚动轴承支承，常温下工作。已知：两齿轮上的轴向力分别为 $F_{A1} = 2000\text{N}$，$F_{A2} = 1100\text{N}$，方向如图；两轴承所受的径向载荷分别为 $F_{r1} = 3600\text{N}$，$F_{r2} = 6000\text{N}$。载荷有轻微冲击，取 $f_p = 1.2$；轴的转速 $n = 1470\text{r/min}$；预期寿命 $L_{10} = 5000\text{h}$。试确定：

(1)两轴承的轴向载荷 F_{a1}、F_{a2}；

(2)两轴承的当量动载荷 P_1、P_2；

(3)轴承的寿命是否满足要求。附注：可能用到的公式和资料：

①$S = 0.7F_r$，$e = 0.68$，$C_r = 47500\text{N}$。

②当 $F_a/F_r \leq e$ 时，$X = 1$、$Y = 0$；

当 $F_a/F_r > e$ 时，$X = 0.41$、$Y = 0.87$。[华中科技大学2012研]

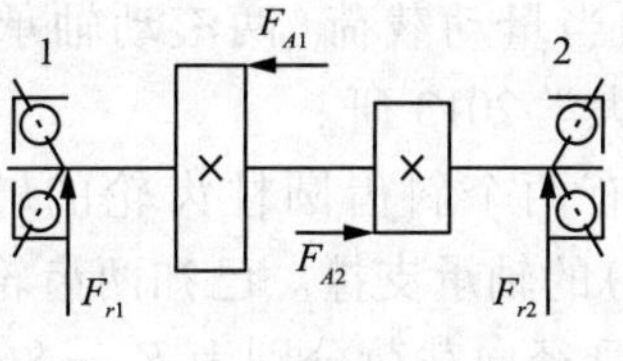

图 13-3-1

2. 某减速器轴上装有一对 30312 轴承，已查出 $C=101000\text{N}$，判断系数 $e=0.30$，$x=0.4$，$y=2$，轴的转速 $n=10000\text{r/min}$，受力如图 13-3-2 所示，已求出两轴承的径向支反力 $F_{r_1}=6000\text{N}$，$F_{r_2}=8000\text{N}$，齿轮的轴向力 $F_A=1000\text{N}$，载荷系数 $f_d=1$，试求轴承寿命为多少小时？$\left(F_S=\dfrac{F_r}{2y},\ \varepsilon=\dfrac{10}{3}\right)$［四川大学 2013 研］

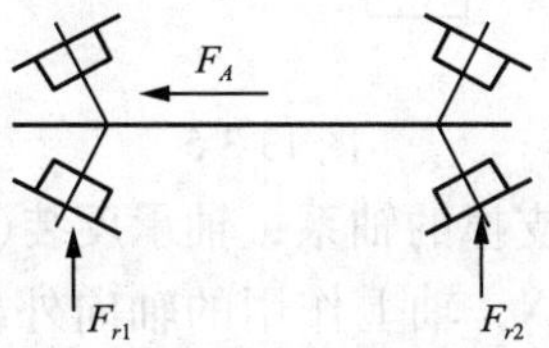

图 13-3-2

3. 如图 13-3-3 所示，某轴由一对 7209AC 轴承支承，轴承采用面对面安装形式。已知两轴承径向载荷分别为 $F_{r1}=3000\text{N}$，$F_{r2}=4000\text{N}$，轴上作用有轴向外载荷 $A=1800\text{N}$。载荷平稳，在室温下工作，转速 $n=1000\text{r/min}$。该轴承额定动载荷 $C=29800\text{N}$，内部轴向力 $S=0.4F_r$，$e=0.68$，当量动载荷系数如下表所示。试计算此对轴承的使用寿命。［中山大学 2015 研］

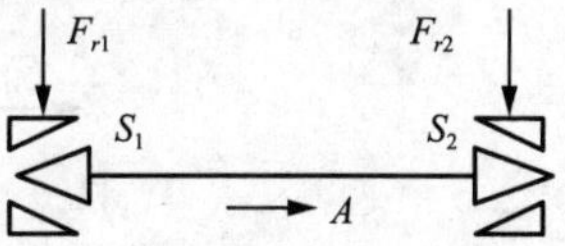

图 13-3-3

表 13-3-1

$F_a/F_r>e$		$F_a/F_r\leqslant e$	
X	Y	X	Y
0.41	0.87	1	0

4. 图 13-3-4 所示为一单向运转轴系，已知斜齿轮 Z_2 和斜齿轮 Z_3 所受的轴向力分别为 $F_{a2}=3000\text{N}$ 和 $F_{a3}=6000\text{N}$。运动从斜齿轮 Z_2 上端传入，斜齿轮 Z_3 上端传出，如此时轴承 1 的反力为 $R_1=5000\text{N}$，轴承 2 的反力为 $R_2=12000\text{N}$，$S=0.7R$。试确定：

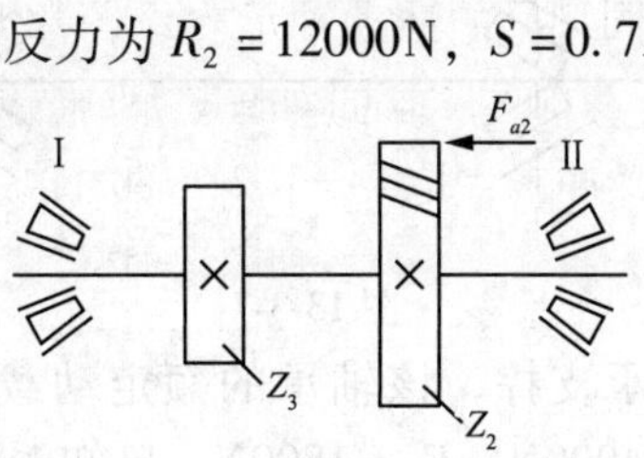

图 13-3-4

（1）希望该轴上齿轮产生的轴向力能相互抵消一部分，试分析该轴的转向、并标出斜齿轮 Z_3 所受轴向力 F_{a3} 的方向；

(2)滚动轴承计算时所用的当量动载荷(两滚动轴承型号相同，且取 $X=0.35$，$Y=0.57$，载荷系统 $K_p=1$)。[浙江大学 2013 研]

5. 如图 13-3-5 所示，安装有两个斜齿圆柱齿轮的转轴用一对代号为 7210AC($F_s=0.68F_r$，F_s 是轴承的内部轴向力)的轴承支撑。已知两齿轮上的轴向力分别为 $F_{A1}=3000\text{N}$，$F_{A2}=5000\text{N}$，方向如图。轴承所受径向载荷分别为 $F_{r1}=8600\text{N}$，$F_{r2}=12500\text{N}$，求两轴承的轴向力 F_{a1}，F_{a2}。[厦门大学 2013 研]

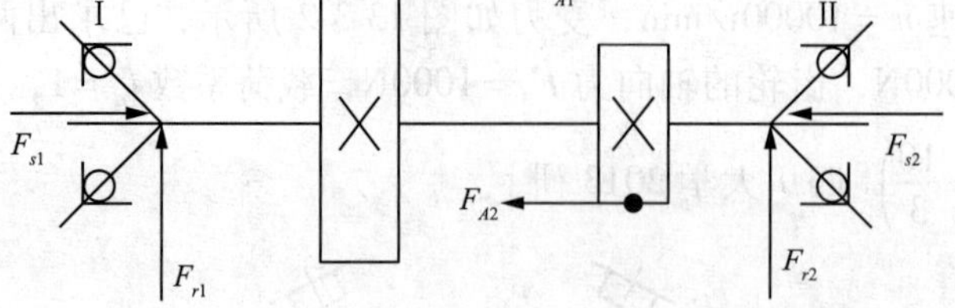

图 13-3-5

6. 如图 13-3-6 所示一对轴承支撑的轴系，轴承反装(背靠背)，已知两个轴承的径向载荷分别为 $F_{R1}=2500\text{N}$，$F_{R2}=5000\text{N}$，轴上作用的轴向外载荷 $F_A=1000\text{N}$，轴承内部轴向力 $F_s=0.7F_R$。试求轴承 1 和轴承 2 的轴向载荷 F_{a1}、F_{a2}。[常州大学 2015 研]

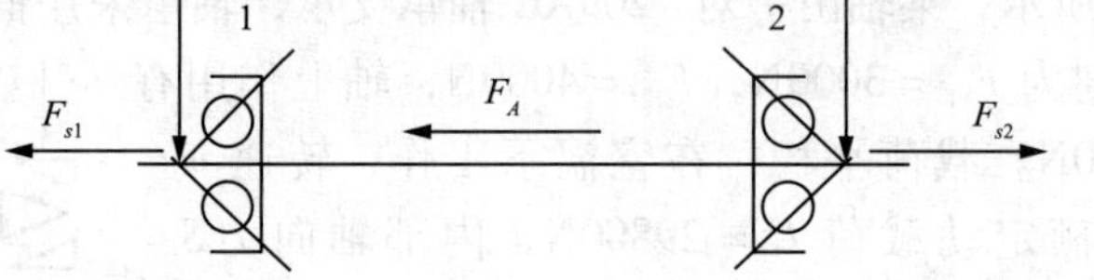

图 13-3-6

7. 如图 13-3-7 所示轴的两支点上各安装一个圆锥滚子轴承。已知轴承的预期寿命为 $L_h=15000$ 小时，寿命指数 $\varepsilon=10/3$；轴承所受径向载荷 $F_{r1}=5000\text{N}$，$F_{r2}=4000\text{N}$；外加轴向载荷 $F_a=1000\text{N}$，方向如图所示；派生轴向力 $F_d=F_r/(2Y)$；温度系数 $f_r=1$，载荷系数 $f_d=1.2$；轴的转速 $n=1500\text{r/min}$；当 $F_a/F_r\leqslant e$ 时，径向载荷系数 $X=1$，轴向载荷系数 $Y=0$，当 $F_a/F_r>e$ 时，$X=0.4$，$Y=2.06$；判断系数 $e=0.29$。试计算轴承需要的基本额定动载荷。[湘潭大学 2016 研]

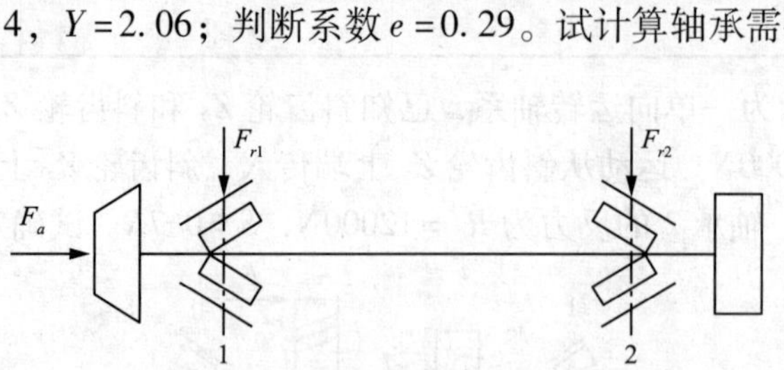

图 13-3-7

8. 某轴用一对 7209AC 轴承支撑，该轴承的额定动载荷 $C=29.8\text{kN}$。受力情况如图 13-3-8所示，$F_{r1}=3000\text{N}$，$F_{r2}=4000\text{N}$，$F_A=1800\text{N}$。已知派生轴向力 $F_d=0.68F_r$，$e=0.68$。当 $\dfrac{F_a}{F_r}\leqslant e$ 时，$X=1$，$Y=0$；当 $\dfrac{F_a}{F_r}>e$ 时，$X=0.41$，$Y=0.87$。

(1)说明轴承代号 7209AC 的含义；

(2)指出两种安装形式的名称及其特点；

(3)以轴承的寿命为指标，评判哪种安装形式更好。[广东工业大学 2018 研]

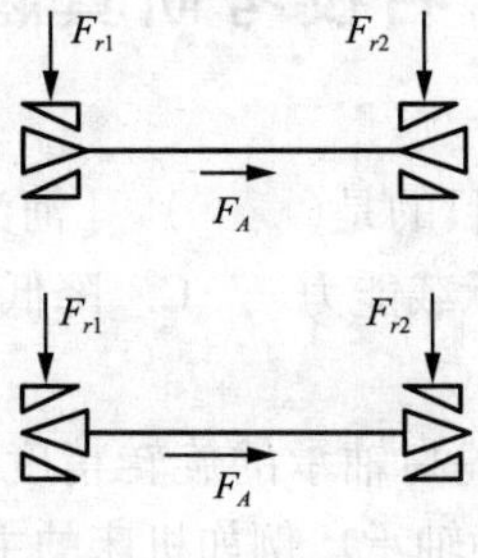

图 13-3-8

9. 如图 13-3-9 所示轴系采用一对 7210AC 轴承支承，已知轴承径向载荷 $F_{R1}=2000$N，$F_{R2}=1500$N，转速 $n=1460$r/min。轴承的基本额定动载荷 $C=32.8$kN，$e=0.7$，当 $\frac{F_A}{F_R}>e$ 时，$X=0.41$，$Y=0.87$。轴承的预期寿命为 $L_h'=15000$h，取载荷系数 $f_p=1$，$f_t=1$。求轴上允许的最大轴向载荷 F_a。(附：轴承寿命公式 $L_h=\frac{10^6}{60n}\left(\frac{Cf_t}{P}\right)^{\varepsilon}$)[武汉理工大学 2017 研]

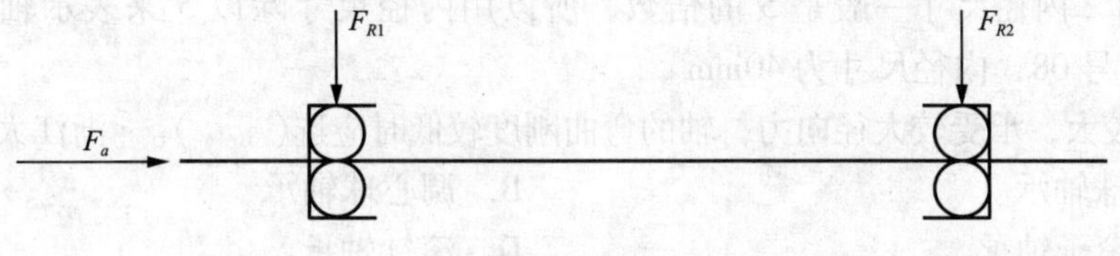

图 13-3-9

10. 如图 13-3-10 所示一对同型号的 30000 型滚动轴承，已知轴承所受径向支反力 $F_{r1}=6000$N，$F_{r2}=8000$N，轴右端悬臂布置的圆锥齿轮所受轴向力 $F_A=1000$N(请自己判断该力的方向，并设其作用于轴心)；查得额定动负载和 C_r 等于 101kN，轴的转速 $n=10000$r/min，$f_d=f_t=1$，试求最先失效的轴承的寿命是多少小时？[山东大学 2017 研]

表 13-3-2

$F_a/F_r \leq e$		$F_a/F_r > e$		e	F_s
X	Y	X	Y		
1	0	0.40	2	0.3	$0.25F_r$

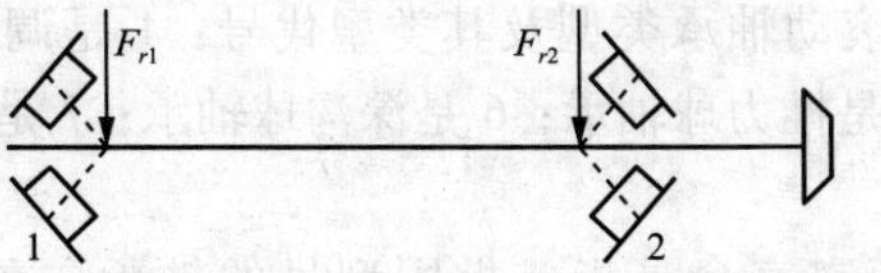

图 13-3-10

11. 欲对一批同型号滚动轴承做寿命试验，若同时投入 100 个轴承进行试验，按其基本额定动载荷值加载，试验机主轴转速为 1000r/min。

(1)若预计该批轴承为正品，则试验进行 16 小时 40 分钟，应约为多少个轴承没失效，即功能仍完好？

(2)在什么情况下计算滚动轴承寿命时，需引入载荷系数和温度系数？[浙江科技学院 2019 研]

13.4 名校考研真题详解

一、选择题

1．安装轴承时，施加预紧力的目的是(　　)。[河海大学 2025 研]

A．提高旋转精度　　B．提高承载能力　　C．降低噪声　　D．防止轴的窜动

【答案】A

【解析】滚动轴承的预紧：为了提高轴承的旋转精度，增加轴承装置的刚性，减小机器工作时轴的振动，常采用预紧的滚动轴承。例如机床的主轴轴承，常用预紧来提高其旋转精度与轴向刚度。

2．轴承代号 7208AC 中“08”表示(　　)。[中山大学 2015 研]

A．精度等级为 8　　B．内径为 8mm

C．内径为 40mm　　D．公称接触角 40°

【答案】C

【解析】轴承基本代号中从右往左数第一、二位是轴承内径代号，当轴承内径在 20～480mm 之间时，内径尺寸一般是 5 的倍数，所以用内径尺寸除以 5 来表示轴承内径代号，本题中内径代号 08，内径尺寸为 40mm。

3．跨距较大，承受较大径向力，轴的弯曲刚度较低时应选(　　)。[浙江大学 2012 研]

A．深沟球轴承　　B．调心球轴承

C．圆柱滚子轴承　　D．滚针轴承

【答案】B

【解析】A 项，深沟球轴承适用于转速高的轴；B 项，调心球轴承主要承受径向载荷，也可承受小的轴向载荷，适用于多支点和弯曲刚度不足的轴以及难以对中的轴；C 项，圆柱滚子轴承适用于刚性很大、对中良好的轴；D 项，滚针轴承适用于径向载荷很大而径向尺寸受限制与刚度大的场合。

4．代号 3112 的滚动轴承是(　　)。[中山大学 2014 研]

A．角接触轴承　　B．深沟球轴承

C．圆锥滚子轴承　　D．推力轴承

【答案】C

【解析】一般情况下的滚动轴承类型及其类型代号：1 是调心球轴承；2 是调心滚子轴承；3 是圆锥滚子轴承；5 是推力球轴承；6 是深沟球轴承；7 是角接触球轴承；N 是圆柱滚子轴承。

5．滚动轴承的基本额定寿命是指一批同型号的轴承，在相同的条件下运转，其中(　　)的轴承所能达到的寿命。[浙江理工大学 2019 研；浙江大学 2012 研]

A．90%　　B．95%　　C．99%　　D．100%

【答案】A

【解析】一批同型号的轴承，在相同的条件下运转，其中 10% 的轴承已发生疲劳点蚀，而 90% 的轴承尚未发生疲劳点蚀时所能达到的总转数称为轴承的基本额定寿命。载荷越大，其基本额定寿命越短。

6．在下面的滚动轴承型号中允许极限转速最高的轴承是(　　)。[北京航空航天大学 2016 研；湘潭大学 2016 研]

A. N307/P2　　B. 6207/P2　　C. 30207　　D. 51307/P2

【答案】B

【解析】A 项，N307 为圆柱滚子轴承，其允许的极限转速高；B 项，6207 为深沟球轴承，其允许的极限转速高；C 项，30207 为圆锥滚子轴承，其允许的极限转速中等；D 项，51307 为推力球轴承，其允许的极限转速低。由于圆柱滚子为线接触，球为点接触，故深沟球轴承的极限转速要高于圆柱滚子轴承，故答案选 B。

7. 一般转速的滚动轴承计算准则为(　　)。[中山大学 2015 研]

A. 进行静强度计算　　B. 进行极限转速计算

C. 进行疲劳寿命计算　　D. 进行热平衡计算

【答案】C

【解析】滚动轴承的失效形式有三种：疲劳点蚀，塑性变形和磨损、胶合。对于一般转速的轴承，疲劳点蚀为主要的失效形式，因此以疲劳强度为依据进行轴承的寿命计算。

8. 一对面对面安装的轴承，若左右轴承内部轴向力分别为 1000N、1200N，外部轴向力为 500N，方向向左，则左右轴承的实际轴向力分别为(　　)N。[中国计量学院 2019 研]

A. 1700，1200　　B. 1000，1500　　C. 1500，1200　　D. 1200，1000

【答案】A

【解析】由题意知，轴承正装，$F_{d1}=1000\text{N}$，$F_{d2}=1200\text{N}$，$F_{ae}=500\text{N}$。$F_{ae}+F_{d2}>F_{d1}$，相当于轴承 1 被压紧，轴承 2 被放松，故 $F_{a2}=F_{d2}=1200\text{N}$，$F_{a1}=F_{ae}+F_{d2}=1200+500=1700\text{N}$。

9. 下列各类滚动轴承中，只能承受径向载荷的轴承是(　　)。[重庆理工大学 2014 研]

A. 深沟球轴承　　B. 角接触球轴承

C. 圆柱滚子轴承　　D. 圆锥滚子轴承

【答案】C

【解析】深沟球轴承主要承受径向载荷，同时可以承受小的轴向载荷；角接触球轴承可以同时承受径向载荷和轴向载荷；圆锥滚子轴承可以同时承受径向载荷和轴向载荷；圆柱滚子轴承有很大的径向承载能力。故选 C 项。

10. 对支点跨距较大的轴系应采用(　　)的轴承配置方式。[沈阳工业大学 2019 研]

A. 双支点各单向固定　　B. 一支点双向固定、另一端游动

C. 两端游动　　D. 任意一种

【答案】B

【解析】当轴的跨距比较大时，工作过程中的温升使轴可能产生较大程度的游动，如果采用双支点固定会造成轴内应力增大，因此对于支点跨距较大时，需要使用一端支点双向固定，另一端游动的方式。故选 B 项。

11. 属于滚动轴承接触式密封的是(　　)。[三峡大学 2017 研]

A. 迷宫式密封　　B. 油沟式密封　　C. 毡圈密封　　D. 甩油密封

【答案】C

【解析】滚动轴承接触式密封包括：毡圈密封、唇形密封圈密封和密封环密封。非接触式密封包括：隙缝密封、甩油密封及曲路密封。故选 C 项。

二、填空题

1. 一角接触球轴承，内径为 85mm，宽度系列 0，直径系列 3，接触角 15°，公差等级

为 6 级，其代号为______。[四川大学 2013 研]

【答案】7317C/P6

【解析】接触角为 15°的角接触球轴承，其基本代号为 70000C。其中左边第二个数字，应为宽度系列，为 0 时可省略。第三个数字为直径系列，应为 3。第四个和第五个数字表示内径代号，为内径除以 5 得到的商，即 17。后置代号中公差等级为 6 级，用/P6 表示。故其代号为 7317C/P6。

2．滚动轴承按照公称接触角不同，可分为：______和______。[中山大学 2013 研]

【答案】向心轴承；推力轴承

【解析】本题考查滚动轴承的分类。按照承受载荷的方向或公称接触角的不同，滚动轴承可分为：①向心轴承，主要用于承受径向载荷，其公称接触角 $0° \leqslant \alpha \leqslant 45°$；②推力轴承，主要用于承受轴向载荷，其公称接触角 $45° < \alpha \leqslant 90°$。

3．滚动轴承内圈与轴的公差配合为______制，而外圈与座孔的配合采用______制。与滚动轴承 7118 相配合的轴径尺寸是______ mm。[厦门大学 2012 研]

【答案】基孔；基轴；90

【解析】由于滚动轴承是标准件，为了便于互换及适应大量生产，规定：轴承内圈孔与轴的配合采用基孔制，轴承外圈与轴承座孔的配合采用基轴制。

4．角接触球轴承______越大，其______承载能力就越大。[湘潭大学 2016 研]

【答案】接触角；轴向

【解析】轴承的接触角指向心推力轴承的滚动体与外圈接触点处的法线方向与半径方向的夹角 α。α 越大，其在轴向的分力 $\sin\alpha$ 越大。轴向接触($\alpha = 90°$)推力轴承只能承受轴向载荷。径向接触($\alpha = 0°$)向心轴承，当以滚子为滚动体时，只能承受径向载荷。

5．61313 轴承，其类型是______轴承，内径______ mm，______级精度。[常州大学 2015 研]

【答案】深沟球；65；0

【解析】本题考查代号的含义。左起第一位数字(或字母)表示轴承的类型，第二位和第三位数字表示轴承的直径系列和宽度系列，第四位和第五位数字表示轴承的内径，后置代号中，0 级公差等级和 0 组游隙可不标出。故 61313 表示内径为 65mm，0 级精度的深沟球轴承。

6．滚动轴承的承载方向与能力皆与______有关。[中山大学 2014 研]

【答案】接触角

【解析】公称接触角 $0° \leqslant \alpha \leqslant 45°$时，主要用于承受径向载荷；公称接触角 $45° < \alpha \leqslant 90°$时，主要用于承受轴向载荷。

7．滚动轴承预紧的目的是为了提高轴承的______和______。[武汉理工大学 2017 研]

【答案】刚性；旋转精度

【解析】对某些可调游隙式轴承，在安装时给予一定的轴向压紧力(预紧力)，使内、外圈产生相对位移而消除游隙，并在套圈和滚动体接触处产生弹性预变形，借此提高轴的旋转精度和刚度，这种方法称为轴承的预紧。预紧力可以利用金属垫片或磨窄套圈等方法获得。

8．有一滚动轴承的代号为 6208/P5，轴孔内径为______。[西北工业大学 2015 研]

【答案】40mm

【解析】该深沟球轴承的内径代号为 08，故其内径为 $8 \times 5 = 40$mm。

9．角接触球轴承的寿命为 L，将动载荷减小一倍后的寿命为______。［西北工业大学 2023 研］

【答案】8L

【解析】滚动轴承寿命的计算公式为 $L_{10}=(C/P)^{\varepsilon}$。式中，$L_{10}$ 的单位为 10^6r；ε 为指数。对于球轴承，$\varepsilon=3$。故若动载荷减小一倍，即为 $P/2$ 时，寿命为 $(2C/P)^3=8(C/P)^3=8L$。

10．选用滚动轴承润滑油时，轴承的载荷越大，选用润滑油的黏度越______；转速越高，选用黏度越______。［长沙理工大学 2019 研］

【答案】高；低

【解析】本题考查滚动轴承润滑方式的选择。当轴承的载荷越大时，润滑油的黏度要越高，以保证正常工作；相反，当轴承的转速越高，润滑油的黏度越低。

11．在基本额定动载荷作用下，滚动轴承可以工作______转而不发生点蚀失效，其可靠度为______。［长沙理工大学 2018 研］

【答案】10^6；90%

【解析】本题考查基本额定寿命的概念，多以填空题或选择题的方式出现，需要注意题目的不同表述。

12．滚动轴承部件在支承轴时，若采用双支点单向固定方式安装，其适用条件应该是工作时温升______或轴的跨距______的场合。［长安大学 2025 研］

【答案】较低；较小

【解析】双支点单向固定方式是指轴的两个支点（轴承）在轴向方向上均被固定，轴的热膨胀只能通过轴承内部的游隙或弹性变形来补偿。因此，这种安装方式对温升和轴的跨距有较高的要求。如果工作温升较高，轴会因热膨胀而产生较大的轴向伸长。在双支点单向固定方式下，轴向伸长无法自由释放，可能导致轴承内部产生过大的轴向力，甚至损坏轴承。因此，这种安装方式适用于温升较低的场合。轴的跨距较大时，轴的热膨胀量会显著增加。如果采用双支点单向固定方式，轴的热膨胀会受到限制，可能引起轴承过载或轴弯曲。因此，这种安装方式适用于轴的跨距较小的场合。

三、判断题

1．滚动轴承的外圈与轴承座孔的配合应采用基孔制。（　　）［浙江大学 2013 研］

【答案】错

【解析】由于轴承是属于标准件，所以在与轴承配合时，轴承外圈与轴承座孔采用的是基轴制，轴承内圈孔与轴采用的是基孔制。

2．手册中列有各种轴承的极限转速，不是一成不变的，当采用可靠的润滑冷却措施时，可以在高于极限速度 1～2 倍的条件下运转。（　　）［四川大学 2013 研］

【答案】对

【解析】轴承极限转速的高低与轴承的类型、负荷、精度、尺寸、润滑、游隙、保持架及冷却条件等有关。影响极限转速的最主要的因素是轴承材料所容许的工作温度或润滑剂。各种型号轴承的极限转速都列于《滚动轴承产品样本》轴承尺寸与性能表中，它们分别是在油润滑和脂润滑的条件下确定的，当更换润滑方式后，轴承极限转速会变动。

3．代号相同的两只滚动轴承，使用条件相同时其寿命相同。（　　）［浙江大学 2012 研］

【答案】错

【解析】一批同型号的轴承，由于其材料均匀程度、加工、热处理、装配精度等方面不可避免、随机的差异，即使在同样工作条件下使用，每个轴承的使用寿命也不是相等的，寿命最长和最短可相差很多倍。

4. 深沟球轴承主要承受径向力也可承受较小的双向轴向力。(　　)[中山大学2015研]

【答案】对

【解析】深沟球轴承包括外圈、内圈、滚珠以及保持架，保持架可以使轴承承受较小的轴向力。在有高转速和轻量化要求的场合，可用来承受单向或双向的轴向载荷。

5. 在高速、轻载情况下，深沟球轴承可代替推力轴承。(　　)[浙江大学2013研]

【答案】对

【解析】深沟球轴承主要承受径向载荷，也可承受一定的双向轴向载荷，当转速很高而轴向载荷不太大时，深沟球轴承可代替推力球轴承承受纯轴向载荷。

四、简答题

1. 角接触球轴承的派生轴向力是如何生成的？在什么样的工作情况下，角接触球轴承的轴向力可按照 $F_a=1.7F_r\tan\alpha$ 计算？[西北工业大学2023研]

答：(1)当角接触球轴承或圆锥滚子轴承承受径向载荷 F_r 时，由于滚动体与滚道的接触线与轴承轴线之间夹一个接触角 α，因而各滚动体的反力 F'_{Ni} 并不指向半径方向，它可以分解为一个径向分力和一个轴向分力。用 F_{Ni} 代表某一个滚动体反力的径向分力，则相应的轴向分力 F_{di} 应等于 $F_{Ni}\tan\alpha$。所有径向分力 F_{Ni} 的向量和与径向载荷 F_r 相平衡；所有的轴向分力 F_{di} 之和组成轴承的派生轴向力 F_d。

(2)全部滚动体同时受载时，角接触球轴承的轴向力可按照 $F_a=1.7F_r\tan\alpha$ 计算。

2. 请比较分析滑动轴承与滚动轴承的各自特点及其应用场合。[广东工业大学2018研]

答：(1)滑动轴承：

①特点：结构简单，承载能力高，极限转速高，可制成剖分式。

②应用场合：适用于某些不能、不便或使用滚动轴承没有优势的场合，如工作转速特高、特大冲击与振动、径向空间尺寸受到限制或必须剖分安装，以及需在水或腐蚀性介质中工作等场合。

(2)滚动轴承：

①特点：摩擦系数小，启动阻力小，旋转精度高，选用、润滑、维护都很方便。

②应用场合：在一般机器、无特殊要求的场合被广泛使用。

3. 试分析比较滚动轴承、液体润滑滑动轴承、非液体润滑滑动轴承的特点及应用(提示：从摩擦系数的大小、工作转速的高低、是否可用于频繁启动的场合、承受冲击载荷的能力、回转精度等方面进行论述)。[浙江大学2006研]

答：比较见表13-4-1。

表 13-4-1

比较项目	滚动轴承	滑动轴承	
		非液体摩擦	液体摩擦
摩擦系数及效率	$f=0.0015\sim0.008$ $\eta=0.99\sim0.999$	$f=0.008\sim0.1$ $\eta=0.95\sim0.97$	$f=0.001\sim0.008$ $\eta=0.995\sim0.999$
适用	低中速、噪声较大， 适合经常启动的情况	低速、无噪声， 不宜频繁启动	中高速、无噪声， 不宜频繁启动

续表

比较项目	滚动轴承	滑动轴承	
		非液体摩擦	液体摩擦
回转精度	较高	较低	一般较高
承受冲击荷载能力	较差	较好	好
维护成本	对灰尘敏感，需密封，润滑简单，耗油量少，不需经常照料	不需密封，但需润滑装置，耗油量较多，需经常照料	
其他	径向大、轴向小 为大量供应的标准件	径向小、轴向大 一般要消耗有色金属，且要自行加工	

4．已知轴承代号7312B，它代表的含义是什么？［中山大学2013研］

答：轴承代号7312B的含义：

(1)“7”表示该轴承的类型为角接触球轴承。

(2)该轴承代号宽度系列代号已省略，说明该轴承的宽度系列代号为“0”，“窄”系列。

(3)“3”表示该轴承的直径系列为“中”系列。

(4)“12”表示该轴承的内径尺寸为60mm。

(5)“B”表示该角接触球轴承的公称接触角为40°。

5．为什么要调整轴承游隙？如何调整？［厦门大学2012研］

答：(1)调整轴承游隙的原因：若轴承游隙过小，轴承在工作中就会引起异常发热；若游隙过大，则会引起较大的振动和噪声。

(2)调整轴承游隙的方式：①可通过端盖下的垫片来调整；②通过轴上的圆螺母来调整。

6．球轴承和滚子轴承各有什么特点？适用于什么场合？［中国科学技术大学2013研］

答：(1)球轴承和滚子轴承的特点：

①球轴承的特点：工作时是点接触，相对转速快，工作噪音小。

②滚子轴承的特点：工作时是线接触，承载能力大，工作噪音较大。

(2)球轴承和滚子轴承各自适用的场合：

①球轴承适用于要求转速较高，载荷较小，且要求经济性好的场合。

②滚子轴承适用于转速不高，载荷较大或有冲击载荷的场合。

五、计算题

1．图13-4-1所示轴用两个同型号的滚动轴承支承，常温下工作。已知：两齿轮上的轴向力分别为 $F_{A1}=2000\text{N}$，$F_{A2}=1100\text{N}$，方向如图；两轴承所受的径向载荷分别为 $F_{r1}=3600\text{N}$，$F_{r2}=6000\text{N}$。载荷有轻微冲击，取 $f_p=1.2$；轴的转速 $n=1470\text{r/min}$；预期寿命 $L_{10}=5000\text{h}$。试确定：

(1)两轴承的轴向载荷 F_{a1}、F_{a2}；

(2)两轴承的当量动载荷 P_1、P_2；

(3)轴承的寿命是否满足要求。附注：可能用到的公式和资料：

①$S=0.7F_r$，$e=0.68$，$C_r=47500\text{N}$。

②当 $F_a/F_r\leqslant e$ 时，$X=1$、$Y=0$；

当 $F_a/F_r>e$ 时，$X=0.41$、$Y=0.87$。［华中科技大学2012研］

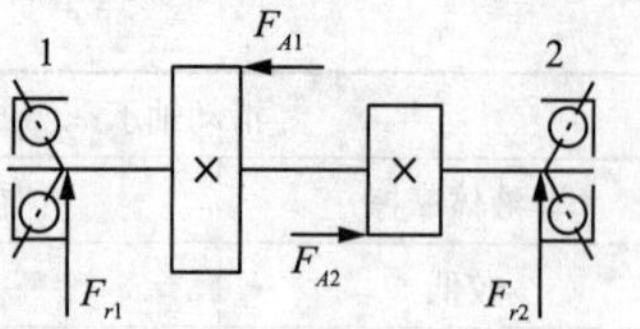

图 13-4-1

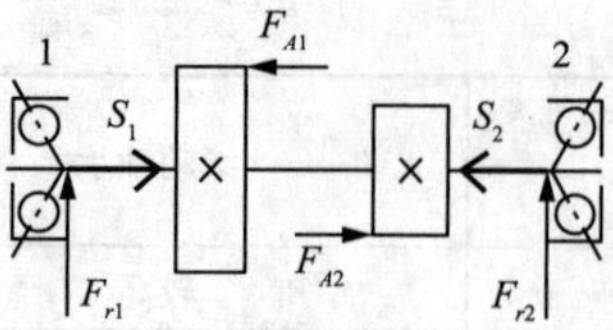

图 13-4-2

解：(1)受力分析如图 13-4-2 所示。

轴承 1 的派生轴向力 $S_1=0.7F_{r1}=0.7\times3600=2520\text{N}$。

轴承 2 的派生轴向力 $S_2=0.7F_{r2}=0.7\times6000=4200\text{N}$。

轴上齿轮的总轴向力 $F_A=F_{A1}-F_{A2}=900\text{N}$，方向水平向左。

由于 $S_2+F_A=4200+900=5100\text{N}>S_1$，故轴承 1 被压紧，轴承 2 被放松。

轴承 1 的轴向载荷 $F_{a1}=S_2+F_A=5100\text{N}$。

轴承 2 的轴向载荷 $F_{a2}=S_2=4200\text{N}$。

(2)对轴承 1 而言：由于$\dfrac{F_{a1}}{F_{r1}}=\dfrac{5100}{3600}\approx1.417>e$，故 $X_1=0.41$，$Y_1=0.87$。轴承 1 的当量动载荷为：

$$P_1=f_p(X_1F_{r1}+Y_1F_{a1})=1.2\times(0.41\times3600+0.87\times5100)=7095.6\text{N}$$

对轴承 2 而言：由于$\dfrac{F_{a2}}{F_{r2}}=\dfrac{4200}{6000}=0.7>e$，故 $X_2=0.41$，$Y_2=0.87$，轴承 2 的当量动载荷为

$$P_2=f_p(X_2F_{r2}+Y_2F_{a2})=1.2\times(0.41\times6000+0.87\times4200)=7336.8\text{N}$$

(3)因为 $P_1<P_2$，所以按 P_2 计算轴承寿命。

①若为球轴承 $\varepsilon=3$，轴承的寿命：

$$L_h=\frac{10^6}{60n}\left(\frac{C_r}{P}\right)^{\varepsilon}=\frac{10^6}{60\times1470}\left(\frac{47500}{7336.8}\right)^3\approx3076.75\text{h}<L_{10}=5000\text{h}$$

则轴承的寿命不满足要求。

②若为滚子轴承 $\varepsilon=\dfrac{10}{3}$，轴承的寿命：

$$L_h=\frac{10^6}{60n}\left(\frac{C_r}{P}\right)^{\varepsilon}=\frac{10^6}{60\times1470}\left(\frac{47500}{7336.8}\right)^{\frac{10}{3}}\approx5734.40\text{h}>L_{10}=5000\text{h}$$

则轴承的寿命满足要求。

2. 某减速器轴上装有一对 30312 轴承，已查出 $C=101000\text{N}$，判断系数 $e=0.30$，$x=0.4$，$y=2$，轴的转速 $n=10000\text{r/min}$，受力如图 13-4-3 所示，已求出两轴承的径向支反力 $F_{r_1}=6000\text{N}$，$F_{r_2}=8000\text{N}$，齿轮的轴向力 $F_A=1000\text{N}$，载荷系数 $f_d=1$，试求轴承寿命为多少小时？$\left(F_S=\dfrac{F_r}{2y},\ \varepsilon=\dfrac{10}{3}\right)$［四川大学 2013 研］

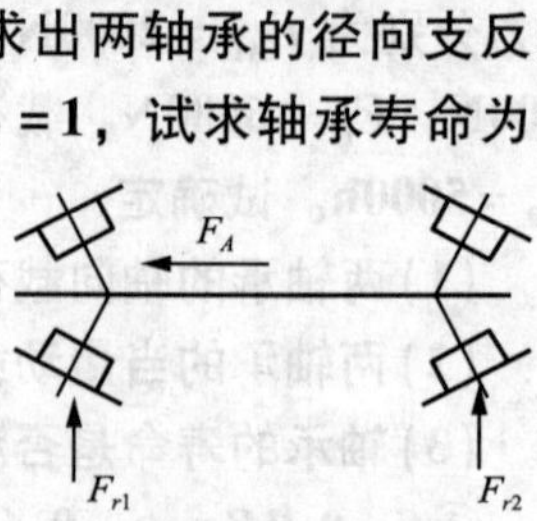

图 13-4-3

解：(1)求派生轴向力 F_{S1}、F_{S2}

由题意知，该轴承为圆锥滚子轴承，查表知，$F_S=\dfrac{F_r}{2y}$，则

$$F_{S1}=\frac{F_{r1}}{2y}=\frac{6000}{2\times2}=1500\text{N}$$

$$F_{S2}=\frac{F_{r2}}{2y}=\frac{8000}{2\times 2}=2000\text{N}$$

(2)求轴向力 F_{a1}、F_{a2}

因为 $F_A+F_{S2}=1000+2000=3000\text{N}>F_{S1}=1500\text{N}$

所以 $\begin{cases}F_{a1}=F_A+F_{S2}=1000+2000=3000\text{N}(\text{被压紧})\\F_{a2}=F_{S2}=2000\text{N}(\text{被放松})\end{cases}$

(3)求当量动载荷 P_1、P_2

$$\frac{F_{a1}}{F_{r1}}=\frac{3000}{6000}=0.5>e=0.30$$

由题意并查表知，$X_1=0.4$，$Y_1=2$。

$$P_1=f_d(X_1F_{r1}+Y_1F_{a1})=1\times(0.4\times 6000+2\times 3000)=8400\text{N}$$

$$\frac{F_{a2}}{F_{r2}}=\frac{2000}{8000}=0.25<e=0.30$$

查表知，$X_2=1$，$Y_2=0$。

$$P_2=f_dX_2F_{r2}=1\times 1\times 8000=8000\text{N}$$

(4)求轴承寿命 L_h

因为 $P_1>P_2$，所以只求轴承1的寿命即可

$$L_h=\frac{10^6}{60n}\left(\frac{C}{P_1}\right)^{\varepsilon}=\frac{10^6}{60\times 10000}\left(\frac{101000}{8400}\right)^{\frac{10}{3}}\approx 6637\text{h}$$

3. 如图13-4-4所示，某轴由一对7209AC轴承支承，轴承采用面对面安装形式。已知两轴承径向载荷分别为 $F_{r1}=3000\text{N}$，$F_{r2}=4000\text{N}$，轴上作用有轴向外载荷 $A=1800\text{N}$。载荷平稳，在室温下工作，转速 $n=1000\text{r/min}$。该轴承额定动载荷 $C=29800\text{N}$，内部轴向力 $S=0.4F_r$，$e=0.68$，当量动载荷系数如下表所示。试计算此对轴承的使用寿命。［中山大学2015研］

表13-4-2

$F_a/F_r>e$		$F_a/F_r\leq e$	
X	Y	X	Y
0.41	0.87	1	0

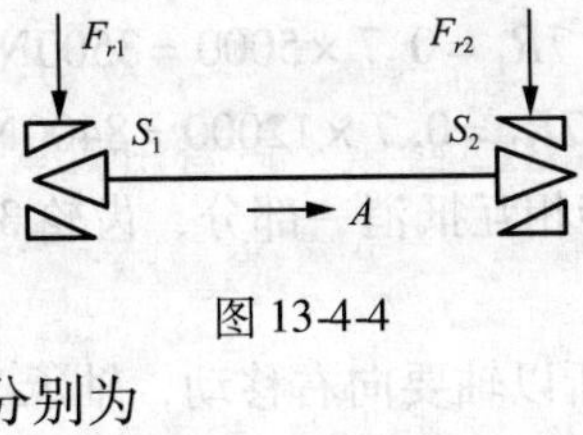

图13-4-4

解：两个轴承的轴向派生力分别为

$$S_1=0.4F_{r1}=1200\text{N}$$

$$S_2=0.4F_{r2}=1600\text{N}$$

由于 $S_1+A=3000\text{N}>S_2$，所以轴承1被“放松”，轴承2被“压紧”。

因此，对于放松端

$$F_{a1}=S_1=1200\text{N}$$

对于压紧端

$$F_{a2}=S_1+A=3000\text{N}$$

又

$$e_1=\frac{F_{a1}}{F_{r1}}=0.4<0.68$$

$$e_2=\frac{F_{a2}}{F_{r2}}=0.75>0.68$$

则轴承 1 的当量动载荷 $P_1=1\times 3000+0\times 1200=3000\text{N}$。

轴承 2 的当量动载荷 $P_2=0.41\times 4000+0.87\times 3000=4250\text{N}$。

故轴承 1、2 的使用寿命分别为（对于球轴承，$\varepsilon=3$）

$$L_{h1}=\frac{10^6}{60n}\left(\frac{C}{P_1}\right)^{\varepsilon}\approx 16335.6\text{h}$$

$$L_{h2}=\frac{10^6}{60n}\left(\frac{C}{P_2}\right)^{\varepsilon}\approx 5745.5\text{h}$$

4. 图 13-4-5 所示为一单向运转轴系，已知斜齿轮 Z_2 和斜齿轮 Z_3 所受的轴向力分别为 $F_{a2}=3000\text{N}$ 和 $F_{a3}=6000\text{N}$。运动从斜齿轮 Z_2 上端传入，斜齿轮 Z_3 上端传出，如此时轴承 1 的反力为 $R_1=5000\text{N}$，轴承 2 的反力为 $R_2=12000\text{N}$，$S=0.7R$。试确定：

（1）希望该轴上齿轮产生的轴向力能相互抵消一部分，试分析该轴的转向、并标出斜齿轮 Z_3 所受轴向力 F_{a3} 的方向；

（2）滚动轴承计算时所用的当量动载荷（两滚动轴承型号相同，且取 $X=0.35$，$Y=0.57$，载荷系统 $K_p=1$）。［浙江大学 2013 研］

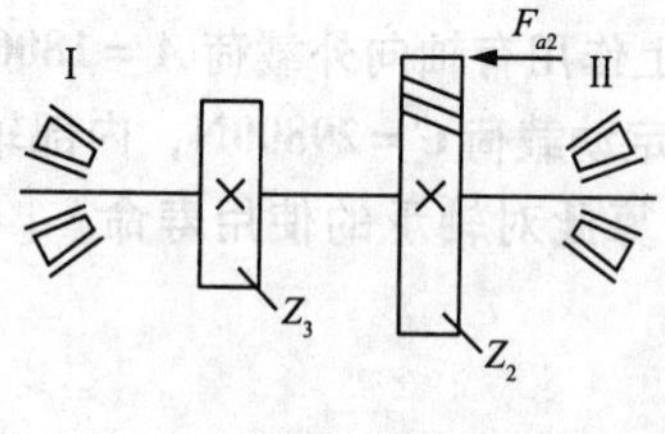

图 13-4-5

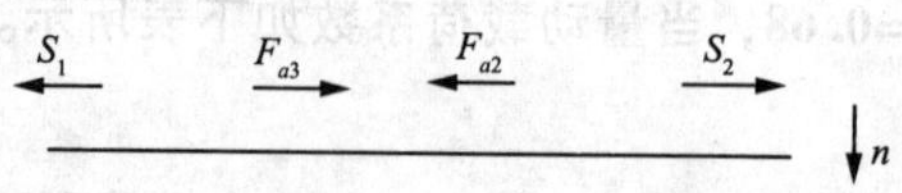

图 13-4-6

解：（1）根据齿轮 2 的旋向和轴向力方向可知与其啮合的主动轮左旋，轴向力水平向右，再由左手定则判断出该轴的转向如图 13-4-6 所示。

由题意得

$$S_1=0.7R_1=0.7\times 5000=3500\text{N}(\leftarrow)$$

$$S_2=0.7R_2=0.7\times 12000=8400\text{N}(\rightarrow)$$

为了该轴齿轮产生轴向力能够相互抵消一部分，齿轮 3 轴向力的方向向右。轴的受力分析如图 13-4-6 所示。

（2）因为 $S_1+F_{a2}<S_2+F_{a3}$，所以轴要向右移动，轴承 1 被压紧，轴承 2 被放松。

轴承 1 的轴向载荷

$$A_1=S_2-F_{a2}+F_{a3}=8400+6000-3000=11400\text{N}$$

轴承 2 的轴向载荷

$$A_2=S_2=8400\text{N}$$

则轴承 1、2 的当量动载荷

$$P_1=K_{p1}(XR_1+YA_1)=0.35\times 5000+0.57\times 11400=8248\text{N}$$

$$P_2 = K_{p2}(XR_2 + YA_2) = 0.35 \times 12000 + 0.57 \times 8400 = 8988\text{N}$$

因为 $P_1 < P_2$，所以在进行滚动轴承寿命计算时，当量动载荷取 $P = P_2 = 8988\text{N}$。

5. 如图13-4-7所示，安装有两个斜齿圆柱齿轮的转轴用一对代号为7210AC（$F_s = 0.68F_r$，F_s 是轴承的内部轴向力）的轴承支撑。已知两齿轮上的轴向力分别为 $F_{A1} = 3000\text{N}$，$F_{A2} = 5000\text{N}$，方向如图。轴承所受径向载荷分别为 $F_{r1} = 8600\text{N}$，$F_{r2} = 12500\text{N}$，求两轴承的轴向力 F_{a1}，F_{a2}。［厦门大学2013研］

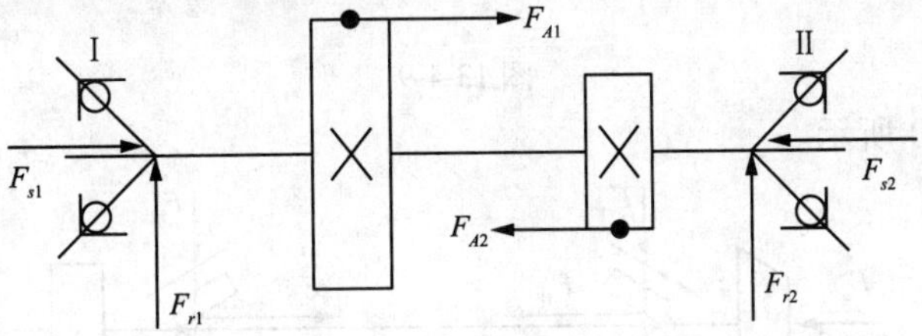

图13-4-7

解：两轴承的内部轴向力分别为

$$F_{s1} = 0.68F_{r1} = 0.68 \times 8600 = 5848\text{N}$$

$$F_{s2} = 0.68F_{r2} = 0.68 \times 12500 = 8500\text{N}$$

轴向力

$$F_A = F_{A2} - F_{A1} = 5000 - 3000 = 2000\text{N}(\leftarrow)$$

由于 $F_{s2} + F_A = 8500 + 2000 = 10500\text{N} > F_{s1}$，所以轴承1被“压紧”，轴承2被“放松”。

故两轴承的轴向力分别为

$$F_{a1} = F_{s2} + F_A = 8500 + 2000 = 10500\text{N}$$

$$F_{a2} = F_{s2} = 8500\text{N}$$

6. 如图13-4-8所示一对轴承支撑的轴系，轴承反装（背靠背），已知两个轴承的径向载荷分别为 $F_{R1} = 2500\text{N}$，$F_{R2} = 5000\text{N}$，轴上作用的轴向外载荷 $F_A = 1000\text{N}$，轴承内部轴向力 $F_s = 0.7F_R$。试求轴承1和轴承2的轴向载荷 F_{a1}、F_{a2}。［常州大学2015研］

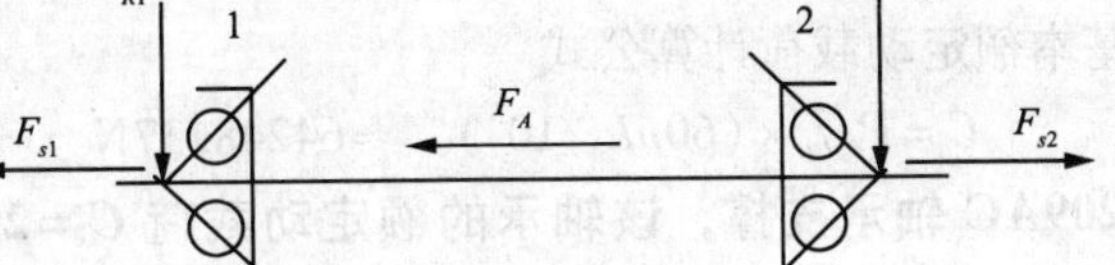

图13-4-8

解：两轴承的内部轴向力

$$F_{s1} = 0.7F_{R1} = 0.7 \times 2500 = 1750\text{N}$$

$$F_{s2} = 0.7F_{R2} = 0.7 \times 5000 = 3500\text{N}$$

因为 $F_{s1} + F_A = 1750 + 1000 = 2750\text{N} < F_{s2}$，整个轴向右移动；

所以轴承1被压紧 $F_{a1} = F_{s2} - F_A = 2500\text{N}$；

轴承2被放松 $F_{a2} = F_{s2} = 3500\text{N}$。

7. 如图13-4-9所示轴的两支点上各安装一个圆锥滚子轴承。已知轴承的预期寿命为 $L_h = 15000$ 小时，寿命指数 $\varepsilon = 10/3$；轴承所受径向载荷 $F_{r1} = 5000\text{N}$，$F_{r2} = 4000\text{N}$；外加轴向载荷 $F_a = 1000\text{N}$，方向如图所示；派生轴向力 $F_d = F_r/(2Y)$；温度系数 $f_r = 1$，载荷系数 $f_d = 1.2$；轴的转速 $n = 1500\text{r/min}$；当 $F_a/F_r \leqslant e$ 时，径向载荷系数 $X = 1$，轴向载荷系数

$Y=0$，当 $F_a/F_r>e$ 时，$X=0.4$，$Y=2.06$；判断系数 $e=0.29$。试计算轴承需要的基本额定动载荷。[湘潭大学 2016 研]

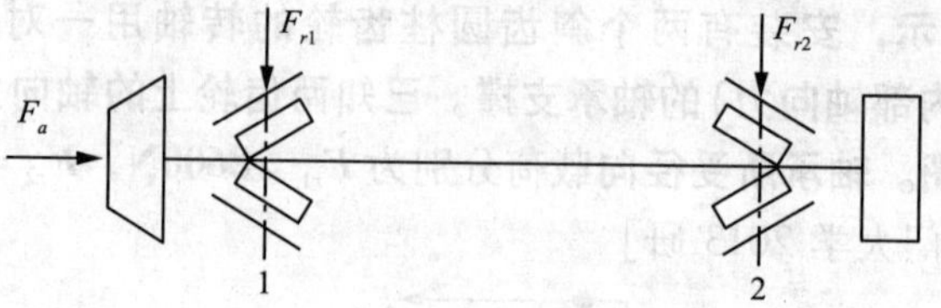

图 13-4-9

解：如图 13-4-10 所示。

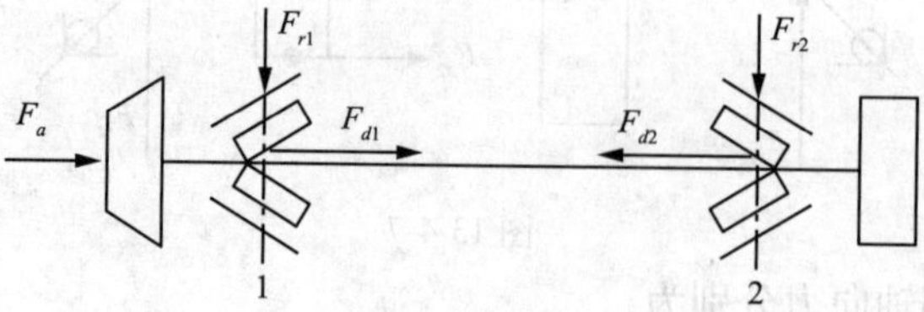

图 13-4-10

派生轴向力

$$F_{d1}=F_{r1}/(2Y)=5000/(2\times2.06)\approx1213.59\text{N}$$
$$F_{d2}=F_{r2}/(2Y)=4000/(2\times2.06)\approx970.87\text{N}$$

由于 $F_a+F_{d1}=1000+1213.59=2213.59\text{N}>F_{d2}$，故轴承 1 被“放松”，轴承 2 被“压紧”。

轴承 1(放松端)所受轴向载荷 $F_{a1}=F_{d1}=1213.59\text{N}$；

轴承 2(压紧端)所受轴向载荷 $F_{a2}=F_{d1}+F_a=2213.59\text{N}$。

由 $\dfrac{F_{a1}}{F_{r1}}=\dfrac{1213.59}{5000}=0.24<e$；$\dfrac{F_{a2}}{F_{r2}}=\dfrac{2213.59}{4000}=0.55>e$ 得当量动载荷

$$P_1=f_d(X_1F_{r1}+Y_1F_{a1})=1.2\times(1\times5000+0\times1213.59)=6000\text{N}$$
$$P_2=f_d(X_2F_{r2}+Y_2F_{a2})=1.2\times(0.4\times4000+2.06\times2213.59)\approx7392\text{N}$$

取二者大值代入基本额定动载荷计算公式

$$C=P/f_t\times(60nL_h/10^6)^{1/\varepsilon}\approx64248.37\text{N}$$

8. 某轴用一对 7209AC 轴承支撑，该轴承的额定动载荷 $C=29.8\text{kN}$。受力情况如图 13-4-11所示，$F_{r1}=3000\text{N}$，$F_{r2}=4000\text{N}$，$F_A=1800\text{N}$。已知派生轴向力 $F_d=0.68F_r$，$e=0.68$。当$\dfrac{F_a}{F_r}\leqslant e$ 时，$X=1$，$Y=0$；当$\dfrac{F_a}{F_r}>e$ 时，$X=0.41$，$Y=0.87$。

(1)说明轴承代号 7209AC 的含义；

(2)指出两种安装形式的名称及其特点；

(3)以轴承的寿命为指标，评判哪种安装形式更好。[广东工业大学 2018 研]

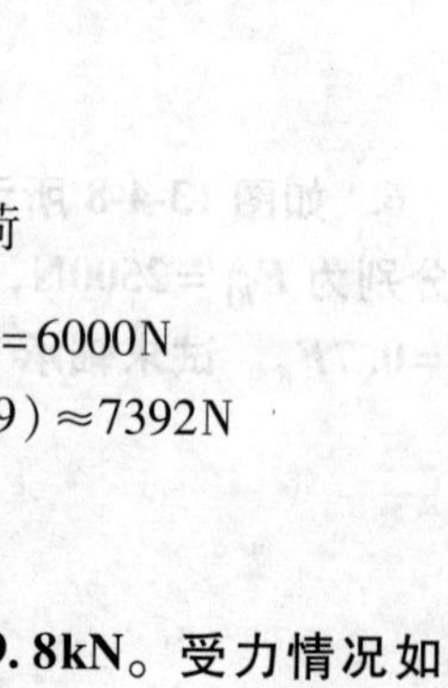

图 13-4-11

解：(1)7209AC 表示内径为 45mm 的角接触球轴承，尺寸系列代号为 02，接触角为 25°。

(2)第一个图表示轴承反装，特点是两轴承的派生轴向力方向相背离；第二个图表示轴承正装，特点是两轴承的派生轴向力方向相对。

(3)两轴承的派生轴向力分别为：

$$F_{d1}=0.68F_{r1}=0.68\times3000=2040\text{N}$$
$$F_{d2}=0.68F_{r2}=0.68\times4000=2720\text{N}$$

①对于第一个图反装的轴承安装形式：

由

$$F_{d1}=2040\text{N}<F_A+F_{d2}=1800+2720=4520\text{N}$$

可知轴承 1 被“压紧”，轴承 2 被“放松”，则

$$F_{a1}=F_{d2}+F_A=2720+1800=4520\text{N}$$
$$F_{a2}=F_{d2}=2720\text{N}$$

判断轴承 1 载荷系数

$$\frac{F_{a1}}{F_{r1}}=\frac{4520}{3000}\approx1.51>e=0.68\Rightarrow X_1=0.41,\ Y_1=0.87$$

判断轴承 2 载荷系数

$$\frac{F_{a2}}{F_{r2}}=\frac{2720}{4000}=e=0.68\Rightarrow X_2=1,\ Y_2=0$$

计算当量动载荷

$$P_1=X_1F_{r1}+Y_1F_{a1}=0.41\times3000+0.87\times4520=5162.4\text{N}$$
$$P_2=X_2F_{r2}+Y_2F_{a2}=1\times4000+0\times2720=4000\text{N}$$

因为 $P_1>P_2$，所以根据 P_1 计算轴承寿命

$$L_h'=\frac{10^6}{60n}\left(\frac{C}{P_1}\right)^{\varepsilon}=\frac{10^6}{60n}\left(\frac{29800}{5162.4}\right)^3\approx\frac{10^6}{60n}\times(5.77)^3\text{h}$$

②对于第二个图正装的轴承安装形式：

由

$$F_{d1}+F_A=2040+1800=3840\text{N}>F_{d2}=2720\text{N}$$

可知轴承 1 被“放松”，轴承 2 被“压紧”，则

$$F_{a1}=F_{d1}=2040\text{N}$$
$$F_{a2}=F_{d1}+F_A=2040+1800=3840\text{N}$$

判断轴承 1 载荷系数

$$\frac{F_{a1}}{F_{r1}}=\frac{2040}{3000}=e=0.68\Rightarrow X_1=1,\ Y_1=0$$

判断轴承 2 载荷系数

$$\frac{F_{a2}}{F_{r2}}=\frac{3840}{4000}=0.96>e=0.68\Rightarrow X_2=0.41,\ Y_2=0.87$$

计算当量动载荷

$$P_1=X_1F_{r1}+Y_1F_{a1}=1\times3000+0\times2040=3000\text{N}$$
$$P_2=X_2F_{r2}+Y_2F_{a2}=0.41\times4000+0.87\times3840=4980.8\text{N}$$

因为 $P_1<P_2$，所以根据 P_2 计算轴承寿命

$$L_h''=\frac{10^6}{60n}\left(\frac{C}{P_2}\right)^{\varepsilon}=\frac{10^6}{60n}\left(\frac{29800}{4980.8}\right)^3\approx\frac{10^6}{60n}\times(5.98)^3\text{h}$$

综上可知，$L_h'<L_h''$，故若以轴承的寿命为指标，则以轴承正装形式更好。

9. 如图13-4-12所示轴系采用一对7210AC轴承支承，已知轴承径向载荷 $F_{R1}=2000\text{N}$，$F_{R2}=1500\text{N}$，转速 $n=1460\text{r/min}$。轴承的基本额定动载荷 $C=32.8\text{kN}$，$e=0.7$，当 $\dfrac{F_A}{F_R}>e$ 时，$X=0.41$，$Y=0.87$。轴承的预期寿命为 $L_h'=15000\text{h}$，取载荷系数 $f_p=1$，$f_t=1$。求轴上允许的最大轴向载荷 F_a。（附：轴承寿命公式 $L_h=\dfrac{10^6}{60n}\left(\dfrac{Cf_t}{P}\right)^{\varepsilon}$）［武汉理工大学2017研］

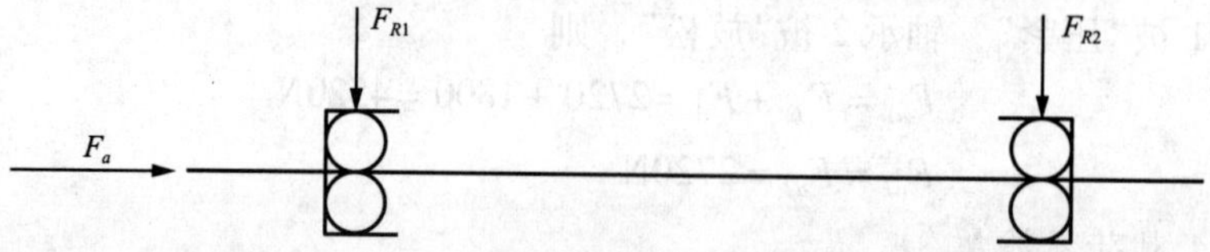

图13-4-12

解： 由题可知该对角接触球轴承为正装。

两轴承的派生轴向力为

$$F_{d1}=0.68F_{R1}=0.68\times2000=1360\text{N}$$
$$F_{d2}=0.68F_{R2}=0.68\times1500=1020\text{N}$$
$$F_{d1}+F_a=1360\text{N}+F_a>F_{d2}=1020\text{N}$$

所以，轴承1被放松，轴承2被压紧，则

$$F_{a1}=F_{d1}=1360\text{N}$$
$$F_{a2}=F_{d1}+F_a=1360\text{N}+F_a$$

判断载荷系数

$$\frac{F_{a1}}{F_{R1}}=\frac{1360}{2000}=0.68<e=0.7\Rightarrow X_1=1,\ Y_1=0$$
$$\frac{F_{a2}}{F_{R2}}=\frac{1360+F_a}{1500}=0.91+\frac{F_a}{1500}>e=0.7\Rightarrow X_2=0.41,\ Y_2=0.87$$

则两轴承的当量动载荷为

$$P_1=f_p(X_1F_{R1}+Y_1F_{a1})=1\times(1\times2000+0\times1360)=2000\text{N}$$
$$P_2=f_p(X_2F_{R2}+Y_2F_{a2})=1\times[0.41\times1500+0.87\times(1360+F_a)]=(1798.2+0.87F_a)\text{N}$$

（1）当 $P_1\geqslant P_2$ 即 $F_a\leqslant231.95\text{N}$ 时，按 P_1 计算轴承寿命如下：

$$L_h=\frac{10^6}{60n}\left(\frac{Cf_t}{P}\right)^{\varepsilon}=\frac{10^6}{60\times1460}\times\left(\frac{32800\times1}{2000}\right)^3\approx50353\text{h}$$

因 $L_h=50353h>15000h$，符合题意要求。

（2）当 $P_1<P_2$ 即 $F_a>231.95\text{N}$ 时，按 P_2 计算轴承寿命如下：

$$L_h=\frac{10^6}{60n}\left(\frac{Cf_t}{P}\right)^{\varepsilon}\Rightarrow15000=\frac{10^6}{60\times1460}\times\left(\frac{32800\times1}{1798.2+0.87F_a}\right)^3\Rightarrow F_a\approx1375.2\text{N}$$

综上所述，轴上允许的最大轴向载荷 $F_a=1375.2\text{N}$。

10. 如图13-4-13所示一对同型号的30000型滚动轴承，已知轴承所受径向支反力 $F_{r1}=6000\text{N}$，$F_{r2}=8000\text{N}$，轴右端悬臂布置的圆锥齿轮所受轴向力 $F_A=1000\text{N}$（请自己判断该力的方向，并设其作用于轴心）；查得额定动负载和 C_r 等于 101kN，轴的转速 $n=10000\text{r/min}$，$f_d=f_t=1$，试求最先失效的轴承的寿命是多少小时？［山东大学2017研］

表 13-4-3

$F_a/F_r \leqslant e$		$F_a/F_r > e$		e	F_s
X	Y	X	Y	0.3	$0.25F_r$
1	0	0.40	2		

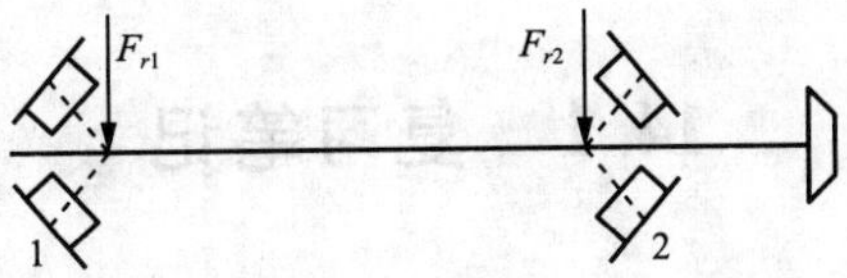

图 13-4-13

解：如图所示，两轴承正装，圆锥齿轮所受轴向力 F_A 应指向齿轮大端，即 F_A 的方向向左。

$$F_{s1}=0.25F_{r1}=0.25\times6000=1500\text{N}$$
$$F_{s2}=0.25F_{r2}=0.25\times8000=2000\text{N}$$
$$F_{s2}+F_A=3000\text{N}>F_{s1}$$

所以 1 端压紧，2 端放松，即 $F_{a1}=F_{s2}+F_A=3000\text{N}$，$F_{a2}=F_{s2}=2000\text{N}$。

$$\frac{F_{a1}}{F_{r1}}=\frac{3000}{6000}=0.5>e$$

所以 $X_1=0.4$，$Y_1=2$。

$$\frac{F_{a2}}{F_{r2}}=\frac{2000}{8000}=0.25<e$$

所以 $X_2=1$，$Y_2=0$。

所以

$$P_1=f_d(X_1F_{r1}+Y_1F_{a1})=1\times(0.4\times6000+2\times3000)=8400\text{N}$$
$$P_2=f_d(X_2F_{r2}+Y_2F_{a2})=1\times(1\times8000)=8000\text{N}$$

因为 $P_1>P_2$，所以只需计算轴承 1 的寿命。

$$L_h'=\frac{10^6}{60n}\left(\frac{f_tC_r}{P_1}\right)^{\varepsilon}=\frac{10^6}{60\times10000}\left(\frac{101000}{8400}\right)^{\frac{10}{3}}\approx6637.26\text{h}$$

则最先失效的轴承的寿命为 6637.26h。

11. 欲对一批同型号滚动轴承做寿命试验，若同时投入 100 个轴承进行试验，按其基本额定动载荷值加载，试验机主轴转速为 1000r/min。

(1) 若预计该批轴承为正品，则试验进行 16 小时 40 分钟，应约为多少个轴承没失效，即功能仍完好？

(2) 在什么情况下计算滚动轴承寿命时，需引入载荷系数和温度系数？［浙江科技学院 2019 研］

解：(1) 在试验阶段，轴承的转数：

$$L=(16\times60+40)\times1000=1\times10^6\text{r}$$

恰好为 10^6 转，根据轴承基本额定载荷的定义，可知此时的可靠率为 90%。

即没失效的轴承数量约为 100×90% =90(个)。

(2) 为了计算轴承受到附加载荷的影响，实际计算轴承的当量动载荷时，需引入载荷系数；在较高温度下工作的轴承，在计算基本额定动载荷时，需引入温度系数。

第十四章　联轴器和离合器

14.1　复习笔记

【知识框架】

- 联轴器和离合器
  - 联轴器的种类和特性
    - 刚性联轴器
    - 挠性联轴器
      - 无弹性元件的挠性联轴器
      - 有弹性元件的挠性联轴器
  - 联轴器的选择
    - 选择联轴器的类型
    - 计算联轴器的计算转矩
    - 确定联轴器的型号
    - 校核最大转速
    - 协调轴孔直径
    - 规定部件相应的安装精度
    - 进行必要的校核
  - 离合器
    - 嵌合式离合器
    - 圆盘摩擦离合器
  - 安全联轴器及安全离合器
    - 剪切销安全联轴器
    - 滚珠安全离合器
  - 特殊功用及特殊结构的联轴器及离合器
    - 超越离合器
    - 离心离合器
    - 电磁粉末离合器

【通关提要】

本章主要介绍了联轴器和离合器的类型及其选择。本章主要以选择题、填空题和判断题的形式考查，在考试中所占比重很小。本章不必作为复习重点。

【重点难点归纳】

一、联轴器的种类和特性(见表 14-1-1)

表 14-1-1　联轴器的种类和特性

类型		主要内容
刚性联轴器		无补偿相对位移能力，有套筒式、夹壳式和凸缘式等结构形式
挠性联轴器	无弹性元件	有补偿相对位移能力，但不能缓冲减振。常见：十字滑块联轴器、滑块联轴器、十字轴式万向联轴器、齿式联轴器和滚子链联轴器
	有弹性元件	可补偿位移，缓冲减振。常见：弹性套柱销联轴器、弹性柱销联轴器、梅花形弹性联轴器、轮胎式联轴器和膜片联轴器

二、联轴器的选择(见下图 14-1-1)

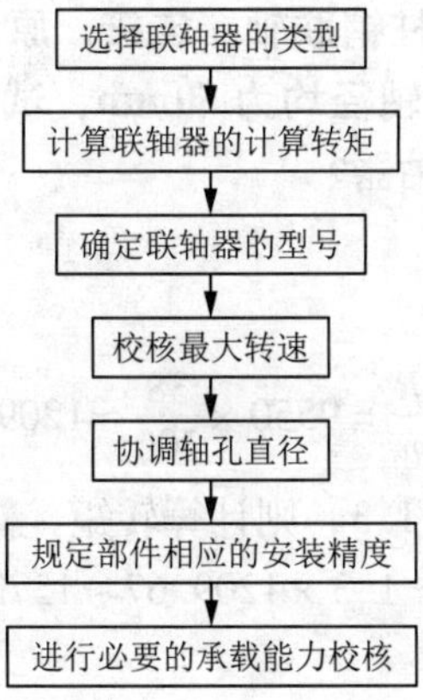

图 14-1-1　联轴器的选择步骤

三、离合器(见表 14-1-2)

表 14-1-2　离合器的类型

要点	主要内容
嵌合式离合器	适用场合：低速，小转矩
圆盘摩擦离合器	对连接的两轴无转速要求，过程中产生摩擦。 单盘摩擦离合器可传递的最大转矩 $T_{\max}=FfR$

四、安全联轴器及安全离合器(见表 14-1-3)

表 14-1-3　安全联轴器及安全离合器

要点	主要内容	
作用	防止工作转矩超过极限转矩情况下，机器重要零件发生损坏	
分类	剪切销安全联轴器	连接断开后，不能自动恢复，适于过载情况少的场合
	滚珠安全离合器	连接断开后，可自动恢复，适于经常发生过载的场合

14.2　课后习题详解

14-1　某电动机与油泵之间用弹性套柱销联轴器连接，功率 $P=4\text{kW}$，转速 $n=960\text{r/min}$，轴伸直径 $d=32\text{mm}$，试决定该联轴器的型号(只要求与电动机轴伸连接的半联轴器满足直径要求)。

解：(1)载荷计算

公称转矩

$$T=9550\frac{P}{n}=9550\times\frac{4}{960}\approx 39.79\text{N}\cdot\text{m}$$

查教材表 14-1 得工况系数 $K_A=1.3$，则计算转矩

$$T_{ca}=K_AT=1.3\times 39.79\approx 51.73\text{N}\cdot\text{m}$$

(2)型号选择

从 GB/T 4323—2017 中查得 LT5 型弹性套柱销联轴器，轴径在 25～35mm 之间，公称转矩 224N·m，许用转速[n]=4600r/min，故选用 LT5 型弹性套柱销联轴器。

14-2　某离心式水泵采用弹性柱销联轴器连接，原动机为电动机，传递功率为 38kW，转速为 300r/min，联轴器两端连接轴径均为 50mm，试选择该联轴器的型号。若原动机改为活塞式内燃机，又应如何选择联轴器？

解：(1)载荷计算

公称转矩

$$T = 9550\,\frac{P}{n} = 9550 \times \frac{38}{300} \approx 1209.67\text{N} \cdot \text{m}$$

查教材表 14-1 得工况系数 $K_A = 1.3$，则计算转矩

$$T_{ca} = K_A T = 1.3 \times 1209.67 \approx 1572.57\text{N} \cdot \text{m}$$

(2)型号选择

从 GB/T 5014—2017 中查得 LX4 型弹性柱销联轴器，轴径在 40 ~ 63mm 之间，许用转矩 2500N · m，许用转速 $[n] = 3850$r/min，故选用 LX4 型弹性柱销联轴器。

若改用活塞式内燃机，要根据实际工况根据教材表 14-1 重新选取工况系数 K_A，重新确定计算转矩。并根据计算结果选取联轴器型号。

14-3　一机床主传动换向机构中采用如图 14-2-1 所示的多盘摩擦离合器，已知主动摩擦盘 5 片，从动摩擦盘 4 片，接合面内径 $D_1 = 60$mm，外径 $D_2 = 110$mm，功率 $P = 4.4$kW，转速 $n = 1214$r/min，主、从摩擦盘材料均为淬火钢，试写出所需要的轴向力 F 的计算式。

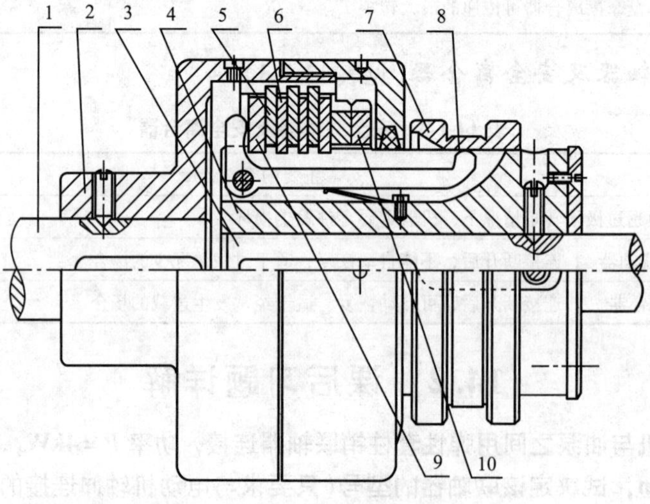

图 14-2-1　多盘摩擦离合器

解：多盘摩擦离合器的最大转矩 $T_{\max} = FfR$。

已知 $T_{\max} = T_{ca} = K_A T$，平均半径 $R = (D_1 + D_2)/4$，则

$$F_{\max} = 4K_A T / [zf(D_2 + D_1)]$$

即轴向力的计算公式为

$$F \geqslant 4K_A T / [zf(D_2 + D_1)]$$

其中，机床载荷平稳，取 $K_A = 1.5$。

公称转矩

$$T = 9550\,\frac{P}{n} = 9550 \times \frac{4.4}{1214} \approx 34.61\text{N} \cdot \text{m}$$

由题意可得接合面数 $z = 8$，取摩擦系数 $f = 0.06$。

则所需轴向力

$$F \geqslant \frac{4K_A T}{zf(D_2+D_1)}=\frac{4\times 1.5\times 34.61}{8\times 0.06\times(0.06+0.11)}\approx 2544.85\text{N}$$

14-4　图 14-2-2 所示的凸缘式剪切销安全联轴器，传递转矩 $T_{max}=650\text{N}\cdot\text{m}$，销的直径 $d=6\text{mm}$，销的材料用 45 钢正火（$\sigma_S=355\text{MPa}$，$\sigma_B=600\text{MPa}$），销中心所在圆的直径 $D_m=100\text{mm}$，销的数目 $z=2$。若取 $[\tau]=0.7\sigma_B$，试求此联轴器在载荷超过多大时方能体现其安全作用。

解：由题意可得，该销的许用切应力

$$[\tau]=0.7\sigma_B=0.7\times 600=420\text{MPa}$$

则安全联轴器能传递的极限转矩

$$T_{lim}=\frac{\pi d^2 D_m z[\tau]}{8}=\frac{\pi\times 6^2\times 100\times 2\times 420}{8}\approx 1186920\text{N}\cdot\text{mm}$$

故

$$\Delta T=\frac{T_{lim}-T_{max}}{T_{max}}=\frac{1186920-650000}{650000}\times 100\%\approx 82.6\%$$

即该安全联轴器在载荷超过 82.6% 时，才能体现出其安全作用。

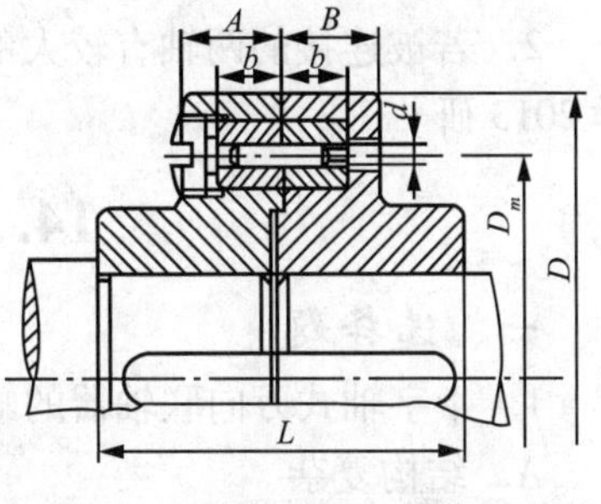

图 14-2-2　剪切销安全联轴器

14.3　名校考研真题

一、选择题

1．十字轴式万向联轴器的缺点是（　　）。［河海大学 2025 研］

A．结构复杂

B．传递转矩小

C．主动轴角速度为常数时，从动轴角速度并不是常数

D．寿命短

2．用普通螺栓连接的凸缘联轴器，在传递转矩 T 时，（　　）。［长沙理工大学 2019 研］

A．螺栓受剪切　　B．螺栓与孔壁接触面受挤压

C．螺栓同时受剪切与挤压　　D．螺栓受拉伸与扭转

3．下列联轴器中，能补偿两轴的相对位移并可缓冲、吸振的是（　　）。［中山大学 2015 研］

A．凸缘联轴器　B．齿式联轴器　C．万向联轴器　D．弹性柱销联轴器

4．在下列联轴器中不能够补偿两轴线之间误差的联轴器是（　　）。［湘潭大学 2016 研］

A．十字滑块联轴器　　B．齿式联轴器

C．凸缘联轴器　　D．膜片联轴器

5．当转速较高、传递的转矩不大、频繁启动，且两轴较难对中，宜选用（　　）联轴器。［浙江大学 2010 研］

A．凸缘联轴器　　B．十字滑块联轴器

C．弹性套柱销联轴器　　D．齿式联轴器

6．联轴器和离合器的主要作用是（　　）。［中国科学院大学 2013 研］

A．缓和冲击和振动　　B．补偿两轴的同轴度误差或热膨胀

C．传递转矩　　　　　　　　　　D．防止机器发生过载

二、填空题

1．凸缘联轴器的两种定位方式是______和______。[西北工业大学 2023 研]

2．具有位移补偿能力的无弹性元件挠性联轴器有______、______等(填写两种)。[浙江理工大学 2018 研]

三、判断题

1．万向联轴器适用于轴线有交角或距离较大的场合。(　　)[浙江大学 2013 研]

2．若被连接的两轴有较大的径向位移，则可选用双万向联轴器。(　　)[华中科技大学 2013 研]

14.4　名校考研真题详解

一、选择题

1．十字轴式万向联轴器的缺点是(　　)。[河海大学 2025 研]

A．结构复杂

B．传递转矩小

C．主动轴角速度为常数时，从动轴角速度并不是常数

D．寿命短

【答案】C

【解析】十字轴式万向联轴器的缺点是：当主动轴角速度 ω_1 为常数时，从动轴的角速度 ω_3 并不是常数，而是在一定范围内($\omega_1\cos\alpha \leqslant \omega_3 \leqslant \omega_1/\cos\alpha$)变化，因而在传动中将产生附加动载荷。

2．用普通螺栓连接的凸缘联轴器，在传递转矩 T 时，(　　)。[长沙理工大学 2019 研]

A．螺栓受剪切　　　　　　　　　B．螺栓与孔壁接触面受挤压

C．螺栓同时受剪切与挤压　　　　D．螺栓受拉伸与扭转

【答案】D

【解析】采用普通螺栓连接的凸缘联轴器，在传递转矩时，螺栓受拉伸与扭转作用。

3．下列联轴器中，能补偿两轴的相对位移并可缓冲、吸振的是(　　)。[中山大学 2015 研]

A．凸缘联轴器　　B．齿式联轴器　　C．万向联轴器　　D．弹性柱销联轴器

【答案】D

【解析】联轴器中，能补偿两轴的相对位移并可缓冲、吸振的是有弹性元件的挠性联轴器。常用的有：弹性套柱销联轴器、弹性柱销联轴器、梅花形弹性联轴器、轮胎式联轴器和膜片联轴器。故选 D 项。

4．在下列联轴器中不能够补偿两轴线之间误差的联轴器是(　　)。[湘潭大学 2016 研]

A．十字滑块联轴器　　　　　　　B．齿式联轴器

C．凸缘联轴器　　　　　　　　　D．膜片联轴器

【答案】C

【解析】联轴器中，刚性联轴器不能够补偿两轴线之间的误差。选项中十字滑块联轴器和齿式联轴器属于无弹性元件的挠性联轴器，膜片联轴器属于有弹性元件的挠性联轴器，三者均可补偿两轴线之间的误差；只有凸缘联轴器属于刚性联轴器。故选 C 项。

5．当转速较高、传递的转矩不大、频繁启动，且两轴较难对中，宜选用(　　)联轴器。[浙江大学 2010 研]

A．凸缘联轴器　　B．十字滑块联轴器

C．弹性套柱销联轴器　　D．齿式联轴器

【答案】C

【解析】A 项，凸缘联轴器常用于转速低、无冲击、对中性较好的两轴连接。B 项，十字滑块联轴器适用于低速、无剧烈冲击的连接，轴的转速一般不超过 250r/min。C 项，弹性套柱销联轴器使用寿命较短，适用于连接载荷平稳、需要正反转或启动频繁的传递中小转矩的轴。D 项，齿式联轴器能传递很大的转矩，但质量较大，成本高，常用于低速的重型机械中。故选 C 项。

6．联轴器和离合器的主要作用是(　　)。[中国科学院大学 2013 研]

A．缓和冲击和振动　　B．补偿两轴的同轴度误差或热膨胀

C．传递转矩　　D．防止机器发生过载

【答案】C

【解析】联轴器和离合器主要用于连接两轴或轴与其他回转零件，传递运动与动力；也可用作安全装置。

二、填空题

1．凸缘联轴器的两种定位方式是______和______。[西北工业大学 2023 研]

【答案】靠铰制孔用螺栓；靠一个半联轴器上的凸肩与另一个半联轴器上的凹槽相配合

【解析】凸缘联轴器有两种主要的结构形式：①靠铰制孔用螺栓来实现两轴对中和靠螺栓杆承受挤压与剪切来传递转矩；②靠一个半联轴器上的凸肩与另一个半联轴器上的凹槽相配合而对中。

2．具有位移补偿能力的无弹性元件挠性联轴器有______、______等(填写两种)。[浙江理工大学 2018 研]

【答案】十字滑块联轴器；齿式联轴器

【解析】挠性联轴器可分为无弹性元件的挠性联轴器和有弹性元件的挠性联轴器两个类别。其中，无弹性元件的挠性联轴器主要有：十字滑块联轴器、滑块联轴器、十字轴式万向联轴器、齿式联轴器和滚子链联轴器等；有弹性元件的挠性联轴器主要有：弹性套柱销联轴器、弹性柱销联轴器、梅花形弹性联轴器、轮胎式联轴器等。

三、判断题

1．万向联轴器适用于轴线有交角或距离较大的场合。(　　)[浙江大学 2013 研]

【答案】对

【解析】万向联轴器允许被连接的两轴在较大的偏转角下工作。

2．若被连接的两轴有较大的径向位移，则可选用双万向联轴器。(　　)[华中科技大学 2013 研]

【答案】错

【解析】双万向联轴器可用于轴线相交的两轴间的连接，或工作时有较大角位移的场合；十字滑块联轴器适用于两轴平行但有较大径向位移，且转速不高的场合，所以应选用十字滑块联轴器。

第十五章　轴

15.1　复习笔记

【知识框架】

- 轴
  - 概述
    - 轴的用途及分类
    - 轴设计的主要内容
    - 轴的材料
  - 轴的结构设计
    - 拟订轴上零件的装配方案
    - 轴上零件的定位
    - 各轴段直径和长度的确定
    - 提高轴的强度的常用措施
    - 轴的结构工艺性
  - 轴的计算
    - 轴的强度校核计算
    - 轴的刚度校核计算
    - 轴的振动及振动稳定性的概念

【通关提要】

本章主要介绍了轴的分类、结构设计以及强度刚度校核计算。其中，轴的结构设计部分，几乎每年必出一道轴的结构改错题，学习时需重点掌握。另外，轴的弯扭合成计算，由于计算量大，不宜以计算题的形式出现，多以考查折合系数的含义为主，多以填空题和简答题的形式出现。复习时，以理解记忆为主。

【重点难点归纳】

一、概述(见表 15-1-1)

表 15-1-1　轴的用途、分类及材料

要点	主要内容
用途	支承零件、传递运动和动力
分类	①承受载荷：转轴(承受弯矩、扭矩)、心轴(只承受弯矩)和传动轴(只能承受扭矩及很小弯矩)。 ②轴线形状：曲轴和直轴。 ③钢丝软轴
材料	主要材料是碳钢和合金钢

二、轴的结构设计(见表 15-1-2)

表 15-1-2　轴的结构设计

要点	主要内容
设计内容	外形、结构尺寸
设计要求	①精准定位；②方便装配；③利于制造等

续表

要点	主要内容	
应解决的问题	轴上零件的定位	①轴向定位：使用轴肩、套筒、轴端挡圈、轴承端盖和圆螺母等； ②周向定位：键、花键、销、紧定螺钉以及过盈配合等
	各轴段直径和长度的确定	根据最小直径，合理选用标准直径、公差、圆角、退刀槽等
	提高轴强度的措施	①改进轴上零件的结构和布置；②改进轴的结构和质量

三、轴的计算

1. 轴的强度校核计算

表 15-1-3 轴的强度校核计算

要点	强度条件	其他内容
按扭转强度条件计算	$\tau_T=\dfrac{T}{W_T}\approx\dfrac{9550000\,\dfrac{P}{n}}{0.2d^3}\leqslant[\tau_T]$	轴的直径： $d\geqslant\sqrt[3]{\dfrac{9550000P}{0.2[\tau_T]n}}=\sqrt[3]{\dfrac{9550000}{0.2[\tau_T]}}\sqrt[3]{\dfrac{P}{n}}=A_0\sqrt[3]{\dfrac{P}{n}}$ 对于空心轴，则 $d\geqslant A_0\sqrt[3]{\dfrac{P}{n(1-\beta^4)}}$。 $\beta=d_1/d$，即空心轴的内径 d_1 与外径 d 之比
按弯扭合成强度条件计算	对于直径为 d 的圆轴 $\sigma_{ca}=\sqrt{\left(\dfrac{M}{W}\right)^2+4\left(\dfrac{\alpha T}{2W}\right)^2}=\dfrac{\sqrt{M^2+(\alpha T)^2}}{W}\leqslant[\sigma_{-1}]$ 根据应力特性的不同，$\alpha\approx0.3$、0.6、1	将轴上受力零件的载荷，分解为水平分力和垂直分力；然后求出各支承处的水平反力 F_{NH} 和垂直反力 F_{NV}。 根据水平面和垂直面的受力情况，分别计算各力产生的弯矩，总弯矩 $M=\sqrt{M_H^2+M_V^2}$
按疲劳强度条件进行精确校核	$S_{ca}=\dfrac{S_\sigma S_\tau}{\sqrt{S_\sigma^2+S_\tau^2}}\geqslant S$ 仅有法向应力时，应满足 $S_\sigma=\sigma_{-1}/(K_\sigma\sigma_\alpha+\varphi_\sigma\sigma_m)\geqslant S$。 仅有扭转切应力时，应满足 $S_\tau=\tau_{-1}/(K_\tau\tau_\alpha+\varphi_\tau\tau_m)\geqslant S$	
按静强度条件进行校核	$S_{S_{ca}}=\dfrac{S_{S_\sigma}S_{S_\tau}}{\sqrt{S_{S_\sigma}^2+S_{S_\tau}^2}}\geqslant S_S$	

2. 轴的刚度校核计算(见表 15-1-4)

表 15-1-4 轴的刚度校核计算

要点	计算公式	校核条件
弯曲刚度校核	阶梯轴当量直径 d_v 为： $d_v=\sqrt[4]{\dfrac{L}{\sum\limits_{i=1}^{z}\dfrac{l_i}{d_i^4}}}$	$y\leqslant[y]$，$\theta\leqslant[\theta]$
扭转刚度校核	光轴扭转角 $\phi=5.73\times10^4T/(GI_P)$ 阶梯轴扭转角 $\varphi=5.73\times10^4\dfrac{1}{LG}\sum\limits_{i=1}^{z}\dfrac{T_il_i}{I_{pi}}$	$\phi\leqslant[\phi]$

3. 轴的振动及振动稳定性的概念

一阶临界转速 n_{c1} 为

$$n_{c1}=\frac{60}{2\pi}\omega_c=\frac{30}{\pi}\sqrt{\frac{g}{y_0}}\approx 946\sqrt{\frac{1}{y_0}}$$

一般情况下，应使轴的工作转速 $n<0.85n_{c1}$，或 $1.15n_{c1}<n<0.85n_{c2}$。

4. 轴的结构改错题思路：

(1)轴承方向错误、定位错误、装配不方便错误等。

(2)键的安装位置错误、键的长度错误等。

(3)端盖与箱体配合错误、与轴配合错误、与轴承配合错误等。

(4)调整垫圈、毛毡垫圈、密封、减小加工面、轴的长度、三面接触、轴肩、轴套等。

15.2 课后习题详解

15-1 若轴的强度不足或刚度不足，可分别采取哪些措施？

答：(1)提高轴的强度的措施：

①改进轴上零件的结构和布置；

②改进轴的结构和质量。

(2)提高轴的刚度的措施：

①增大轴径；

②改变轴的外形等。

15-2 在进行轴的疲劳强度计算时，如果同一截面上有几个应力集中源，应如何确定应力集中系数？

答：应取该截面上各应力集中源有效应力集中系数中的最大值为该截面的有效应力集中系数。

15-3 为什么要进行轴的静强度校核计算？校核计算时为什么不考虑应力集中等因素的影响？

答：(1)静强度校核的目的在于评定轴抵抗塑性变形的能力。这对那些瞬时载荷很大，或应力循环的不对称性较为严重的轴是很必要的。

(2)校核计算时不考虑应力集中等因素的影响是因为应力集中不影响静应力的大小，只影响到应力幅的值。

15-4 图15-2-1所示为某减速器输出轴的结构图，试指出其设计错误，并画出改正图。

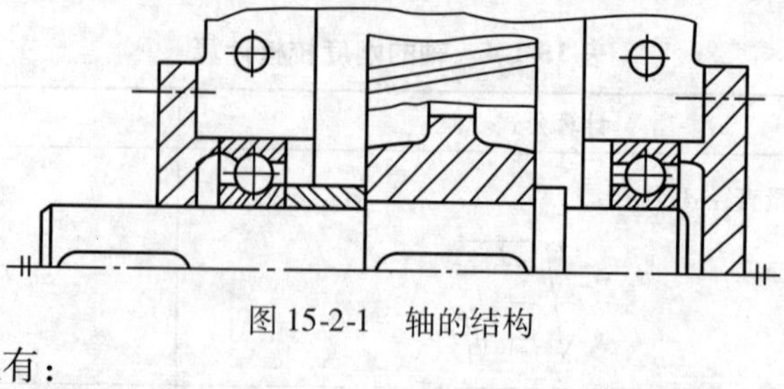

图15-2-1 轴的结构

答：(1)设计错误有：

①两轴承装反了，应当正装；

②端盖与轴之间应有间隙，并加密封圈；

③应有轴肩，以便轴承装配；

④键不能伸入端盖，轴的伸出部分应加长；

⑤齿轮轮毂应略长于相配合的轴段长；

⑥轴承左端应有轴肩进行轴向定位；

⑦端盖与箱体之间应加调整垫片。

(2)如图 15-2-2 所示，轴线下方即为其改正图。

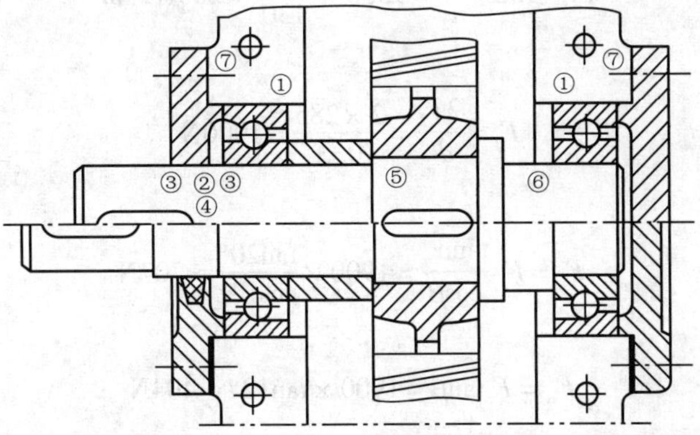

图 15-2-2

15-5　有一台离心式水泵，由电动机带动，传递的功率 $P = 3\text{kW}$，轴的转速 $n = 960\text{r/min}$，轴的材料为 45 钢，调质处理。试按强度要求计算轴所需的最小直径。

解：根据式 $d_{\min} = A_0\sqrt[3]{\dfrac{P}{n}}$ 计算。

其中，根据轴的材料查教材表 15-3 可得 45 钢 $A_0 = 112$，将已知数据代入上式

$$d_{\min} = A_0\sqrt[3]{\frac{P}{n}} = 112 \times \sqrt[3]{\frac{3}{960}} \approx 16.37\text{mm}$$

取 $d = 18\text{mm}$。

15-6　设计某搅拌机用的单级斜齿圆柱齿轮减速器中的低速轴(包括选择两端的轴承及外伸端的联轴器)，如图 15-2-3 所示。

已知：电动机额定功率 $P = 4\text{kW}$，转速 $n_1 = 750\text{r/min}$，低速轴转速 $n_2 = 130\text{r/min}$，大齿轮节圆直径 $d_2' = 300\text{mm}$，宽度 $B_2 = 90\text{mm}$，轮齿螺旋角 $\beta = 12°$，法向压力角 $\alpha_n = 20°$。

要求：(1)完成轴的全部结构设计。(2)选择轴的材料与热处理，根据弯扭合成理论验算轴的强度。若轴的强度不满足要求，则改进设计，直至满足强度要求。(3)精确校核轴的危险截面是否安全。

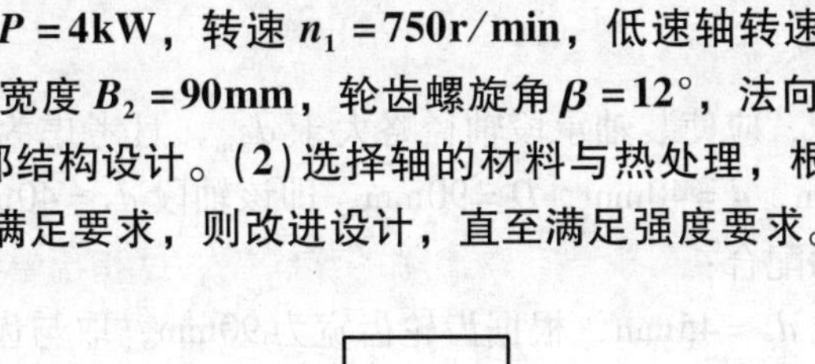

图 15-2-3　单级齿轮减速器简图

解：(1)载荷计算：

输出轴上的功率

$$P_2=\eta P=0.97\times4=3.88\text{kW}$$

该轴传递的转矩

$$T_2=9550\frac{P_2}{n_2}=9550\times\frac{3.88}{130}\approx285\text{N}\cdot\text{m}$$

圆周力

$$F_t=\frac{2T_2}{d'_2}=\frac{2\times285}{0.3}=1900\text{N}$$

径向力

$$F_r=F_t\frac{\tan\alpha_n}{\cos\beta}=1900\times\frac{\tan20^\circ}{\cos12^\circ}\approx707\text{N}$$

轴向力

$$F_a=F_t\tan\beta=1900\times\tan12^\circ\approx404\text{N}$$

(2)根据扭转强度条件 $d_{\min}=A_0\sqrt[3]{\frac{P}{n}}$确定轴的最小直径。

查教材表 15-3 得 45 钢 $A_0=110$，则

$$d_{\min}=A_0\sqrt[3]{\frac{P_2}{n_2}}=110\times\sqrt[3]{\frac{3.88}{130}}\approx34.1\text{mm}$$

考虑到轴上有键槽，将轴径增大 5%，则

$$d\geqslant1.05d_{\min}\approx35.8\text{mm}$$

取最小轴径为 $d_{\min}=38\text{mm}$。

由教材表 14-1 查得工况系数：$K_A=1.5$，则联轴器的计算转矩

$$T_{ca}=K_AT_2=1.5\times285=427.5\text{N}\cdot\text{m}$$

查手册，根据标准选择 LX3 型联轴器，其孔径 $d=38\text{mm}$。

(3)轴的结构设计：

①轴承的选择：

为方便轴承装配，应使装轴承段轴径略大于 $d_{\min}$，且考虑为斜齿轮传动，故选取 36308 型轴承。则 $B=23\text{mm}$，$d=40\text{mm}$，$D=90\text{mm}$，即该轴段 $d_2=40\text{mm}$。

②齿轮与轴段的配合：

故齿轮段轴径取 $d_3=45\text{mm}$，根据齿轮齿宽为 90mm，取与齿轮配合轴段的长 $l_2=88\text{mm}$，且采用键连接实现其周向固定。

③轴肩与套筒：

齿轮左端采用轴肩定位，故取该轴肩段直径 $d_4=52\text{mm}$，$l_4=15\text{mm}$；

左轴承与右轴承成对使用，故该段 $d_5=40\text{mm}$，$l_5=B=23\text{mm}$；齿轮和右轴承之间采用套筒进行轴向固定，取套筒长 $l=15\text{mm}$；最后完成该轴的结构设计。

(4)按弯扭合成理论校核。

如图 15-2-4(a)所示，做出轴的受力简图。

①求支反力：

水平面内

$$R_{HA}=R_{HC}=\frac{F_t}{2}=950\text{N}$$

垂直面内

$$R_{VA}=\frac{F_r\frac{l}{2}+F_a\frac{d'_2}{2}}{l}=\frac{707\times71.5+404\times\frac{300}{2}}{2\times71.5}\approx777\text{N}$$

$$R_{VC}=\frac{-F_r\frac{l}{2}+F_a\frac{d'_2}{2}}{l}=\frac{-707\times71.5+404\times\frac{300}{2}}{2\times71.5}\approx70\text{N}$$

②做水平面内的弯矩图如图 15-2-4(b)所示。

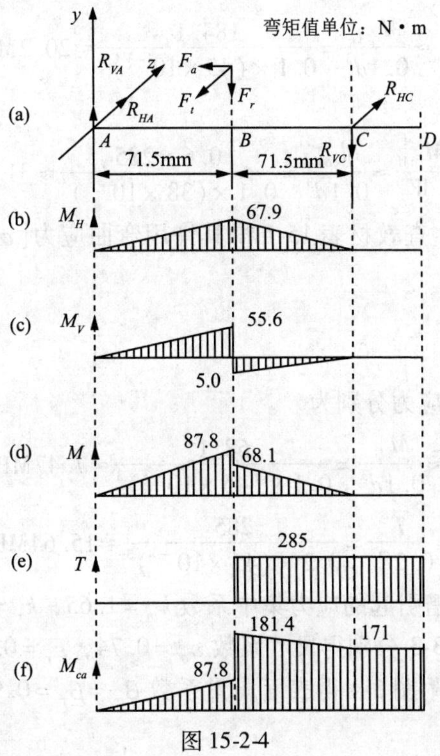

图 15-2-4

B 点的弯矩值

$$M_H=R_{HA}\frac{l}{2}=950\times71.5\times10^{-3}\approx67.9\text{N}\cdot\text{m}$$

垂直面内弯矩图如图 15-2-4(c)所示。

B 点左侧弯矩值

$$M_{V左}=R_{VA}\frac{l}{2}=777\times71.5\times10^{-3}\approx55.6\text{N}\cdot\text{m}$$

B 点右侧弯矩值

$$M_{V右}=R_{VC}\frac{l}{2}=70\times71.5\times10^{-3}\approx5.0\text{N}\cdot\text{m}$$

③合成弯矩 M，如图 15-2-4(d)所示。

$$M_{左}=\sqrt{M_H^2+M_{V左}^2}=\sqrt{67.9^2+55.6^2}\approx87.8\text{N}\cdot\text{m}$$

$$M_{右}=\sqrt{M_H^2+M_{V右}^2}=\sqrt{67.9^2+5.0^2}\approx68.1\text{N}\cdot\text{m}$$

④作扭矩图，如图 15-2-4(e)所示，$T_2=285\text{N}\cdot\text{m}$。

⑤作弯扭合成弯矩图，其中扭转应力按脉动循环应力计算，取 $\alpha=0.6$，可得当量弯矩值。

B 点左侧弯矩值

$$M_{ca左}=\sqrt{M_{左}^2+(\alpha T_{左})^2}=87.8\text{N}\cdot\text{m}$$

B 点右侧弯矩值

$$M_{ca右}=\sqrt{M_{右}^2+(\alpha T_{右})^2}=\sqrt{68.1^2+(0.6\times 285)^2}\approx 184.1\text{N}\cdot\text{m}$$

⑥按弯扭合成强度理论校核：

B 点右侧截面

$$\sigma_{caB}\approx\frac{M_{ca右}}{0.1d^3}=\frac{184.1}{0.1\times(45\times 10^{-3})^3}\approx 20.2\text{MPa}$$

校核最细轴段 D 点

$$\sigma_{caM}=\frac{M_{caM}}{W}\approx\frac{M_{caM}}{0.1d^3}=\frac{0.6\times 285}{0.1\times(38\times 10^{-3})^3}\approx 31.2\text{MPa}$$

对于调质处理的 45 钢，查教材表 15-1 得其许用弯曲应力 $[\sigma_{-1}]=60\text{MPa}$，故强度满足要求。

(5)精确校核危险截面

①校核 B 点右侧截面：

该截面的弯曲应力和切应力分别为

$$\sigma\approx\frac{M_{右}}{0.1d^3}=\frac{68.1}{0.1\times(45\times 10^{-3})^3}\approx 7.47\text{MPa}$$

$$\tau\approx\frac{T}{0.2d^3}=\frac{285}{0.2\times(45\times 10^{-3})^3}\approx 15.64\text{MPa}$$

查教材附表 3-4 得因键槽引起的应力集中系数 $k_\sigma=1.65$，$k_\tau=1.55$；

查教材附图 3-2 和附图 3-3 分别得尺寸系数 $\varepsilon_\sigma=0.74$，$\varepsilon_\tau=0.85$；

轴按磨削加工，查教材附图 3-4 得表面质量系数 $\beta_\sigma=\beta_\tau=0.92$；轴未经表面强化处理，即 $\beta_q=1$；

故该截面轴的综合影响系数：$K_\sigma=\dfrac{k_\sigma}{\varepsilon_\sigma}+\dfrac{1}{\beta_\sigma}-1\approx 2.32$，$K_\tau=\dfrac{k_\tau}{\varepsilon_\tau}+\dfrac{1}{\beta_\tau}-1\approx 1.91$。

取碳钢的特性系数：$\varphi_\sigma=0.1\sim 0.2$，取 $\varphi_\sigma=0.15$；$\varphi_\tau=0.05\sim 0.1$，取 $\varphi_\tau=0.08$。

查教材表 15-1 得：$\sigma_{-1}=275\text{MPa}$，$\tau_{-1}=155\text{MPa}$。

计算安全系数

$$S_\sigma=\frac{\sigma_{-1}}{K_\sigma\sigma_a+\varphi_\sigma\sigma_m}=\frac{275}{2.32\times 7.47+0.15\times 0}\approx 15.87$$

$$S_\tau=\frac{\tau_{-1}}{K_\tau\tau_a+\varphi_\tau\tau_m}=\frac{155}{1.91\times\dfrac{15.64}{2}+0.08\times\dfrac{15.64}{2}}\approx 9.96$$

$$S_{ca}=\frac{S_\sigma S_\tau}{\sqrt{S_\sigma^2+S_\tau^2}}=\frac{15.87\times 9.96}{\sqrt{15.87^2+9.96^2}}\approx 8.44\gg S=1.5$$

故该截面是安全的。

②校核最细轴段：

$$\tau \approx \frac{T}{0.2d^3} = \frac{285}{0.2 \times (38 \times 10^{-3})^3} \approx 25.97\text{MPa}$$

其中，$\frac{r}{d} = \frac{2}{38} \approx 0.052$，$\frac{D}{d} = \frac{40}{38} \approx 1.05$ 时，查教材附表 3-2 并插值得因轴肩引起的应力集中系数 $\alpha_\tau = 1.18$；查教材附图 3-1 得材料的敏性系数 $q_\tau = 0.83$。

则有效应力集中系数

$$k_\tau = 1 + q_\tau(\alpha_\tau - 1) \approx 1.15$$

查教材附图 3-3 得尺寸系数 $\varepsilon_\tau = 0.87$；

该段轴按精车加工，查教材附图 3-4 得表面质量系数 $\beta_\tau = 0.88$；

故该截面轴的综合影响系数

$$K_\tau = \frac{k_\tau}{\varepsilon_\tau} + \frac{1}{\beta_\tau} - 1 = \frac{1.15}{0.87} + \frac{1}{0.88} - 1 \approx 1.46$$

且 $\varphi_\tau = 0.08$，则安全系数

$$S_\tau = \frac{\tau_{-1}}{K_\tau \tau_a + \varphi_\tau \tau_m} = \frac{155}{1.46 \times \frac{25.97}{2} + 0.08 \times \frac{25.97}{2}} \approx 7.8 > S = 1.5$$

故该截面是安全的。

15-7　两级展开式斜齿圆柱齿轮减速器的中间轴（见图 15-2-5a），尺寸和结构如图15-2-5（b）所示。已知：中间轴转速 $n_2 = 180\text{r/min}$，传递功率 $P = 5.5\text{kW}$，有关的齿轮参数见表 15-2-1：

表 15-2-1　题 15-7 的齿轮参数

	m_n/mm	α_n	z	β	旋向
齿轮 2	3	20°	112	10°44′	右
齿轮 3	4	20°	23	9°22′	右

图中 A、D 为圆锥滚子轴承的载荷作用中心。轴的材料为 45 钢（正火）。要求按弯扭合成理论验算轴的截面 Ⅰ 和 Ⅱ 的强度，并精确校核轴的危险截面是否安全。

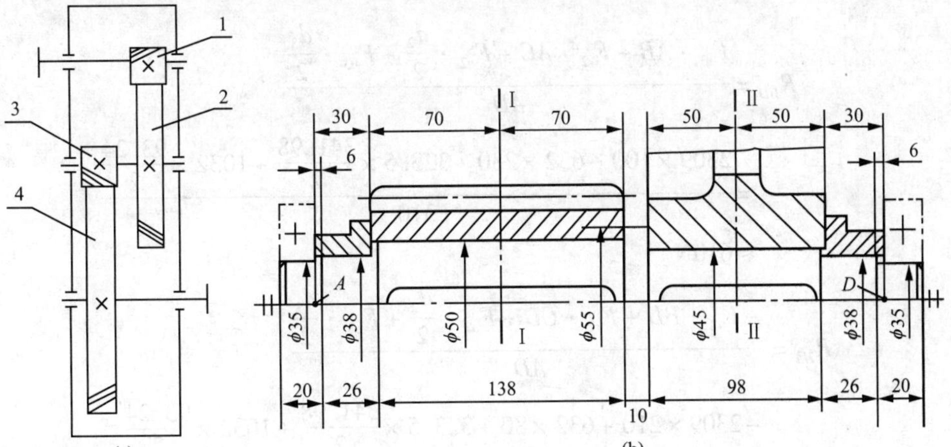

图 15-2-5　两级齿轮减速器的中间轴

解：(1)载荷计算：

该轴传递的扭矩

$$T=9.55\times10^3\frac{P}{n}=9.55\times10^3\times\frac{5.5}{180}\approx291.8\text{N}\cdot\text{m}$$

齿轮 2 的分度圆直径

$$d_2=\frac{m_nz_2}{\cos\beta_2}=\frac{3\times112}{\cos10°44'}\approx341.98\text{mm}$$

齿轮 3 的分度圆直径

$$d_3=\frac{m_nz_3}{\cos\beta_3}=\frac{4\times23}{\cos9°22'}\approx93.24\text{mm}$$

可得两齿轮上的各力分量

圆周力

$$F_{t2}=\frac{2T}{d_2}=\frac{2\times291800}{341.98}\approx1706.5\text{N}$$

$$F_{t3}=\frac{2T}{d_3}=\frac{2\times291800}{93.24}\approx6259\text{N}$$

径向力

$$F_{r2}=F_{t2}\frac{\tan\alpha_n}{\cos\beta_2}=1706.5\times\frac{\tan20°}{\cos10°44'}\approx632\text{N}$$

$$F_{r3}=F_{t3}\frac{\tan\alpha_n}{\cos\beta_3}=6259\times\frac{\tan20°}{\cos9°22'}\approx2309\text{N}$$

轴向力

$$F_{a2}=F_{t2}\tan\beta_2=1706.5\times\tan10°44'\approx323.5\text{N}$$

$$F_{a3}=F_{t3}\tan\beta_3=6259\times\tan9°22'\approx1032\text{N}$$

(2)按弯扭合成理论校核。

如图 15-2-6(a)所示，做出轴的受力简图。

①求支反力：

水平面内

$$R_{HD}=\frac{F_{r3}\cdot AB-F_{r2}\cdot AC+F_{a2}\cdot\frac{d_2}{2}+F_{a3}\cdot\frac{d_3}{2}}{AD}$$

$$=\frac{2309\times100-632\times230+323.5\times\frac{341.98}{2}+1032\times\frac{93.24}{2}}{310}$$

$$\approx610\text{N}$$

$$R_{HA}=\frac{-F_{r3}\cdot BD+F_{r2}\cdot CD+F_{a2}\cdot\frac{d_2}{2}+F_{a3}\cdot\frac{d_3}{2}}{AD}$$

$$=\frac{-2309\times210+632\times80+323.5\times\frac{341.98}{2}+1032\times\frac{93.24}{2}}{310}$$

$$\approx-1067\text{N}$$

垂直面内

$$R_{VA}=\frac{F_{t3}\cdot BD+F_{t2}\cdot CD}{AD}=\frac{6259\times 210+1706.5\times 80}{310}\approx 4680\text{N}$$

$$R_{VD}=F_{t3}+F_{t2}-R_{VA}=6259+1706.5-4680\approx 3286\text{N}$$

②做水平面内的弯矩图如图 15-2-6（b）所示。

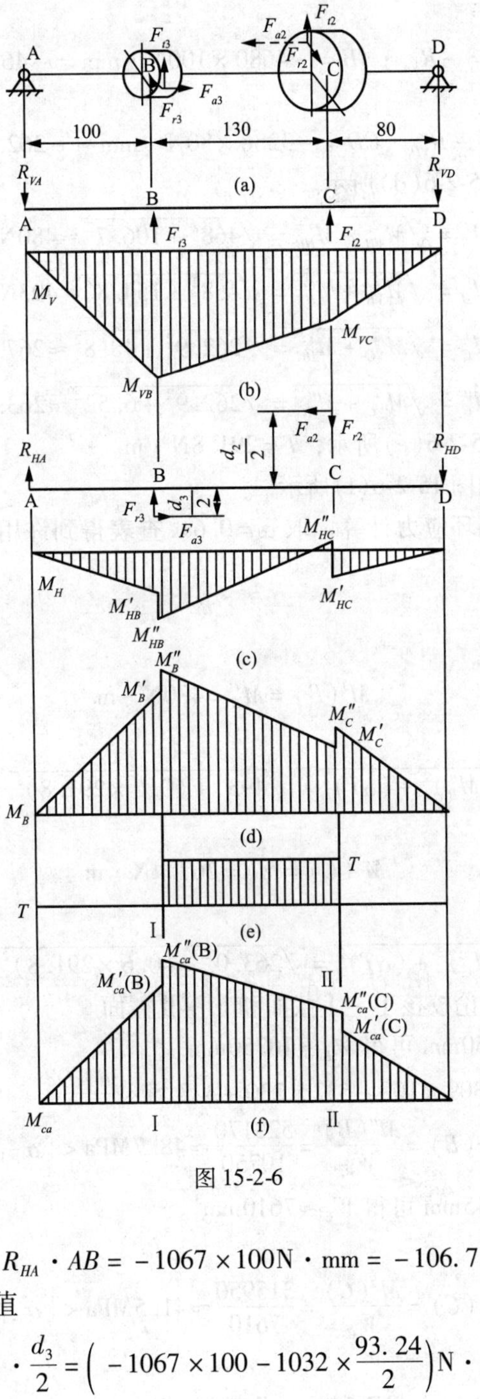

图 15-2-6

B 点左侧截面弯矩值

$$M'_{HB}=R_{HA}\cdot AB=-1067\times 100\text{N}\cdot\text{mm}=-106.7\text{N}\cdot\text{m}$$

B 点右侧截面的弯矩值

$$M''_{HB}=R_{HA}\cdot AB-F_{a3}\cdot\frac{d_3}{2}=\left(-1067\times 100-1032\times\frac{93.24}{2}\right)\text{N}\cdot\text{mm}\approx -154.8\text{N}\cdot\text{m}$$

C 点右侧截面弯矩值

$$M'_{HC}=-R_{HD}\cdot CD=-610\times 80\text{N}\cdot\text{mm}=-48.8\text{N}\cdot\text{m}$$

C 点左侧截面的弯矩值

$$M''_{HC}=F_{a2}\cdot\frac{d_2}{2}-R_{HD}\cdot CD=\left(323.5\times\frac{341.98}{2}-610\times 80\right)\text{N}\cdot\text{mm}\approx 6.52\text{N}\cdot\text{m}$$

③垂直面内弯矩图如图 15-2-6(c)所示。

B 截面弯矩值

$$M_{VB}=-R_{VA}\cdot AB=-4680\times 100\text{N}\cdot\text{mm}=-468\text{N}\cdot\text{m}$$

C 截面弯矩值

$$M_{VC}=-R_{VD}\cdot CD=-3286\times 80\text{N}\cdot\text{mm}\approx -262.9\text{N}\cdot\text{m}$$

④合成弯矩，如图 15-2-6(d)所示。

$$M'_B=\sqrt{M_{VB}^2+M_{HB}'^2}=\sqrt{468^2+106.7^2}\approx 480\text{N}\cdot\text{m}$$

$$M''_B=\sqrt{M_{VB}^2+M_{HB}''^2}=\sqrt{468^2+154.8^2}\approx 493\text{N}\cdot\text{m}$$

$$M'_C=\sqrt{M_{VC}^2+M_{HC}'^2}=\sqrt{262.9^2+48.8^2}\approx 267.4\text{N}\cdot\text{m}$$

$$M''_C=\sqrt{M_{VC}^2+M_{HC}''^2}=\sqrt{262.9^2+6.52^2}\approx 263.0\text{N}\cdot\text{m}$$

⑤作扭矩图，如图 15-2-6(e)所示，$T=291.8\text{N}\cdot\text{m}$。

⑥作弯扭合成图，如图 15-2-6(f)所示。

扭转切应力按脉动循环应力计算，取 $\alpha=0.6$。查表得到许用弯曲应力 $[\sigma_{-1}]=55\text{MPa}$，且 $\sigma_B=590\text{MPa}$。

各点当量弯矩值为

B 点左侧截面

$$M'(B)=M'_B=480\text{N}\cdot\text{m}$$

B 点右侧截面

$$M''(B)=\sqrt{(M''_B)^2+(\alpha T)^2}=\sqrt{493^2+(0.6\times 291.8)^2}\approx 523.17\text{N}\cdot\text{m}$$

C 点右侧截面

$$M'(C)=M'_C=267.4\text{N}\cdot\text{m}$$

C 点左侧截面

$$M''(C)=\sqrt{(M_C)^2+(\alpha T)^2}=\sqrt{263.0^2+(0.6\times 291.8)^2}\approx 315.95\text{N}\cdot\text{m}$$

⑦按弯扭合成强度理论校核Ⅰ－Ⅰ截面和Ⅱ－Ⅱ截面。

Ⅰ－Ⅰ截面：由 $d=50\text{mm}$ 可得 $W_B\approx 10750\text{mm}^3$。

故

$$\sigma(B)=\frac{M''(B)}{W_B}=\frac{523170}{10750}\approx 48.7\text{MPa}<[\sigma_{-1}]$$

Ⅱ－Ⅱ截面：由 $d=45\text{mm}$ 可得 $W_C\approx 7610\text{mm}^3$。

故

$$\sigma(C)=\frac{M''(C)}{W_C}=\frac{315950}{7610}\approx 41.5\text{MPa}<[\sigma_{-1}]$$

因此该轴是安全的。

(3)精确校核该轴的Ⅰ－Ⅰ截面和Ⅱ－Ⅱ截面。

①Ⅰ－Ⅰ截面：

该截面的弯曲应力

$$\sigma \approx \frac{M''_B}{0.1d^3} = \frac{493}{0.1 \times (50 \times 10^{-3})^3} \approx 39.44\text{MPa}$$

扭转切应力

$$\tau \approx \frac{T}{0.2d^3} = \frac{291.8}{0.2 \times (50 \times 10^{-3})^3} = 11.67\text{MPa}$$

查教材附表 3-4 得因键槽引起的应力集中系数 $k_\sigma = 1.57$，$k_\tau = 1.49$；
查教材附图 3-2 和附图 3-3 分别得尺寸系数 $\varepsilon_\sigma = 0.74$，$\varepsilon_\tau = 0.85$；
轴按磨削加工，查教材附图 3-4 得表面质量系数 $\beta_\sigma = \beta_\tau = 0.92$；
故该截面轴的综合影响系数

$$K_\sigma = \frac{k_\sigma}{\varepsilon_\sigma} + \frac{1}{\beta_\sigma} - 1 \approx 2.21$$

$$K_\tau = \frac{k_\tau}{\varepsilon_\tau} + \frac{1}{\beta_\tau} - 1 \approx 1.84$$

取碳钢的特性系数 $\varphi_\sigma = 0.15$，$\varphi_\tau = 0.08$；
查教材表 15-1 得：$\sigma_{-1} = 255\text{MPa}$，$\tau_{-1} = 140\text{MPa}$。
计算安全系数

$$S_\sigma = \frac{\sigma_{-1}}{K_\sigma \sigma_a + \varphi_\sigma \sigma_m} = \frac{255}{2.21 \times 39.44 + 0.15 \times 0} \approx 2.93$$

$$S_\tau = \frac{\tau_{-1}}{K_\tau \tau_a + \varphi_\tau \tau_m} = \frac{140}{1.84 \times \frac{11.67}{2} + 0.08 \times \frac{11.67}{2}} \approx 12.50$$

$$S_{ca} = \frac{S_\sigma S_\tau}{\sqrt{S_\sigma^2 + S_\tau^2}} = \frac{2.93 \times 12.50}{\sqrt{2.93^2 + 12.50^2}} \approx 2.85 > S = 1.5$$

故该截面是安全的。
②Ⅱ－Ⅱ截面：
该截面的弯曲应力

$$\sigma \approx \frac{M''_C}{0.1d^3} = \frac{263}{0.1 \times (45 \times 10^{-3})^3} \approx 28.86\text{MPa}$$

扭转切应力

$$\tau \approx \frac{T}{0.2d^3} = \frac{291.8}{0.2 \times (45 \times 10^{-3})^3} \approx 16.0\text{MPa}$$

查教材附表 3-4 得因键槽引起的应力集中系数 $k_\sigma = 1.57$，$k_\tau = 1.49$；
查教材附图 3-2 和附图 3-3 分别得尺寸系数 $\varepsilon_\sigma = 0.75$，$\varepsilon_\tau = 0.87$；
轴按磨削加工，查教材附图 3-4 得表面质量系数 $\beta_\sigma = \beta_\tau = 0.92$；
故该截面轴的综合影响系数

$$K_\sigma = \frac{k_\sigma}{\varepsilon_\sigma} + \frac{1}{\beta_\sigma} - 1 \approx 2.18$$

$$K_\tau = \frac{k_\tau}{\varepsilon_\tau} + \frac{1}{\beta_\tau} - 1 \approx 1.80$$

取碳钢的特性系数 $\varphi_\sigma = 0.15$，$\varphi_\tau = 0.08$；

查教材表 15-1 得

$$\sigma_{-1}=255\mathrm{MPa},\ \tau_{-1}=140\mathrm{MPa}$$

计算安全系数

$$S_{\sigma}=\frac{\sigma_{-1}}{K_{\sigma}\sigma_{a}+\varphi_{\sigma}\sigma_{m}}=\frac{255}{2.18\times 28.86+0.15\times 0}\approx 4.05$$

$$S_{\tau}=\frac{\tau_{-1}}{K_{\tau}\tau_{a}+\varphi_{\tau}\tau_{m}}=\frac{140}{1.80\times\frac{16.0}{2}+0.08\times\frac{16.0}{2}}\approx 9.31$$

$$S_{ca}=\frac{S_{\sigma}S_{\tau}}{\sqrt{S_{\sigma}^{2}+S_{\tau}^{2}}}=\frac{4.05\times 9.31}{\sqrt{4.05^{2}+9.31^{2}}}\approx 3.71>S=1.5$$

故Ⅱ－Ⅱ截面是安全的。

15-8　一蜗杆轴的结构如图 15-2-7 所示，试计算其确定弯曲刚度的当量直径 d_v。

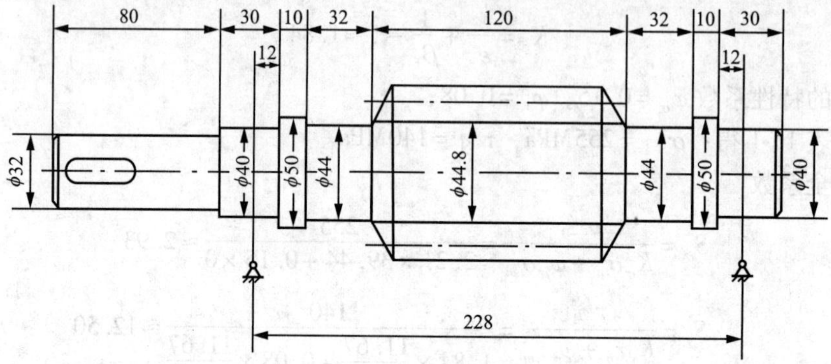

图 15-2-7　蜗杆轴结构图

解： 由公式 $d_v=\sqrt[4]{\dfrac{L}{\sum\limits_{i=1}^{z}\dfrac{l_i}{d_i^4}}}$ 计算得该蜗杆轴的当量直径

$$d_v=\sqrt[4]{\frac{L}{\sum\limits_{i=1}^{z}\frac{l_i}{d_i^4}}}=\sqrt[4]{\frac{228}{\frac{2\times 10}{50^4}+\frac{2\times 32}{44^4}+\frac{120}{44.8^4}+\frac{2\times 12}{40^4}}}\approx 44.26\mathrm{mm}$$

15.3　名校考研真题

一、选择题

1．(　　)在受较大轴向力时，可用于轴向固定。［河海大学 2025 研］

A．弹性挡圈　　B．轴端挡圈　　C．紧定螺钉　　D．圆螺母

2．在轴的初步估算时，轴的直径是按(　　)来初步确定的。［扬州大学 2019 研；浙江大学 2013 研］

A．弯矩　　B．扭矩

C．轴上零件孔径　　D．轴的安全系数

3．按弯扭合成强度条件计算轴的应力时，公式中折算系数 α 是考虑(　　)。［长沙理工大学 2018 研；中山大学 2013 研］

A．材料抗弯与抗扭的性能不同

B. 强度理论的要求

C. 弯曲应力和扭转切应力的循环性质不同

4. 工作时只承受弯矩，不传递转矩的轴，称为(　　)。[扬州大学 2022 研]

A. 心轴　B. 转轴　C. 传动轴　D. 曲轴

5. 对轴采用热处理，可以提高轴(　　)。[浙江大学 2013 研]

A. 静强度　B. 刚度　C. 疲劳强度　D. 耐冲击性能

6. 作单向运转的转轴，其弯曲应力的变化特征是(　　)。[中山大学 2015 研]

A. 对称循环　B. 脉动循环　C. 恒定不变　D. 非对称循环

二、填空题

1. 公差配合符号 H7 表示______的公差带为 H，后继数字 7 表示______。[中山大学 2013 研]

2. 轴环的用途是______，当轴上零件要求承受轴向力时，采用______来进行轴向定位，所能承受的轴向力较大。[厦门大学 2012 研]

3. 公差配合符号 F6/h5 表示基______制配合，配合性质为______。[中山大学 2014 研]

4. 轴上零件的轴向固定常用方法有______、______、______、______和______等。[中国科学院大学 2013 研]

5. 心轴在工作中只受______作用而不传递______。[常州大学 2015 研]

6. 根据轴的承载情况不同，轴一般分为：______、______和______三类。[中山大学 2013、2014 研]

7. 轴的设计一般先进行______，再进行______。[西北工业大学 2015 研]

8. 减速器中的轴，为了便于轴上零件的安装与定位，通常加工成______。[沈阳工业大学 2018 研]

9. 轴的结构设计，包括定出______和______。[长安大学 2024 研]

三、判断题

1. 转轴仅用以传递运动，只受扭矩作用而不受弯矩作用。(　　)[广东工业大学 2014 研]

2. 经调质处理的 45 号钢制轴，验算刚度时发现不足，合理的改进方法是改用合金钢。(　　)[浙江大学 2010 研]

四、简答题

1. 为什么空心圆截面比实心圆截面的抗扭性能好？[中山大学 2013 研]

2. 当量弯矩 $M_{ca}=\sqrt{M^2+(\alpha T)^2}$ 中，α 的含义是什么？[华中科技大学 2013 研]

3. 提高轴的疲劳强度的措施有哪些？[武汉理工大学 2008 研]

4. 轴的强度计算一般认为有三种方法，各自的使用条件是什么？[中国科学院大学 2013 研]

5. 常见的轴为什么多为阶梯轴？确定各轴段的直径和长度时要考虑哪些问题？[浙江理工大学 2019 研]

五、改错题

1. 指出图 15-3-1 中的结构错误(在有错处画○编号，并分析错误原因)，并在轴心线下侧画出其正确结构图。(齿轮采用油润滑、轴承采用脂润滑)[四川大学 2013 研]

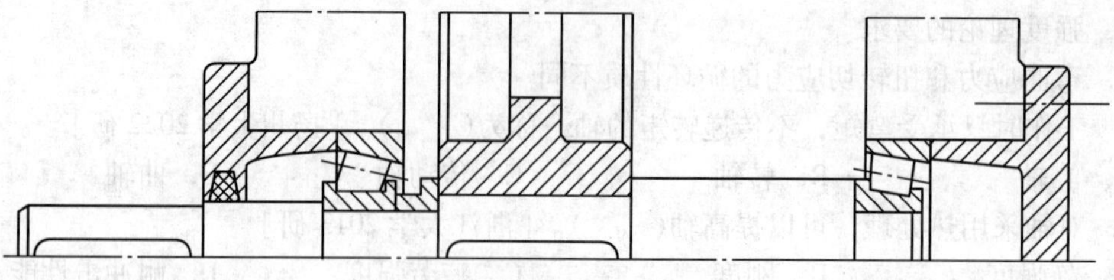

图 15-3-1

2. 图 15-3-2 中为一对圆锥滚子轴承支承的轴系，齿轮油润滑，轴承脂润滑，轴端装有联轴器。试指出图中的错误（在图中错误处写出序号①②③…），并按序号简要说明错误的内容，不必在图中改正。［中山大学 2015 研］

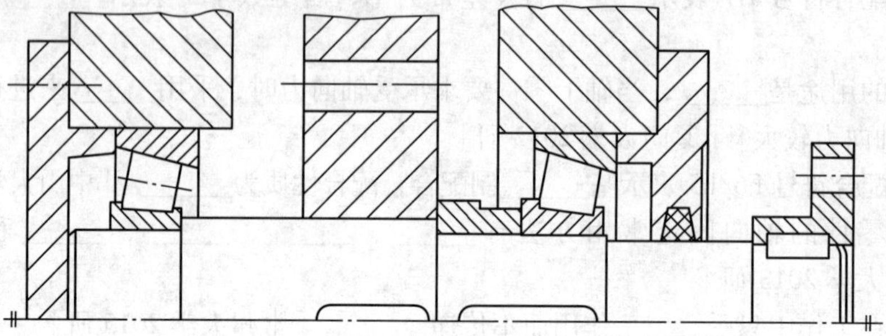

图 15-3-2

3. 改正图 15-3-3 中轴系结构错误及不合理之处，并简要说明原因。注意：轴不长且工作温升不高；过渡圆角及倒角已简化。［华中科技大学 2012 研］

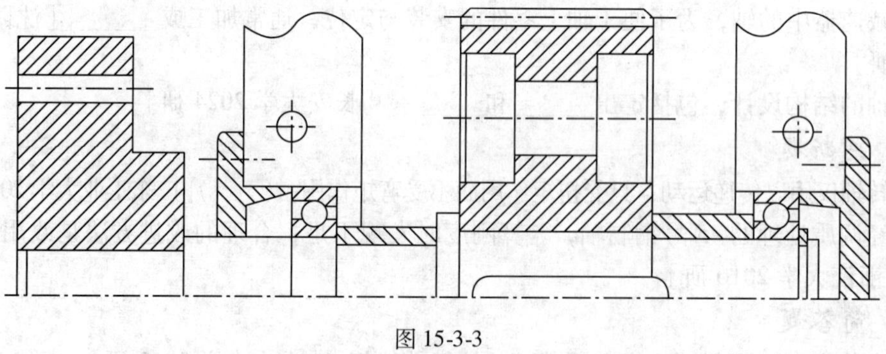

图 15-3-3

4. 指出图 15-3-4 中的结构错误与不合理之处，简单说明原因。［大连理工大学 2001 研］

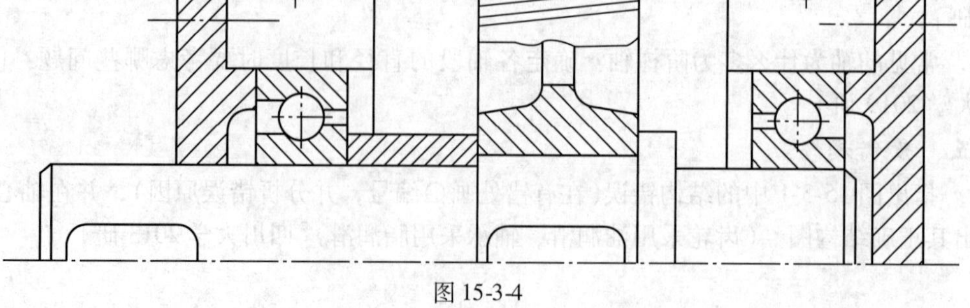

图 15-3-4

5. 按图 15-3-5 示方法指出斜齿圆柱齿轮轴承部件(稀油润滑)结构中的错误，把该图抄至答题纸上，并在相应位置标注，在轴线下对称位置画出正确的结构图。[中山大学 2013 研]

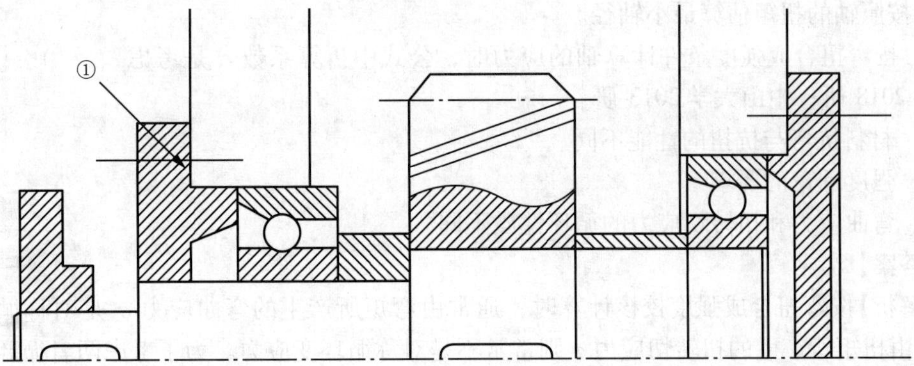

图 15-3-5

6. 指出图 15-3-6 中齿轮轴系上的错误结构并改正之，绘出正确的结构装配图，滚动轴承采用脂润滑。[中国科学技术大学 2013 研]

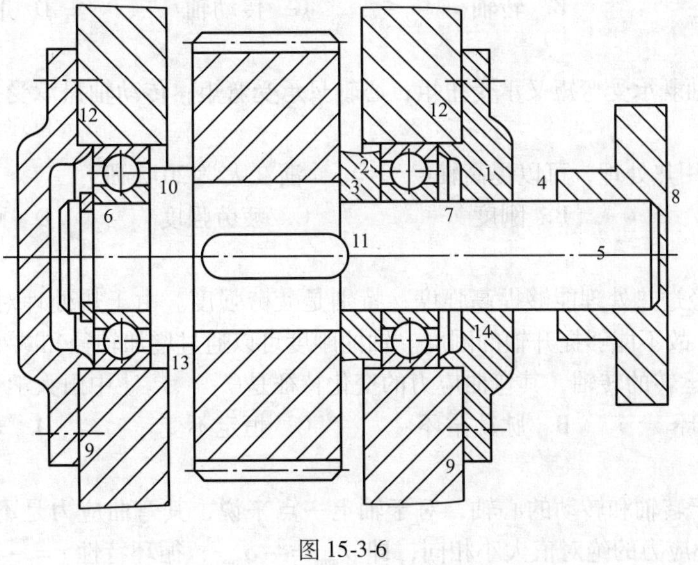

图 15-3-6

15.4 名校考研真题详解

一、选择题

1. (　　)在受较大轴向力时，可用于轴向固定。[河海大学 2025 研]

A. 弹性挡圈　　B. 轴端挡圈　　C. 紧定螺钉　　D. 圆螺母

【答案】D

【解析】圆螺母定位可承受大的轴向力，但轴上螺纹处有较大的应力集中，会降低轴的疲劳强度，故一般用于固定轴端的零件，有双圆螺母和圆螺母与止动垫圈两种形式。

2. 在轴的初步估算时，轴的直径是按(　　)来初步确定的。[扬州大学 2019 研；浙江大学 2013 研]

A. 弯矩　　B. 扭矩　　C. 轴上零件孔径　　D. 轴的安全系数

【答案】B

【解析】初定轴径的大小时，往往不清楚支撑力的作用点，从而无法确定弯矩大小以及分布，所以通过轴的载荷以及应力确定轴径。设计轴的结构前，已经知道轴的扭矩大小。所以可以按照轴的扭矩估算最小轴径。

3．按弯扭合成强度条件计算轴的应力时，公式中折算系数 α 是考虑(　　)。[长沙理工大学 2018 研；中山大学 2013 研]

A．材料抗弯与抗扭的性能不同

B．强度理论的要求

C．弯曲应力和扭转切应力的循环性质不同

【答案】C

【解析】按弯扭合成强度校核计算时，通常由弯矩所产生的弯曲应力 σ 是对称循环变应力，而由扭矩所产生的扭转切应力 τ 则常常不是对称循环变应力。为了考虑两者循环特性不同的影响，引入折合系数 α。即 α 是考虑扭矩和弯矩的加载情况及产生应力的循环特征差异的系数。

4．工作时只承受弯矩，不传递转矩的轴，称为(　　)。[扬州大学 2022 研]

A．心轴　　B．转轴　　C．传动轴　　D．曲轴

【答案】A

【解析】转轴既承受弯矩又承受扭矩；心轴只承受弯矩；传动轴只承受扭矩(不承受弯矩或弯矩很小)。

5．对轴采用热处理，可以提高轴(　　)。[浙江大学 2013 研]

A．静强度　　B．刚度　　C．疲劳强度　　D．耐冲击性能

【答案】C

【解析】轴经过热处理能够提高强度，特别是疲劳强度。由于热处理对材料的弹性模量几乎没有影响，故不能够提升轴的刚度。轴的刚度可以通过增加轴径和减小跨距来提升。

6．作单向运转的转轴，其弯曲应力的变化特征是(　　)。[中山大学 2015 研]

A．对称循环　　B．脉动循环　　C．恒定不变　　D．非对称循环

【答案】A

【解析】对于转轴和转动的心轴，对于轴上一点来说，其弯曲应力是不断变换的，且其最大应力与最小应力的绝对值大小相同，即 $\sigma_{min} = -\sigma_{max}$，循环特性 $r = -1$，即变化特征是对称循环。

二、填空题

1．公差配合符号 H7 表示______的公差带为 H，后继数字 7 表示______。[中山大学 2013 研]

【答案】基准孔；公差等级为 7 级

【解析】本题考查公差等级及配合。一般用大写字母表示基准孔的公差带，小写字母表示基准轴的公差带。

2．轴环的用途是______，当轴上零件要求承受轴向力时，采用______来进行轴向定位，所能承受的轴向力较大。[厦门大学 2012 研]

【答案】使轴上零件获得轴向定位；轴肩

【解析】零件在轴上的固定可采用轴肩、套筒、螺母、紧定螺钉或弹性挡圈。

3. 公差配合符号 F6/h5 表示基______制配合，配合性质为______。[中山大学 2014 研]

【答案】轴；间隙配合

【解析】基轴制指轴的公差选 h，公差等级任意，IT0 到 IT18 都可以，此时轴的上偏差为 0。与之相配合的孔的公差带将决定配合性质。

4. 轴上零件的轴向固定常用方法有______、______、______、______和______等。[中国科学院大学 2013 研]

【答案】轴肩固定；套筒固定；轴承端盖；圆螺母；轴端挡圈

【解析】本题考查轴向固定的方法。轴上的零件在受力后可能发生轴向或者径向的相对运动，考虑到游动或者空转的要求，轴上零件必须进行轴向与径向定位，从而确保工作位置准确。

5. 心轴在工作中只受______作用而不传递______。[常州大学 2015 研]

【答案】弯矩；转矩

【解析】轴按承受的载荷和应力不同可分为：心轴、传动轴、转轴。其中心轴在工作中只受弯矩作用；传动轴在工作中只传递转矩；转轴在工作中既受弯矩作用又传递转矩。

6. 根据轴的承载情况不同，轴一般分为：______、______和______三类。[中山大学 2013、2014 研]

【答案】转轴；传动轴；心轴

【解析】本题考查轴的分类。工作中既承受弯矩又承受扭矩的轴称为转轴。只承受弯矩而不承受扭矩的轴称为心轴。心轴又分为转动心轴和固定心轴两种。只承受扭矩而不承受弯矩(或弯矩很小)的轴称为传动轴。

7. 轴的设计一般先进行______，再进行______。[西北工业大学 2015 研]

【答案】结构设计；工作能力计算

【解析】本题考查轴设计的主要内容。结构设计的内容为依据零件安装定位或者制造工艺方面等要求，将轴的结构形式和尺寸合理制定；而对轴工作能力计算则是包括强度和刚度以及振动稳定性方面的校验。

8. 减速器中的轴，为了便于轴上零件的安装与定位，通常加工成______。[沈阳工业大学 2018 研]

【答案】阶梯轴

【解析】按照外形分类，直轴可分为光轴和阶梯轴。前者结构简单，而且容易加工，应力集中比较少，缺点是轴上零件不易装配和定位；后者的特点与前者正好相反。

9. 轴的结构设计，包括定出______和______。[长安大学 2024 研]

【答案】轴的结构形式；尺寸

【解析】轴的结构设计是根据轴上零件的安装、定位以及轴的制造工艺等方面的要求，合理地确定轴的结构形式和尺寸。

三、判断题

1. 转轴仅用以传递运动，只受扭矩作用而不受弯矩作用。(　　)[广东工业大学 2014 研]

【答案】错

【解析】传动轴仅用以传递运动，只受扭矩作用而不受弯矩作用；转轴既承受扭矩又承受弯矩。

2. 经调质处理的 45 号钢制轴，验算刚度时发现不足，合理的改进方法是改用合金钢。

(　　)［浙江大学 2010 研］

【答案】错

【解析】将轴的材料从 45 号钢改为合金钢或高强度合金钢，均不能有效改善轴的刚度，原因是在一般工作温度下，三者的弹性模量相差不大。改变轴的直径、改变轴的支承位置及改变轴的结构均可有效提高轴的刚度。

四、简答题

1. 为什么空心圆截面比实心圆截面的抗扭性能好？［中山大学 2013 研］

答：空心圆截面比实心圆截面的抗扭性能好的原因是：

在横截面面积相同的情况下，横截面上的扭矩主要由靠近圆轴表面的那部分材料承受，靠近中心部分的材料几乎没有发挥承载作用。若把中心部分的材料移到边缘，使其成为空心轴，不仅承受应力的能力提高而且半径增加，故能承受更大的扭矩，就能有效提高轴的承载能力。

2. 当量弯矩 $M_{ca}=\sqrt{M^2+(\alpha T)^2}$ 中，α 的含义是什么？［华中科技大学 2013 研］

答：当量弯矩 $M_{ca}=\sqrt{M^2+(\alpha T)^2}$ 中，α 是考虑弯曲应力与转矩所产生的扭转切应力的应力循环特性不同而引入的折合系数。

(1)转矩不变时，$\alpha=\frac{[\sigma_{-1b}]}{[\sigma_{+1b}]}\approx 0.3$；

(2)当转矩脉动变化时，$\alpha=\frac{[\sigma_{-1b}]}{[\sigma_{0b}]}\approx 0.6$；

(3)对于频繁正反转的轴，可作为对称循环变应力，$\alpha=1$。

(4)若转矩的变化规律不清楚，一般可按脉动循环处理。

其中$[\sigma_{-1b}]$、$[\sigma_{0b}]$、$[\sigma_{+1b}]$，分别为对称循环、脉动循环及静应力状态下的许用弯曲应力。

3. 提高轴的疲劳强度的措施有哪些？［武汉理工大学 2008 研］

答：提高轴的疲劳强度的措施包括：

(1)减小应力集中；

(2)改进轴的表面质量。如工件表面采取高频淬火、滚压、渗氮等表面强化方法；

(3)改善轴的受力情况：

①改进轴上零件的结构，可减小轴上载荷；

②改变轴上零件的布置。

4. 轴的强度计算一般认为有三种方法，各自的使用条件是什么？［中国科学院大学 2013 研］

答：轴强度计算的三种方法及其使用条件：

(1)传动轴(只承受扭矩)：按照扭转强度计算；

(2)心轴(只承受弯矩)：按照弯曲强度计算；

(3)转轴：依据弯扭合成强度条件计算，必要时通过疲劳强度条件精确核验。

另外，有的轴受到的瞬时载荷大，或者应力循环不对称，需要按照峰值载荷校核强度，防止有过量塑性形变。

5. 常见的轴为什么多为阶梯轴？确定各轴段的直径和长度时要考虑哪些问题？［浙江理工大学 2019 研］

答：(1)常见转轴做成阶梯轴主要是为了满足轴上零件的装配方案和定位要求。轴不仅要配合轴承、齿轮等的内径尺寸，还要考虑轴上零件的定位需求(比如轴肩等)。除此之外，还要考虑节约材料、降低成本的问题。

(2)各轴段直径和长度的确定：

①通过轴的扭矩估算最小轴径，再通过零件的装配和定位要求，从小到大逐步确定每一段的直径。

②如果有配合要求，选用标准直径；安装标准件部位，选用相应标准值与配合公差。

③配合轴段前，选用较小直径，如果有过盈配合的零件，轴段的压入端制造锥度。

④对每个轴段的长度进行确定时，保证结构紧凑，同时也要有装配和调整空间。

⑤与齿轮和联轴器配合的部分通常比轮毂短 2 ~ 3mm，从而保证轴向定位可靠。

五、改错题

1. 指出图 15-4-1 中的结构错误(在有错处画○编号，并分析错误原因)，并在轴心线下侧画出其正确结构图。(齿轮采用油润滑、轴承采用脂润滑)［四川大学 2013 研］

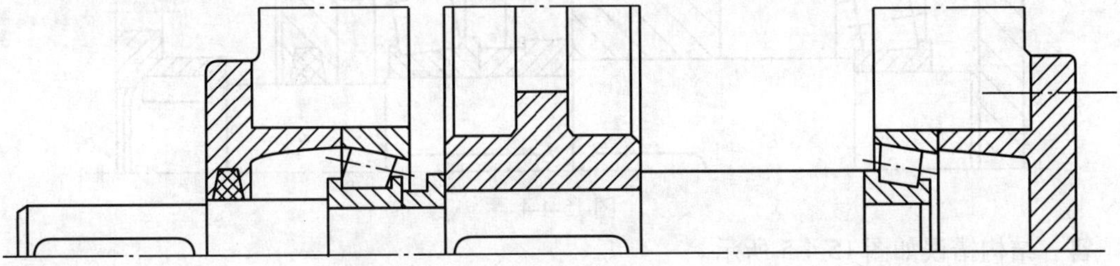

图 15-4-1

解：(1)结构错误如图 15-4-2 所示。

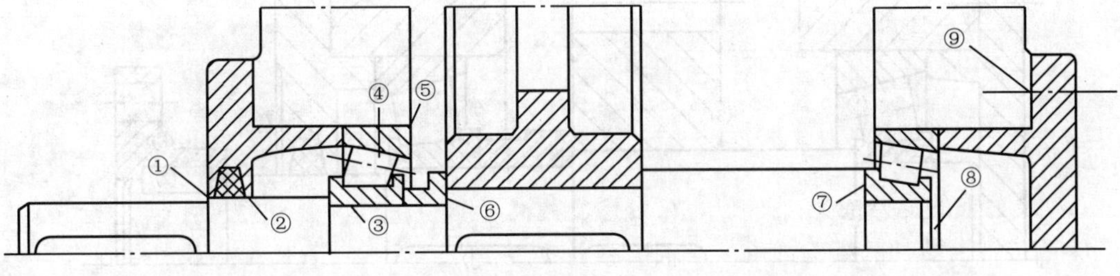

图 15-4-2

①固定轴肩端面与轴承盖的轴端间距太小；

②轴承盖与轴之间应有间隙；

③轴承内环和套筒装不上也拆不下来；

④轴承安装方向不对；

⑤轴承外圈内与壳体内壁间应该有 5 ~ 8mm 间距；

⑥轮毂宽度应超出轴段 2 ~ 3mm；

⑦轴承内圈拆不下来；

⑧轴段太短，轴端应稍微伸出轴承右端面；

⑨缺少调整垫圈。

(2)正确结构图如下图 15-4-3 所示。

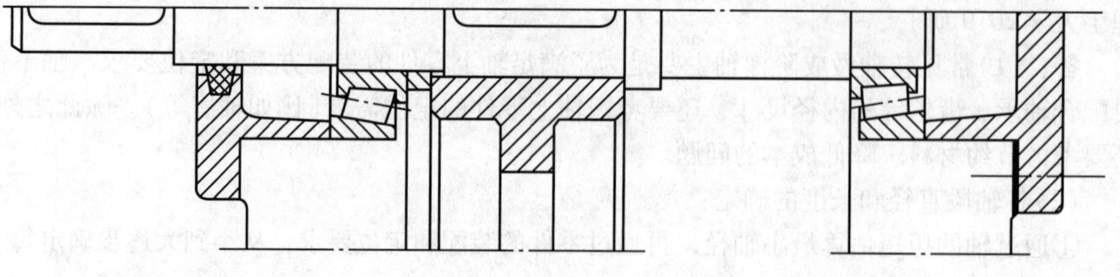

图 15-4-3

2. 图 15-4-4 中为一对圆锥滚子轴承支承的轴系，齿轮油润滑，轴承脂润滑，轴端装有联轴器。试指出图中的错误(在图中错误处写出序号①②③…)，并按序号简要说明错误的内容，不必在图中改正。[中山大学 2015 研]

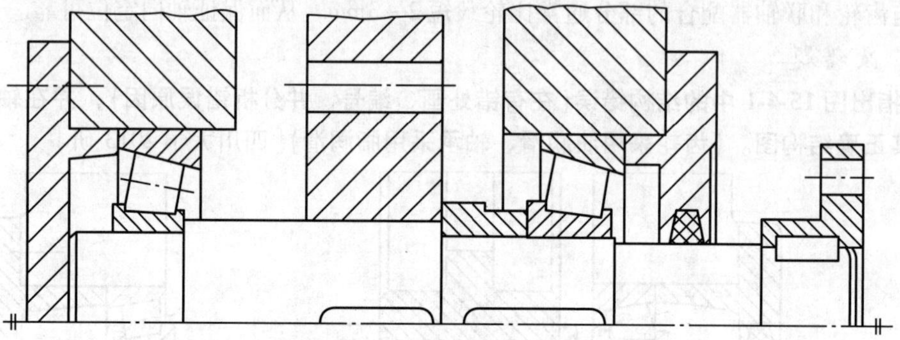

图 15-4-4

答：结构错误如图 15-4-5 所示。

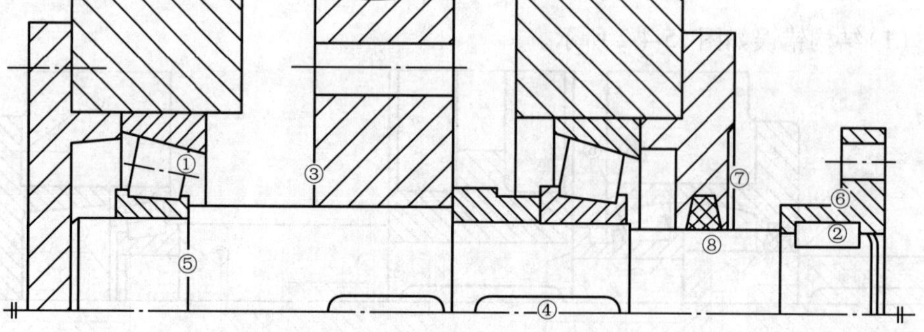

图 15-4-5

错误①：左端圆锥滚子轴承安装方向相反。

错误②：联轴器键的位置错误，所有的键应当在同一母线上。

错误③：中间齿轮缺乏轴向定位。

错误④：与右侧圆锥滚子轴承相连轴段多加工额外的键槽。

错误⑤：左侧圆锥滚子轴承所在轴段应当有砂轮越程槽。

错误⑥：两侧端盖的螺栓连接处应当有凸台，且要保证加工精度。

错误⑦：右侧端盖未轴向定位。

错误⑧：端盖与轴之间应留有间隙。

3. 改正图 15-4-6 中轴系结构错误及不合理之处，并简要说明原因。注意：轴不长且工作温升不高；过渡圆角及倒角已简化。[华中科技大学 2012 研]

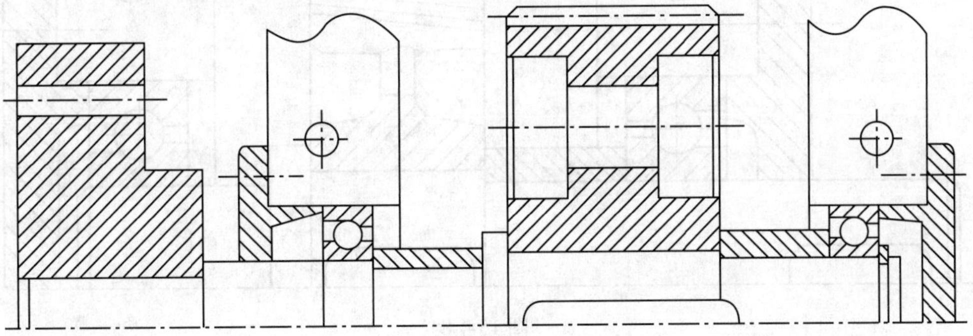

图 15-4-6

答：(1)图中轴系结构错误及不合理之处如下：

①联轴器周向未定位；

②轴承端盖与轴直接接触，且无密封；

③轴承端盖与机座间无调整垫片；

④轴承应采用正装；

⑤左侧轴承所处轴段较长，缺少装配轴肩(非定位轴肩)；

⑥箱体端面加工面与非加工面没有分开；

⑦用于齿轮周向固定的键过长；

⑧与齿轮相配合部分的轴段长度应比齿轮轮毂略短，保证可靠定位；

⑨套筒高度超过右轴承内圈高度，本应低于轴承内圈；

⑩右轴承右侧不需要弹性挡圈定位；

⑪联轴器的螺栓连接处应当由凸台，且要保证加工精度。

(2)改正情况如图 15-4-7 所示。

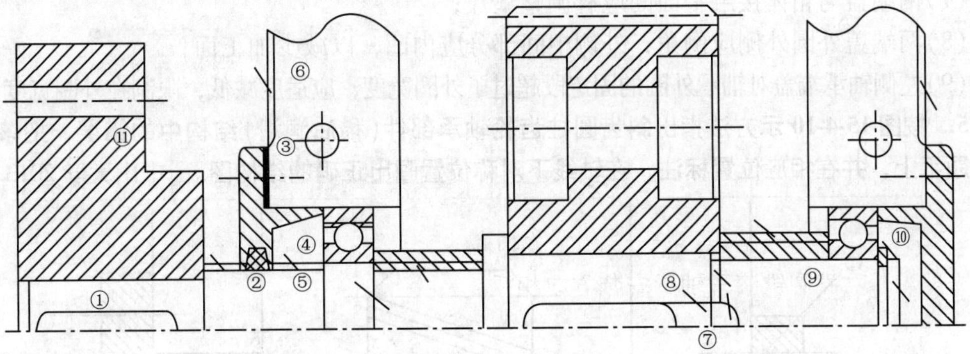

图 15-4-7

4. 指出图 15-4-8 中的结构错误与不合理之处，简单说明原因。[大连理工大学 2001 研]

解：如图 15-4-9 所示，图 15-4-8 中的结构错误与不合理之处主要有：

(1)伸出轴颈应加长，且应有轴肩，作为轴上零件轴向定位用，且轴肩距端盖应有足够距离，以免轴上零件与端盖螺钉头部干涉；

(2)端盖与轴之间应有间隙，且应用密封毡圈密封；

(3)左边滚动轴承所在的轴段的轴径应稍大于轴承左端面以左的轴径(名义尺寸相同，

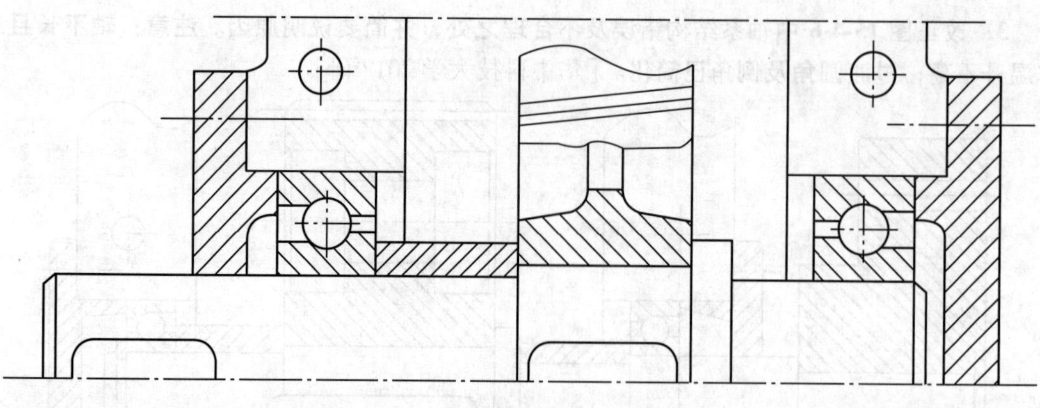

图 15-4-8

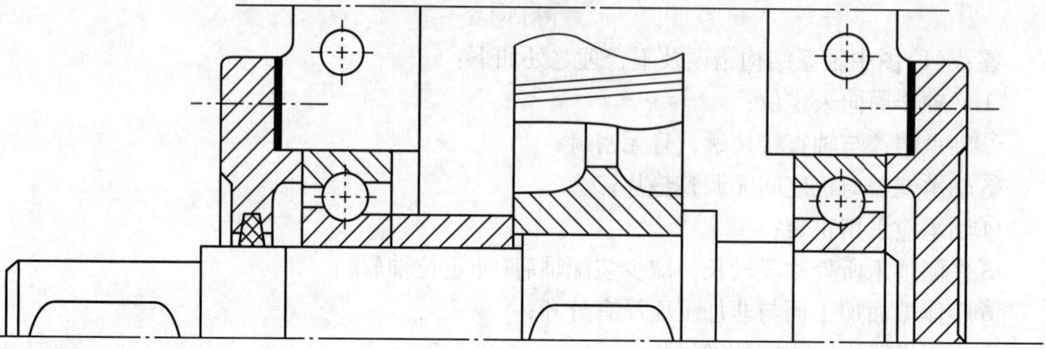

图 15-4-9

公差不同也可），以便于轴承的安装；

（4）两轴承应反向 180°安装，变为面对面正装；

（5）与齿轮配合的轴段长度应比轮毂宽度短 2～3mm，以保证套筒顶住齿轮端面；

（6）右轴承左边轴上应有轴肩，作为轴承轴向定位用；

（7）两端盖与箱体接触平面间应有调整垫片；

（8）两端盖外圆外侧应倒角，外侧中间部分应内凹，以减少加工面；

（9）左侧轴承端盖对轴承外圈的固定段超过了外圈宽度，应适度减低，限制在外圈宽度内。

5．按图 15-4-10 示方法指出斜齿圆柱齿轮轴承部件（稀油润滑）结构中的错误，把该图抄至答题纸上，并在相应位置标注，在轴线下对称位置画出正确的结构图。［中山大学 2013 研］

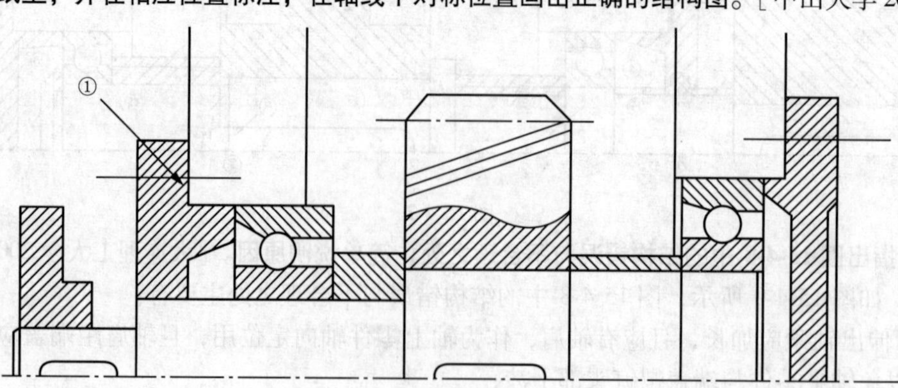

图 15-4-10

答：（1）斜齿轮圆柱齿轮轴承部件结构错误如图 15-4-11：

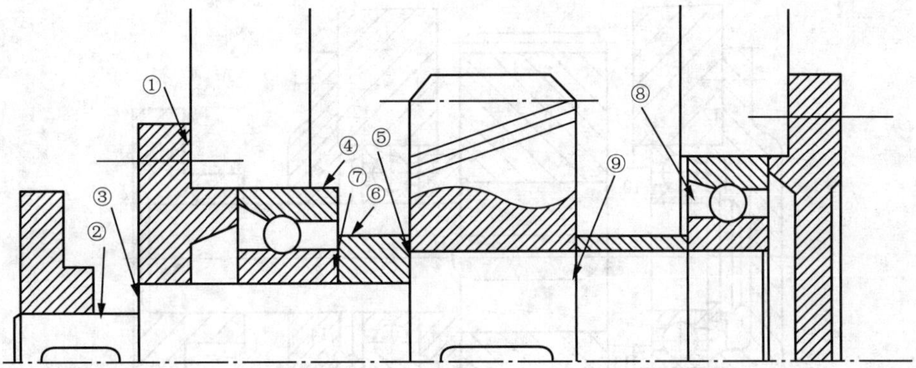

图 15-4-11

①没加调整垫片；

②联轴器右端用轴肩定位；

③轴承端盖与轴直接接触，且无密封；

④轴承应布置成面对面或背对背；

⑤应保证齿轮左端可靠定位；

⑥套筒直径不应该超过轴承内圈直径；

⑦箱体内壁与轴承右端面留有 3 ~ 5mm 间隙；

⑧轴承内外圈剖面线方向要一致；

⑨齿轮右端用轴肩定位。

(2)正确的结构图如下图 15-4-12 所示。

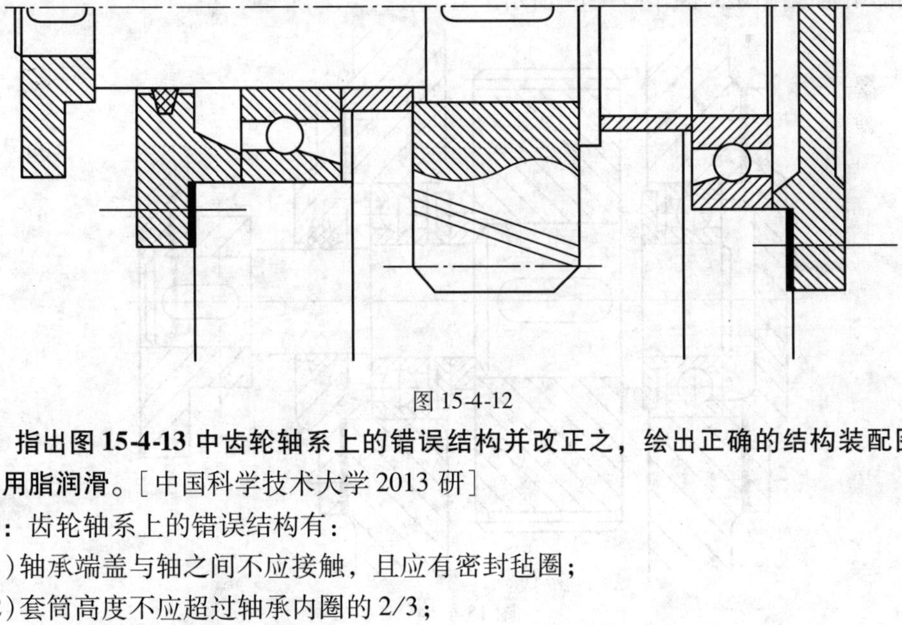

图 15-4-12

6. 指出图 15-4-13 中齿轮轴系上的错误结构并改正之，绘出正确的结构装配图，滚动轴承采用脂润滑。[中国科学技术大学 2013 研]

答：齿轮轴系上的错误结构有：

(1)轴承端盖与轴之间不应接触，且应有密封毡圈；

(2)套筒高度不应超过轴承内圈的 2/3；

(3)齿轮的轴向固定不可靠；

(4)联轴器左端应该用轴肩定位；

(5)联轴器应采用键连接，实现周向定位；

(6)弹性挡圈多余；

(7)轴径右侧装拆路线过长，应相应区分加工面减小直径；

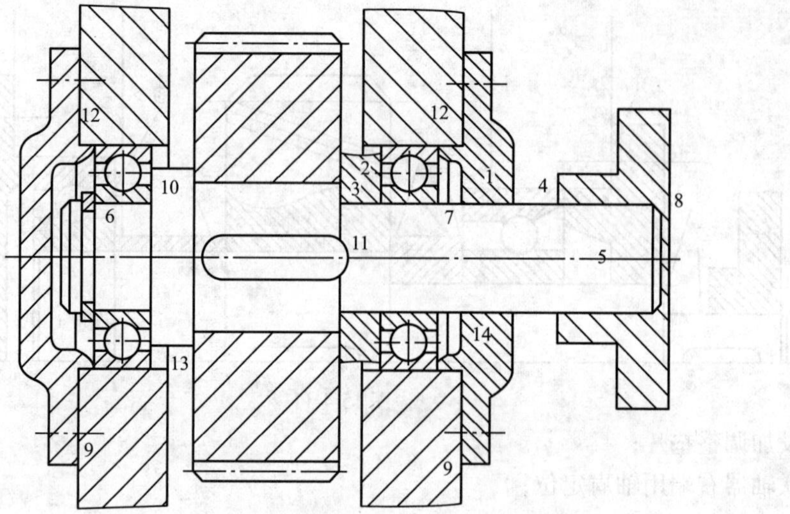

图 15-4-13

(8)联轴器孔应为通孔，和轴的配合长度应合适；

(9)未区分箱体的加工面和非加工面；

(10)左轴承定位轴肩过高，不利于轴承的拆卸；

(11)键槽长度过长；

(12)轴承端盖与箱体之间缺少调整垫片，无法调整轴承间隙；

(13)轴承脂润滑无挡油环。

正确的结构装配图如下图 15-4-14 所示。

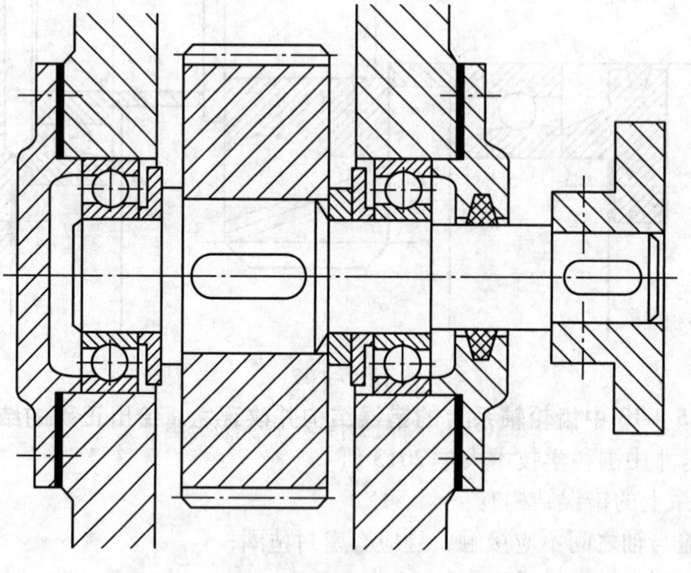

图 15-4-14

第五篇　其他零、部件

第十六章　弹　簧

16.1　复习笔记

【知识框架】

- 弹簧
  - 概述：弹簧的应用与分类
  - 圆柱螺旋弹簧的结构、制造、材料及许用应力
    - 圆柱螺旋弹簧的结构形式
    - 制造
    - 弹簧的材料及许用应力
  - 圆柱螺旋压缩(拉伸)弹簧的设计计算
    - 几何参数计算
    - 特性曲线
    - 圆柱螺旋弹簧受载时的应力及变形
    - 圆柱螺旋压缩(拉伸)弹簧的设计
  - 圆柱螺旋扭转弹簧的设计计算
    - 圆柱螺旋扭转弹簧的结构及特性曲线
    - 圆柱螺旋扭转弹簧受载时的应力与变形
    - 圆柱螺旋扭转弹簧的设计

【通关提要】

本章主要介绍了弹簧的制造、圆柱螺旋压缩(拉伸)弹簧的设计计算以及圆柱螺旋扭转弹簧的设计计算。其中，弹簧的分类、制造等，多以选择题和填空题形式出现。圆柱螺旋压缩(拉伸)弹簧和扭转弹簧的设计计算，多以考查某一公式为主，计算较少。本章在考试中所占比重较小，复习时，需酌情考虑。

【重点难点归纳】

一、概述(见表16-1-1)

表16-1-1　弹簧的特点、应用及分类

要点	主要内容
特点	弹性元件，刚度小、变形大
应用	控制运动、缓冲和减振、储存能量、测力及改变机器的自振频率等
分类	①载荷：拉伸弹簧、压缩弹簧、扭转弹簧和弯曲弹簧。 ②形状：螺旋弹簧、环形弹簧、碟形弹簧、板簧和平面涡卷弹簧

二、圆柱螺旋弹簧的结构、制造、材料及许用应力(见表16-1-2)

表 16-1-2 圆柱螺旋弹簧的结构、制造、材料及许用应力

要点	主要内容	
结构形式	圆柱螺旋压缩弹簧	①参数：弹簧各圈间距 δ 和死圈。 ②端部结构：YⅠ型、YⅡ型和YⅢ型
	圆柱螺旋拉伸弹簧	①有预应力的拉伸弹簧。 ②无预应力的拉伸弹簧端部挂钩：与弹簧丝连为一体和不连为一体两类
制造	卷制、挂钩的制作或端面圈的精加工、热处理、工艺试验及强压处理	
材料	碳素弹簧钢、低锰弹簧钢、硅锰弹簧钢和铬钒钢等	
许用应力	许用扭转应力 $[\tau]$ 和许用弯曲应力 $[\sigma_b]$ 的大小和载荷性质有关	

三、圆柱螺旋压缩(拉伸)弹簧的设计计算

1. 圆柱螺旋弹簧受载时的应力及变形(见表 16-1-3)

表 16-1-3 圆柱螺旋弹簧受载时的应力及变形

要点	主要内容
旋绕比 C	$C=D/d$，一般 C 为 4~16，常用值为 5~8
弹簧丝内侧的最大应力及强度条件	$\tau=K\tau_T=K[8CF/(\pi d^2)]\leqslant[\tau]$，$K$ 为弹簧曲度系数。 圆截面弹簧丝： $K\approx(4C-1)/(4C-4)]+(0.615/C)$
弹簧受载后的轴向变形量	$\lambda=(8FD^3n)/(Gd^4)=(8FC^3n)/(Gd)$ n 为弹簧的有效圈数；G 为弹簧材料的切变模量。 ①压缩弹簧和无预应力的拉伸弹簧： $\lambda_{max}=(8F_{max}C^3n)/(Gd)$ ②有预应力的拉伸弹簧： $\lambda_{max}=[8(F_{max}-F_0)C^3n]/(Gd)$
拉伸弹簧的初拉力	$F_0=(\pi d^3\tau_0')/(8KD)$
弹簧刚度 k_F	$k_F=F/\lambda=(Gd)/(8C^3n)=(Gd^4)/(8D^3n)$ 刚度愈大，力愈大，弹力愈大

2. 圆柱螺旋压缩(拉伸)弹簧的设计

(1)选定材料，查力学数据。

(2)选旋绕比 C，常取 $C\approx5\sim8$，算曲度系数 K 值。

(3)设计弹簧中径 D，根据 C 值估取弹簧丝直径 d，并查取弹簧丝的许用应力。

(4)试算弹簧丝直径 d'

$$d'\geqslant1.6\sqrt{\frac{F_{max}KC}{[\tau]}}$$

(5)求弹簧工作圈数。

有预应力：$n=Gd\lambda_{max}/[8(F_{max}-F_0)C^3]$。

压缩弹簧或无预应力：$n=Gd\lambda_{max}/(8F_{max}C^3)$。

(6)求弹簧的尺寸 D_2、D_1、H_0，检查要求等。

(7)验算(见表 16-1-4)。

表 16-1-4 圆柱螺旋压缩(拉伸)弹簧的设计验算

要点	主要内容
稳定性验算	①弹簧的长细比 $b=H_0/D$。 ②当 b 大于规定值时，计算满足 $F_c=C_Bk_FH_0>F_{max}$
疲劳强度验算	①最大和最小循环切应力：$\tau_{max}=[8KD/(\pi d^3)]F_2$；$\tau_{min}=[8KD/(\pi d^3)]F_1$。 ②强度条件 $S_{ca}=(\tau_0+0.75\tau_{min})/\tau_{max}\geqslant S_F$ 计算
静应力强度验算	安全系数计算值 $S_{S_{ca}}$ 的计算公式及强度条件为：$S_{S_{ca}}=\tau_s/\tau_{max}\geqslant S_S$。 τ_s 为弹簧材料的剪切屈服极限；设计安全系数 S_S 的选取与 S_F 相同
振动验算	①圆柱螺旋弹簧的基本自振频率 $f_b=\frac{1}{2}\sqrt{\frac{k_F}{m_s}}=\frac{1}{2}\sqrt{\frac{Gd^4/(8D^3n)}{\pi^2d^2Dn_1\gamma/(4\cos\alpha)}}\approx\frac{d}{8.9D^2n_1}\sqrt{\frac{G\cos\alpha}{\gamma}}$ ②弹簧的基本自振频率 $f_b\geqslant(15\sim20)f_W$

(8)设计结构，计算全部尺寸。

(9)绘制弹簧工作图。

四、圆柱螺旋扭转弹簧的设计计算

1. 圆柱螺旋扭转弹簧的结构及特性曲线(见表 16-1-5)

表 16-1-5 圆柱螺旋扭转弹簧的结构及特性曲线

要点	主要内容
用途与结构	压紧、储能或传递扭矩，结构两端带有挂钩或杆臂
分类	NⅠ型、NⅡ型、NⅢ型和NⅣ型
轴向长度的计算	公式为：$H_0=n(d+\delta_0)+H_h$

2. 圆柱螺旋扭转弹簧受载时的应力及变形

(1)弯曲应力及强度条件

受扭矩的圆柱螺旋扭转弹簧最大弯曲应力 σ_{max} 及强度条件(以 T_{max} 代 T)为

$$\sigma_{max}=(K_1M)/W\approx(K_1T_{max})/(0.1d^3)\leqslant[\sigma_b]$$

式中，$W=(\pi d^3)/32\approx0.1d^3$；曲度系数 $K_1=(4C-1)/(4C-4)$；$[\sigma_b]$ 为弹簧丝的许用弯曲应力。

(2)扭转角及强度条件

受扭矩 T 后，产生扭转角 $\varphi\approx(180TDn)/(EI)$。

$k_T=T/\varphi=(EI)/(180Dn)$。

k_T 为弹簧的扭转刚度；$I=(\pi d^4)/64$；E 为弹簧材料的弹性模量。

3. 圆柱螺旋扭转弹簧的设计

(1)选定材料及许用应力，选 C 值，计算出 K_1(或暂取 $K_1=1$)。

(2)，算弹簧丝直径

$$d'\geqslant\sqrt[3]{\frac{K_1T_{max}}{0.1[\sigma_b]}}$$

(3)$n=(EI\varphi)/(180TD)$ 计算圈数。

(4)$L\approx\pi Dn+L_h$ 计算弹簧丝长度。

(5)绘制弹簧工作图。

16.2 课后习题详解

16-1 试设计一在静载荷、常温下工作的阀门上的圆柱螺旋压缩弹簧。已知：最大工作载荷 $F_{max}=220N$，最小工作载荷 $F_{min}=150N$，工作行程 $h=5mm$，弹簧外径不大于 16mm，工作介质为空气，两端固定支承。

解：(1)根据工作条件选择材料和确定其许用应力。

因弹簧在一般载荷、常温条件下工作，可以按第Ⅲ类弹簧来考虑，现选用碳素弹簧钢丝C级。

根据题意取弹簧外径 $D_2=16mm$，估取弹簧钢丝直径为 2.5mm，查教材表 16-3 暂选 $\sigma_B=1660MPa$，查教材表 16-2 得许用应力

$$[\tau]=0.5\times\sigma_B=830MPa$$

(2)根据强度条件计算弹簧钢丝直径。

由(1)得弹簧中径

$$D=D_2-d=16-2.5=13.5mm$$

查教材表 16-6 取 $D=12mm$，可得旋绕比

$$C=D/d=12/2.5=4.8$$

则曲度系数

$$K\approx\frac{4C-1}{4C-4}+\frac{0.615}{C}=\frac{4\times4.8-1}{4\times4.8-4}+\frac{0.615}{4.8}\approx1.33$$

故

$$d\geqslant1.6\times\sqrt{\frac{F_{max}KC}{[\tau]}}=1.6\times\sqrt{\frac{220\times1.33\times4.8}{830}}\approx2.08mm$$

改取 $d=2.2mm$，重新计算。

中径

$$D=D_2-d=16-2.2=13.8mm$$

由表取 $D=12mm$，可得旋绕比

$$C=D/d=12/2.2\approx5.45$$

则曲度系数

$$K\approx\frac{4C-1}{4C-4}+\frac{0.615}{C}=\frac{4\times5.45-1}{4\times5.45-4}+\frac{0.615}{5.45}\approx1.28$$

由表知 σ_B不变，则$[\tau]$不变，故

$$d\geqslant1.6\times\sqrt{\frac{F_{max}KC}{[\tau]}}=1.6\times\sqrt{\frac{220\times1.28\times5.45}{830}}\approx2.18mm$$

综上，取 2.2mm，且弹簧外径 $D_2=D+d=12+2.2=14.2mm$ 满足要求。

(3)根据刚度条件计算弹簧圈数。

弹簧刚度为

$$k_F=\frac{\Delta F}{\Delta\lambda}=\frac{220-150}{5}=14N/mm$$

查教材表 16-2，取 $G=82000MPa$，可得弹簧圈数

$$n=\frac{Gd^4}{8D^3k_F}=\frac{82000\times2.2^4}{8\times12^3\times14}\approx9.93(\text{圈})$$

取 $n=10$ 圈，此时弹簧刚度为

$$k_F=\frac{Gd^4}{8D^3n}=\frac{82000\times2.2^4}{8\times12^3\times10}\approx13.90\text{N/mm}$$

(4)计算弹簧的几何尺寸。

节距

$$p=(0.28\sim0.5)D=3.36\sim6\text{mm}$$

取 $p=4\text{mm}$。

总圈数

$$n_1=n+(2\sim2.5)=12\sim12.5$$

取 $n_1=12.5$。

自由高度

$$H_0\approx pn+(1.5\sim2)d=53.3\sim54.4\text{mm}$$

螺旋角

$$\alpha=\arctan\frac{p}{\pi D}=\arctan\frac{4}{\pi\times12}\approx6.06°$$

展开长度

$$L=\frac{\pi Dn_1}{\cos\alpha}=\frac{\pi\times12\times12.5}{\cos6.06°}\approx471.24\text{mm}$$

(5)验算稳定性。

$$b=\frac{H_0}{D}=\frac{54.4}{12}\approx4.53<5.3$$

故满足稳定性要求。

16-2　设计一圆柱螺旋扭转弹簧。已知该弹簧用于受力平稳的一般机构中，安装时的预加扭矩 $T_1=2\text{N}\cdot\text{m}$，工作扭矩 $T_2=6\text{N}\cdot\text{m}$，工作时的扭转角 $\varphi=\varphi_{\max}-\varphi_{\min}=40°$。

解：(1)根据工作条件选择材料，确定其许用应力。

因弹簧在受力平稳的载荷下工作，可以按Ⅱ类弹簧来考虑，现选用碳素钢弹簧钢丝C级。估取弹簧钢丝直径为4.5mm，查教材表16-3暂选 $\sigma_B=1520\text{MPa}$，根据教材表16-2可得许用应力 $[\sigma_b]=0.5\sigma_B=760\text{MPa}$。

(2)根据强度条件计算弹簧钢丝直径。

初取旋绕比 $C=5\sim8$，由此可得 $D=Cd=22.5\text{mm}\sim36\text{mm}$ 并按标准选取 $D=32\text{mm}$，则旋绕比

$$C=D/d=32/4.5\approx7.11$$

曲度系数

$$K_1=\frac{4C-1}{4C-4}=\frac{4\times7.11-1}{4\times7.11-4}\approx1.12$$

$$d'\geqslant\sqrt[3]{\frac{K_1T_{\max}}{0.1[\sigma_b]}}=\sqrt[3]{\frac{1.12\times6\times10^3}{0.1\times760}}\approx4.46\text{mm}$$

故取 $d=4.5\text{mm}$。

(3)计算弹簧的基本几何参数。

弹簧外径

$$D_2 = D + d = 32 + 4.5 = 36.5\text{mm}$$

内径

$$D_1 = D - d = 32 - 4.5 = 27.5\text{mm}$$

取间距 $\delta_0 = 0.5\text{mm}$，则节距

$$p = d + \delta_0 = 4.5 + 0.5 = 5\text{mm}$$

螺旋角

$$\alpha = \arctan\frac{p}{\pi D} = \arctan\frac{5}{\pi \times 32} \approx 2.85°$$

(4)根据刚度条件计算弹簧圈数。

弹簧丝截面参数

$$I = \frac{\pi d^4}{64} = \frac{\pi \times 4.5^4}{64} \approx 20.12\text{mm}^4$$

弹性模量 $E = 200000\text{MPa}$，则

$$n = \frac{EI\varphi}{180TD} = \frac{200000 \times 20.12 \times 40}{180 \times (6 \times 10^3 - 2 \times 10^3) \times 32} \approx 6.99(\text{圈})$$

取 $n = 7$ 圈，弹簧的实际刚度为

$$k_T = \frac{EI}{180Dn} = \frac{200000 \times 20.12}{180 \times 32 \times 7} \approx 99.80\text{N} \cdot \text{mm}/(°)$$

(5)计算最大、最小扭转角。

$$\varphi_{\max} = \frac{T_{\max}}{k_T} = \frac{6 \times 10^3}{99.80} \approx 60.12°$$

$$\varphi_{\min} = \varphi_{\max} - \varphi = 60.12° - 40° = 20.12°$$

(6)计算自由高度和簧丝展开长度。

取 $H_h = 40\text{mm}$，则

$$H_0 = n(d + \delta_0) + H_h = 7 \times (4.5 + 0.5) + 40 = 75\text{mm}$$

取 $L_h = H_h = 40\text{mm}$，故展开长度

$$L = \pi Dn + L_h = \pi \times 32 \times 4.5 + 40 \approx 492.4\text{mm}$$

16-3　某嵌合式离合器用的圆柱螺旋压缩弹簧(参见教材图 16-6)的参数如下：D_2 = 36mm，d = 3mm，n = 5，弹簧材料为碳素弹簧钢丝 SL 型，最大工作载荷 $F_{\max}$ = 100N，载荷性质为Ⅱ类，试校核此弹簧的强度，并计算其最大变形量 $\lambda_{\max}$。

解：(1)校核弹簧强度。

查教材表 16-3 得 $\sigma_B = 1570\text{MPa}$，查教材表 16-2 得许用应力 $[\tau] = 0.4 \times \sigma_B = 628\text{MPa}$。

由题意可得，弹簧中径

$$D = D_2 - d = 36 - 3 = 33\text{mm}$$

则旋绕比

$$C = D/d = 33/3 = 11$$

故曲度系数

$$K \approx \frac{4C - 1}{4C - 4} + \frac{0.615}{C} = \frac{4 \times 11 - 1}{4 \times 11 - 4} + \frac{0.615}{11} \approx 1.13$$

$$\tau_{max} = K\frac{8CF_{max}}{\pi d^2} = 1.13 \times \frac{8 \times 11 \times 100}{\pi \times 3^2} \approx 351.86\text{MPa} < [\tau]$$

满足强度要求。

(2)计算最大变形量。

查教材表 16-2 取 $G = 82140\text{MPa}$。

则最大变形量

$$\lambda_{max} = \frac{8F_{max}C^3 n}{Gd} = \frac{8 \times 100 \times 11^3 \times 5}{82140 \times 3} \approx 21.6\text{mm}$$

16-4　设计一具有预应力的圆柱螺旋拉伸弹簧(参见教材图 16-7)。已知：弹簧中径$D\approx$ 10mm，外径 $D_2 <$ 15mm。要求：当弹簧变形量为 6mm 时，拉力为 160N；当弹簧变形量为 15mm 时，拉力为 320N。

解：(1)根据工作条件选择材料，确定其许用应力。

按Ⅱ类弹簧来考虑，选用 65Mn 弹簧钢丝。根据 $D_2 - D \leqslant 15 - 10 = 5\text{mm}$，估取弹簧钢丝直径为 3mm，查教材表 16-4 暂选 $\sigma_B = 1600\text{MPa}$，查教材表 16-2 得许用切应力

$$[\tau] = 0.8 \times 0.4 \times \sigma_B = 512\text{MPa}$$

(2)根据强度条件确定弹簧钢丝直径。

根据题意可得，初选弹簧中径 $D = 12\text{mm}$，则旋绕比 $C = D/d = 12/3 = 4$，可得曲度系数

$$K \approx \frac{4C-1}{4C-4} + \frac{0.615}{C} = \frac{4 \times 4 - 1}{4 \times 4 - 4} + \frac{0.615}{4} \approx 1.40$$

故

$$d' \geqslant 1.6 \times \sqrt{\frac{F_2 KC}{[\tau]}} = 1.6 \times \sqrt{\frac{320 \times 1.40 \times 4}{512}} \approx 2.99\text{mm}$$

取 $d = 3\text{mm}$ 合适。

(3)根据刚度条件计算弹簧圈数。

根据题意可得，弹簧刚度

$$k_F = \frac{\Delta F}{\Delta \lambda} = \frac{320 - 160}{15 - 6} \approx 17.78\text{N/mm}$$

查教材表 16-2 取 $G = 82000\text{MPa}$，可得弹簧圈数

$$n = \frac{Gd^4}{8D^3 k_F} = \frac{82000 \times 3^4}{8 \times 12^3 \times 17.78} \approx 27.02$$

取 $n = 28$ 圈，弹簧的实际刚度为

$$k_F = \frac{Gd^4}{8D^3 n} = \frac{82000 \times 3^4}{8 \times 12^3 \times 28} \approx 17.16\text{N/mm}$$

(4)验算。

①弹簧初拉力：

$$F_0 = F_1 - k_F \lambda_1 = 160 - 17.16 \times 6 = 57.04\text{N}$$

则初应力

$$\tau_0' = \frac{8KDF_0}{\pi d^3} = \frac{8 \times 1.4 \times 12 \times 57.04}{\pi \times 3^3} \approx 90.38\text{MPa}$$

由图 16-9，当 $C = 4$ 时，初应力的推荐值在 90～185MPa 范围内，故此初应力合适。

②极限工作应力：

$$\tau_{\lim} = 0.5 \times \sigma_B = 800\text{MPa}$$

③极限工作载荷：

$$F_{\lim} = \frac{\pi d^3 \tau_{\lim}}{8KD} = \frac{\pi \times 3^3 \times 800}{8 \times 1.4 \times 12} \approx 504.90\text{MPa}$$

(5)结构设计略。

16-5　圆柱螺旋扭转弹簧用在 760 mm 宽的门上，如图 16-2-1 所示。当关门后，手把上加 4.5N 的推力 F 能把门打开；当门转到 180°时，手把上的推力为 13.5N，试选择该弹簧材料，并求解：(1)该弹簧的弹簧丝直径 d 和中径 D；(2)所需的初始变形角 $\varphi_{\min}$；(3)弹簧的有效圈数 n。

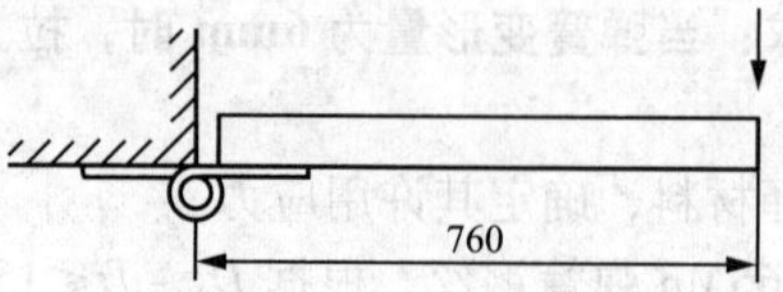

图 16-2-1　门用弹簧设计

解： 由题意知，弹簧在受力不平稳的载荷下工作，可以按Ⅱ类弹簧来考虑，选用碳素钢弹簧钢丝 C 级。估取弹簧钢丝直径为 5.5mm，查教材表 16-3 暂选 $\sigma_B = 1600\text{MPa}$，根据教材表 16-2 可得许用应力 $[\sigma_b] = 0.5\sigma_B = 800\text{MPa}$。

(1)作用在弹簧上的最大扭矩：

$$T_{\max} = 13.5 \times 760 = 10260\text{N} \cdot \text{mm}$$

作用在弹簧上的最小扭矩

$$T_{\min} = 4.5 \times 760 = 3420\text{N} \cdot \text{mm}$$

取旋绕比 $C = 6$，可得曲度系数

$$K_1 = \frac{4C-1}{4C-4} = \frac{4 \times 6 - 1}{4 \times 6 - 4} = 1.15$$

故簧丝直径满足

$$d' \geqslant \sqrt[3]{\frac{K_1 T_{\max}}{0.1[\sigma_b]}} = \sqrt[3]{\frac{1.15 \times 10260}{0.1 \times 800}} \approx 5.28\text{mm}$$

按标准选取 $d = 5.5\text{mm}$，可得弹簧中径

$$D = Cd = 6 \times 5.5 = 33\text{mm}$$

(2)所需的初始变形扭转角和弹簧的有效圈数：

弹簧钢丝

$$I = \pi d^4/64 = \pi \times 5.5^4/64 \approx 44.92\text{mm}^4$$

又弹性模量 $E = 200000\text{MPa}$，则按刚度条件得弹簧的有效圈数

$$n = \frac{EI\varphi}{180TD} = \frac{200000 \times 44.92 \times 180}{180 \times (10260 - 3420) \times 33} \approx 39.80(\text{圈})$$

取 $n = 40$ 圈。

弹簧刚度

$$k_T = \frac{EI}{180Dn} = \frac{200000 \times 44.92}{180 \times 33 \times 40} \approx 37.81\text{N} \cdot \text{mm}/(°)$$

最大扭转角

$$\varphi_{max}=\frac{T_{max}}{k_T}=\frac{10260}{37.81}\approx 271.36^\circ$$

则所需的初始扭转角

$$\varphi_{min}=\varphi_{max}-180^\circ=271.36^\circ-180^\circ=91.36^\circ$$

16.3 名校考研真题

一、选择题

1. 圆柱螺旋弹簧簧丝直径为 d，弹簧中径为 D_2，弹簧外径为 D，弹簧内径为 D_1，则弹簧指数 C(旋绕比) = (　　)。[浙江大学 2012 研]

A. D/d　　B. d/D　　C. D_1/d　　D. D_2/d

2. 弹簧经热卷后需要进行(　　)处理。[湘潭大学 2016 研]

A. 淬火和回火　　B. 正火

C. 淬火　　D. 调质

3. 用碳素弹簧钢丝卷制圆柱螺旋弹簧，采用冷卷法还是热卷法，取决于(　　)。[浙江大学 2013 研]

A. 现有卷制设备　　B. 弹簧用途

C. 簧丝直径　　D. 热处理能力

二、填空题

1. 低锰弹簧钢比碳素弹簧钢的优点有______和______。[西北工业大学 2023 研]

2. 按照所承受的载荷不同，弹簧可分为拉伸弹簧、压缩弹簧、______、______。[西北工业大学 2015 研]

三、简答题

1. 有一根圆柱压缩螺旋弹簧，因为断掉一端而改制成一根较短的弹簧，工作圈数比原来减少了 1/3，其他参数都不改变。若原来弹簧在某一个工作载荷作用下的变形为 24 毫米，请问改制成的短弹簧在同样的载荷下的变形为多少？请简单分析或计算。[中国科学技术大学 2014 研]

2. 简述弹簧的 4 种功用？[中国计量学院 2019 研]

16.4 名校考研真题详解

一、选择题

1. 圆柱螺旋弹簧簧丝直径为 d，弹簧中径为 D_2，弹簧外径为 D，弹簧内径为 D_1，则弹簧指数 C(旋绕比) = (　　)。[浙江大学 2012 研]

A. D/d　　B. d/D　　C. D_1/d　　D. D_2/d

【答案】D

【解析】弹簧中径 D_2 与簧丝直径 d 的关系为 $D_2=Cd$，C 为弹簧指数，又称旋绕比。

2. 弹簧经热卷后需要进行(　　)处理。[湘潭大学 2016 研]

A. 淬火和回火　　B. 正火　　C. 淬火　　D. 调质

【答案】A

【解析】当弹簧直径小于 10mm 时，常用冷卷法。冷卷时，一般用冷拉的碳素弹簧钢在常温下卷成，不再淬火，只经低温回火消除内应力。热卷弹簧卷成后须经过淬火和中温回火处理。

3. 用碳素弹簧钢丝卷制圆柱螺旋弹簧，采用冷卷法还是热卷法，取决于（　　）。[浙江大学 2013 研]

A. 现有卷制设备　　B. 弹簧用途

C. 簧丝直径　　D. 热处理能力

【答案】C

【解析】当弹簧丝直径小于 10mm 时常用冷卷法，一般用冷拉的碳素弹簧钢丝在常温下卷成，不再淬火，只经低温回火以消除内应力；弹簧丝直径较大的弹簧则常用热卷，热卷温度视簧丝直径而定，卷成后必须经过淬火与回火处理。

二、填空题

1. 低锰弹簧钢比碳素弹簧钢的优点有______和______。[西北工业大学 2023 研]

【答案】淬透性较好；强度较高

【解析】低锰弹簧钢，这种弹簧钢（例如 65Mn）与碳素弹簧钢相比，优点是淬透性较好和强度较高；缺点是淬火后容易产生裂纹及热脆性。

2. 按照所承受的载荷不同，弹簧可分为拉伸弹簧、压缩弹簧、______、______。[西北工业大学 2015 研]

【答案】扭转弹簧；弯曲弹簧

【解析】本题考查弹簧的分类。按照弹簧的形状不同，又可分为螺旋弹簧、环形弹簧、碟形弹簧、板簧和平面涡卷弹簧等。

三、简答题

1. 有一根圆柱压缩螺旋弹簧，因为断掉一端而改制成一根较短的弹簧，工作圈数比原来减少了 1/3，其他参数都不改变。若原来弹簧在某一个工作载荷作用下的变形为 24 毫米，请问改制成的短弹簧在同样的载荷下的变形为多少？请简单分析或计算。[中国科学技术大学 2014 研]

答：由题意可知圆柱压缩螺旋弹簧，因为断掉一端而改制成一根较短的弹簧，工作圈数比原来减少了 1/3。若原来工作圈数为 l，则现在工作圈数为$\frac{2l}{3}$。

已知弹簧刚度系数（由弹簧载荷与变形量比例关系表示）公式为

$$K_F=\frac{F}{\lambda}=\frac{Gd^4}{8D^3n}$$

现在变形量 λ'，由其他参数都不变及$\frac{\lambda}{\lambda'}=\frac{n}{n'}=1/\left(\frac{2}{3}\right)=\frac{3}{2}=\frac{24}{\lambda'}$可得：$\lambda'=16\text{mm}$。

2. 简述弹簧的 4 种功用？[中国计量学院 2019 研]

答：(1)控制机构的运动，如制动器、离合器中的控制弹簧等。

(2)吸收振动和冲击能量，如各种缓冲器用的弹簧等。

(3)储存及释放能量，如钟表弹簧、枪闩弹簧等。

(4)测量力的大小，如测力器和弹簧秤中的弹簧等。

第十七章　机座和箱体简介

17.1　复习笔记

【知识框架】

机座和箱体简介
- 概述
- 机座和箱体的一般类型与材料选择
  - 机座和箱体的一般类型
  - 机座和箱体的材料及制造方法
- 机座和箱体设计概要
  - 机座和箱体设计要求
  - 机座和箱体设计概要
- 机座和箱体的截面形状及肋板布置
  - 截面形状
  - 肋板布置

【通关提要】

本章简单介绍了机座和箱体的类型与材料、设计要求、截面形状以及肋板布置。本章并无考点和重难点，学习时只需了解即可。

【重点难点归纳】

一、概述（见表17-1-1）

表17-1-1　机座和箱体概述

要点	主要内容
作用	支承包容其他零部件，保证部件之间的相对位置关系
类型	①按构造形式，可分为机座类、机架类、基板类和箱壳类； ②按结构，可分为整体式和装配式； ③按制法，可分为铸造类、焊接类、拼焊类、螺接类、冲压类以及轧制锻造类
材料	①铸铁；②铸钢；③铝合金；④结构钢；⑤花岗岩或陶瓷机座

二、机座和箱体设计要求

设计要求包括：

(1)精度要求；

(2)工作要求；

(3)工艺性要求；

(4)运输性要求；

(5)人机工程、经济性等方面的要求。

三、机座和箱体的截面形状及肋板布置

1. 截面形状

设计时，应尽量在不增大截面面积和零件质量的条件下，增大截面系数及截面的惯性矩。大多数采用空心矩形截面。

2. 肋板布置

加肋板可以增大强度和刚度。合理布置确定肋板的结构形状和尺寸。常用斜肋板。

17.2 课后习题详解

本章没有课后习题!

17.3 名校考研真题

本章不是考试重点，所以基本上没有学校的考研试题涉及到本章内容，因此，可以简单了解，不必作为复习重点，本部分也就没有选用考研真题。

第十八章　减速器和变速器

18.1　复习笔记

【知识框架】

- 减速器和变速器
  - 减速器
    - 概述
    - 齿轮减速器
    - 蜗杆减速器
    - 行星齿轮减速器
    - 标准减速器选用简介
  - 变速器
    - 有级变速器
    - 无级变速器
  - 摩擦轮传动简介

【通关提要】

本章简单介绍了减速器和变速器的类型，并无考点和重难点，学习时只需了解即可。

【重点难点归纳】

一、减速器

1. 概述(见表18-1-1)

表18-1-1　减速器概述

要点	主要内容
减速器的分类	①传动形式：齿轮减速器，蜗杆减速器和行星齿轮减速器；②传动级数：单级和多级减速器；③传动布置形式：展开式，分流式和同轴式减速器
齿轮、蜗杆传动减速器的分类[按传动和结构特点分]	①齿轮减速器；②蜗杆减速器；③蜗杆齿轮减速器及齿轮－蜗杆减速器；④行星齿轮减速器；⑤摆线针轮减速器；⑥谐波齿轮减速器

2. 齿轮减速器、蜗杆减速器及行星齿轮减速器(见表18-1-2)

表18-1-2　齿轮减速器、蜗杆减速器及行星齿轮减速器

要点	主要内容
齿轮减速器	①减速齿轮的级数，单级、两级、三级和多级。 ②轴的布置，立式和卧式。 ③运动简图特点，展开式、同轴式和分流式等
蜗杆减速器	按减速蜗杆级数分为单级、两级、三级和多级蜗杆减速器
行星齿轮减速器	减速比大、体积小、重量轻、效率高

二、变速器(见表18-1-3)

表18-1-3　变速器

种类	主要内容
有级变速器(或分级变速器)	①塔轮变速器；②滑移齿轮变速器；③离合器式齿轮变速器；④拉键式变速器
无级变速器	①滚轮－平盘式变速器；②钢球无级变速器；③菱锥无级变速器；④宽V带无级变速器

三、摩擦轮传动简介(见表18-1-4)

表18-1-4　摩擦轮传动的主要内容

要点	具体内容
基本形式	圆柱平摩擦轮传动、圆柱槽摩擦轮传动和圆锥摩擦轮传动
主要失效形式	接触疲劳、过度磨损或打滑
设计步骤	①选定传动形式和材料；②根据强度计算确定其主要尺寸；③进行结构设计

18.2　课后习题详解

本章没有课后习题!

18.3　名校考研真题

本章不是考试重点，所以基本上没有学校的考研试题涉及到本章内容，因此，可以简单了解，不必作为复习重点，本部分也就没有选用考研真题。